From to

张学忠 著

从绘画到设计

早期抽象主义画家对包豪斯的影响

中国社会科学出版社

图书在版编目（CIP）数据

从绘画到设计：早期抽象主义画家对包豪斯的影响／
张学忠著. —北京：中国社会科学出版社，2009.6
ISBN 978-7-5004-7940-6

Ⅰ. 从… Ⅱ. 张… Ⅲ. 抽象表现主义 - 影响 -
建筑艺术 - 研究 - 德国 Ⅳ. TU - 865.16

中国版本图书馆 CIP 数据核字（2009）第 103736 号

责任编辑	王 磊 林 玲			
责任校对	石春梅			
封面设计	杨 蕾			
技术编辑	王炳图			

出版发行　中国社会科学出版社

社　　址	北京鼓楼西大街甲 158 号		邮　编	100720
电　　话	010—84029450（邮购）			
网　　址	http：//www.csspw.cn			
经　　销	新华书店			
印　　刷	北京新魏印刷厂		装　订	广增装订厂
版　　次	2009 年 6 月第 1 版		印　次	2009 年 6 月第 1 次印刷
开　　本	710×980　1/16			
印　　张	17.75		插　页	2
字　　数	300 千字			
定　　价	35.00 元			

序

作为教师，学忠兼任绘画与设计两类课程；作为艺术家，学忠兼事绘画与设计，身份的双重性使他徜徉于绘画与设计之间，一面从绘画走向设计，一面从设计走向绘画，进进出出已二十余年，这个过程很可能会伴随他的一生，这使他不能不思考诸如绘画与设计之间的关系问题，当然也不能回避在这一过程中可能遭遇的诘难和疑虑。在清华大学攻读博士学位期间，他的学位论文就是围绕着这一问题展开的，并补充完善形成了这本称作《从绘画到设计——早期抽象主义画家对包豪斯的影响》的著作，集中体现了他在这方面的研究成果。

现代意义上的设计是从建立于1919年的德国魏玛包豪斯学院为始端的，"联合所有创造活动"，塑造"全能造型艺术家"是这所学院的宗旨，它企图通过"异花授粉"和"缪斯运动"实现设计师、建筑师、艺术家与工匠之间的合作，消解艺术与设计的区别。包豪斯学院的创立者格罗庇乌斯以及后来担任过包豪斯校长的米斯·凡·德·罗都是社会改革家，是他们使包豪斯的所有主张都充满了社会革命的色彩，他们敏锐地发现了历史新旧之间的转捩点，并成功地选择了相应的方式适应以致推进了历史的进程，他们创造了一个与过去不同的时代，联想到今天的世界呈现在我们面前的景象，我们难以平息对包豪斯以及活跃于那所学院的一些先哲的感激之情。

早期抽象主义画家首推康丁斯基，他是抽象主义的始作俑者，其他有伊顿、克利、马列维奇、蒙德里安、佩夫斯纳、嘉博兄弟等，他们都对包豪斯产生了不同程度的影响，并直接或间接构建了包豪斯现代设计的语言系统。抽象主义画家在包豪斯的邂逅也许是一次偶然，但他们构建的艺术与设计的理想却有历史的必然性，可以这样说，仅有格罗庇乌斯而没有康丁斯基等人，便没有包豪斯，他们都是历史的先行者，是康丁斯基等人使格罗庇乌斯的理想变成了具体的社会现实。他们作为一个共同体完成了人类造物行为由传统的手工生产向有规模的工业化生产所需要的语言转化，成就了一个时代的视觉印象，他们极大地拓展了语言的功能与范畴，使语言对精神的承载实现了几近于没有禁区的状态，他们的努力已经成为他们之后人类的创造行为可以持续凭借的财富，可以设想在今后的数千年里人类还将分享他们的睿智。

令人难以理解的是包豪斯学院还是在 1933 年关闭了，这中间法西斯对魏玛共和国的扼杀应当是直接原因，包豪斯是被株连的受害者，但也要看到包豪斯同仁们不同专业理想之间的掣肘也是原因之一。谁能想到理想之间也是可能产生歧义的，即使是最美好的理想之间也会有不同的指向，理想之于人类兼有破坏与建设的双重功能。这对于人类近乎宿命。历史需要更多的宽容，只有更多的宽容才能成为构筑共同信仰的基础，才能平衡理想与理想之间的歧义，在这个意义上，包豪斯并未成为过去。历史总是具体的人风云际会的结果，尽管没有完全相似的历史，但是今日世界依然不能避免包豪斯存在的当时可以比对印证的情景，包豪斯离我们虽远犹近，学忠的这本书也许会使我们更清醒地面对我们的时代。

我忽然想到几年前我在开罗的那些日子，每天清晨，拉开窗帘，在层层叠叠的楼舍后面，一个巨大的金字塔兀然映入你的眼帘，多么简单的一个等边三角形，却蕴藉着无比丰富的精神境界，七千年前，埃及人已对抽象语言的精神性作了最令人信服的诠释。历史是可以不断提供启示的，包豪斯已然是历史的一部分，当我们重新面对它们的时候，正如学忠所揭示的，我们亦然会有新的发现。

杜大恺

2009 年 1 月 23 日

目　录

绪　论

一　问题与求解

　　设计作为一种文化现象，其观念、方法以及风格样式的变化，不仅反映着不同时代物质生产和科学技术的水平，也与社会的政治、经济、文化、艺术等方面有密切的关系。特别是设计与雕塑、绘画等造型艺术之间，长期保持着一种相互影响、相互渗透、相互作用的关系。在人类早期的造物实践中，造型艺术家和设计师并不存在明显的界限，而且不论是艺术家、设计师，还是艺术史学家，这种界限的划分本身可能就毫无意义，因为他们都作为手工艺人而存在，两者间并无本质上的差别。甚至到了西方的文艺复兴时期，尽管艺术与设计在观念、劳动状况和技术方法上发生了深刻变化，但许多的艺术家大都还保留着实用的、手工艺人的痕迹，他们既是艺术家同时也是设计家，如文艺复兴时期的列奥纳多·达·芬奇不仅是一位画家，还是一位雕刻家、建筑学家、气象学家、物理学家、工艺师等。直到工业革命开始，由于机器大生产的出现，劳动分工和社会组织结构的变化，原有的生活方式开始瓦解，并导致服务于日常物质生活的设计与服务于精神领域的纯艺术之间的分化。

　　一方面，由于工业生产技术的推动，印刷术和摄影术在社会生产生活中日益普及，包括绘画在内的传统的造型艺术逐渐趋向纯粹化，逐渐远离普通民众的日常生活，形成一个纯粹精神性的领域；另一方面，设计与工业生产、产品销售的联系日益密切，积极适应和满足社会公众的物质生活需求，并出现了工程技术设计与艺术设计的分化，前者侧重工业技术与功能效率的设计研究，后者旨在通过美化装饰促进商业销售。随着传统造型艺术、工程技术设计与艺术设计的分化，引发了设计实践中新的问题，唯技术至上的工程技术人员与利润至上的商人成为铺天盖地的工业产品的主导力量，粗制滥造的工业产品充斥着人们的物质生活，并成为包括艺术家在内的知识分子的攻击对象；艺术设计师尽管也积极从事对产品外观的装饰和美化的工作，但他们的做法往往与工业化生产方式不适应，消费者对此也不满意。为此，包括画家在内的部分造型艺术家，开始思考改变这一现状的可能性，并在19世纪出现了诸如罗斯金、莫里斯等人的探索，试图以艺术创造的方式恢复日常生活用品的审美价值，把艺术与普通民众日常生活用品的设计融合为一体，拓展艺术创作在新时代的社会价值。尽管由于观念、技术条件以及个人的局限性，他们的试验并不算成功，但却启迪了后来的思想家和艺术家，最终在20世纪初形成了艺术与设计、艺术与技术相融合的现代设计运动，其中的典型代表便是包豪斯。

在传统造型艺术逐渐趋于纯粹化，工程技术设计与艺术设计出现分化的同时，西方世界的现代主义绘画运动也日益兴盛起来，并在20世纪初产生了抽象主义绘画——其产生和发展的过程几乎与包豪斯处于同一时期。

从绘画艺术发展演变的谱系来划分，抽象主义绘画属于现代艺术中抽象艺术的一个门类，它完全打破了传统艺术强调写实再现的局限，把艺术的基本要素，比如线条、色彩、色调、肌理，作为本身具有独立意义的元素，对这些元素进行抽象的组合，创造出了一种完全抽象的绘画艺术形式。相对于传统的写实主义绘画，抽象主义绘画突破了艺术必须具有可以辨认的形象的藩篱，拓展了艺术创造新的发展空间。包括抽象主义绘画在内的抽象艺术在第一次世界大战之前就已经出现，并在第一次世界大战之后得到进一步的发展壮大，之后由于第二次世界大战前夕欧洲法西斯力量的扩张及其对抽象艺术的打压，致使欧洲抽象主义绘画一度进入了发展的低潮。第二次世界大战之后，抽象主义绘画在美国等国家的继承和发展下再次繁荣，形成了各种美国风格的抽象主义绘画流派，不仅把早期抽象主义画家的抽象形式和表现主义思想发挥到了极致，对抽象艺术的国际化发展也发挥了巨大的影响，而且一直持续到今天。总之，抽象主义绘画作为西方现代艺术发展过程中伟大的成果之一，自20世纪初开始，其表现手法不断丰富，其题材范围不断扩大，保持了持久的生命力，特别是20世纪中、后期，抽象主义绘画在法国、英国和美国等西方国家的进一步发展，进而影响到全世界，最终在20世纪的绘画艺术殿堂中占据了举世瞩目的地位，以至于到了今天，抽象主义绘画已经成为艺术创作中一种普遍的绘画形式，并仍旧显现出其创新与发展的无限空间。

问题之一，抽象主义绘画自产生之日起就因为其玄奥的理论和令人费解的形象被质疑和批判声包围，其在世界范围内流传演变、经久不衰，至今依然风行的原因究竟是什么？相对于传统的具象写实绘画，抽象主义绘画不仅对普通观众来说超出了视觉认知和艺术欣赏的习惯，成为一种需要专家解释的学问，对于艺术家来说，理解和掌握其语言系统也是一种挑战，即使是对于生活在同一文化土壤的西方艺术家来说亦如此。在内森·卡伯特·黑尔所著的《艺术与自然中的抽象》一书中，开篇就讲："对 20 世纪的艺术家来说，最大的挑战就是了解艺术的抽象语言"，"面对如此令人困惑的 20 世纪风格，要求普通人去理解我们这一时代的艺术，不能不说是困难的"，"对艺术家和艺术学生来说更为困难，……"①　其结果是，相对于传统的具象写实绘画，抽象主义绘画使得普通观众和艺术家之间的交流明显不那么通畅了，而艺术家也似乎有意与众不同，放弃与观众交流的努力，他们的思想总是难以捉摸，甚至大多数情况下是"不可理喻"的。正因为如此，在抽象主义绘画发展的历程中始终伴随着观众、评论家对它存在合法性的争议，例如奥夫相尼柯夫、拉祖姆内依主编的《简明美学词典》中就认为它是"基本的形式主义流派之一……抽象主义者宣扬在艺术创作中完全可以随心所欲和大搞主观主义……"②，也有人认为其创作动机仅仅是"目的在于使观众看了产生目瞪口呆、心惊舌咋的满足"③，或者是一种消极的、逃避现实的被动反应，"是一种战败认输的心理"④ 的体现，是一种"堕落的艺术"⑤。如果说艺术的生命在于交流和创新，面对抽象主义绘画对欣赏者视觉认知和艺术欣赏习惯的挑战，及其"消极逃避"的或"形式主义"、"故弄玄虚"的倾向，我们不禁要问，失去了交流对象和积极创新动力的艺术是否还具有存在和发展的基础，抽象艺术是否仅仅是"皇帝的新装"，抽象主义绘画在世界范围内流

---

① ［美］内森·卡伯特·黑尔：《艺术与自然中的抽象》，胡知凡译，人民美术出版社 1988 年版，第 1 页。

② ［苏］奥夫相尼柯夫、拉祖姆内依：《简明美学词典》，冯申译，知识出版社 1982 年版，第 1 页。

③ 王琦：《西方抽象主义艺术的破产》，载于《世界知识》1959 年第 24 期，第 21—22 页。

④ ［瑞士］G. G. 荣格：《人·艺术和文学中的精神》，卢晓晨译，工人出版社 1988 年版，第 11 页。

⑤ ［法］米歇尔·瑟福：《克瑙尔抽象绘画词典》，王昭仁译，人民美术出版社 1991 年版，第 11 页。

传演变、经久不衰，至今依然风行的原因仅仅是一种偶然？

　　进一步的问题之二，抽象主义绘画与包豪斯的现代设计有何联系？尽管在现代设计发展历程中，"构成主义"和"风格派"，以及"奠定现代主义设计观念基础"[①] 的德国包豪斯都有抽象主义画家参与其中并发挥了重要的作用，但包括抽象主义绘画在内的西方绘画现代主义运动与设计的现代主义运动是不同的，如果有相同之处的话，那也只是它们都具有向传统挑战的立场。绘画艺术上的现代主义是一种创作原则，其经历的现代化过程是"对西方各种传统形式和与之相关的思想感情习惯"的"否定"过程[②]，是对新的表达形式的探索过程；绘画艺术上的现代主义运动通过对传统理性观念和现实主义的挑战，挖掘绘画手段本身所固有的潜在因素，宣扬和弘扬个性化的、自由的、形而上的艺术观念，"力求表现新时代社会生活中的深刻变化所做出的精神反应"[③]；绘画艺术中的现代主义包含了各种各样的风格运动，比如"立体主义"、"达达主义"、"超现实主义"、"表现主义"、"象征主义"以及"抽象主义"等。与此相对，现代主义设计的目标是把设计从以往为少数权贵服务的方向改变成为广大人民服务为己任的探索，充满了社会乌托邦理想和社会工程的动机，是一种具有高度民主化和社会主义色彩的探索试验；设计中的现代主义运动，其目的不是实现个人的主观表现，而是致力于创造一种非个人的、能够以工业化方式批量生产的、普适性的新设计；虽然欧洲现代主义设计后来在美国的发展具有了异化为商业主义营销方法的倾向，但总体上来说现代主义设计本身目的明确，风格清晰，旗帜鲜明。因此，一个为个人表现，一个为社会总体服务，绘画和设计上的现代主义其实非常不同。

　　总之，抽象主义绘画是否都是"消极逃避"的或"形式主义"的"堕落的艺术"？二维平面性的抽象主义绘画与空间立体性的建筑设计、产品设计、视觉传达设计等现代设计有何联系？包豪斯为什么会聘请抽象主义画家担任教学工作，个性化的、自由的、形而上的抽象主义绘画是否能对追求形而下的，强调功能性、普适性和实践性的包豪斯产生影响？如

────────────────

　　① 王受之：《世界现代设计史》，深圳：新世纪出版社 2001 年版，第 121 页。
　　② 美国不列颠百科全书公司：《不列颠百科全书》国际中文版第 11 卷，中国大百科全书出版社不列颠百科全书编辑部译，中国大百科全书出版社 1999 年版，第 279—280 页。
　　③ 同上书，第 280 页。

果能够，体现在哪些方面，有何意义？

正是对以上疑问的求解，成为自己课题研究的基本出发点，并试图通过"早期抽象主义画家对包豪斯的影响"的研究对以上问题予以解答。

笔者选择"早期抽象主义画家对包豪斯的影响"为研究课题，也出于另外两个原因，一是自己在清华大学博士研究生阶段的研究方向——"视觉艺术理论研究"，二是自己从事艺术教育的工作背景。

基于视觉艺术理论的研究方向，在视觉艺术相关的理论研究和艺术实践过程中，视觉生理和视觉心理、视觉文化、视觉设计以及视觉艺术的大众化等问题都成为笔者关注的内容。在此过程中，随着理论研究和艺术实践的展开，笔者心目中的"视觉世界"也在不知不觉中逐渐膨胀，以至于不得不时时提醒自己，视觉艺术及其理论并不能解决所有问题，相反，它所期待的特殊价值往往会受到其他更为有力的价值趋势的制约，比如经济、政治、流行文化等。事实证明，这种提醒在阅读早期抽象主义绘画理论文献的过程中尤其必要，因为其中的许多视觉艺术家出于各种原因，常常不自觉地带有放大视觉艺术功能的倾向，特别是在康定斯基、克利、马列维奇、蒙德里安等早期抽象主义画家的艺术理论中，大都把绘画艺术的价值提升到了无以复加的地位，甚至希望通过抽象主义绘画代替上帝重新创造未来世界。与此类似的是同一时期的包豪斯及其设计思想，尽管后者除视觉艺术之外涉及环境艺术、建筑艺术等更为广阔的领域，但在理论思想上同样包含了充满激情的"乌托邦"精神。因此，在笔者视觉艺术理论研究的过程中，对两者的对比研究以及两者之间关系的追问也就成为十分自然的选择。

在笔者从事艺术教育的工作期间，曾担任绘画和设计双重的教学任务，这种跨专业的艺术教学实践，使得自己对绘画和设计之间关系的思考一直没有间断。绘画创作中心手相应的自在抒写体验及其在情感、精神方面潜移默化的积极意义，以及设计中富于挑战的创新性和实践性特征，共同吸引着我积极探寻艺术教育观念和方法创新的各种可能性。在此过程中，关于绘画和设计之间的关系问题自然无法回避，例如视觉艺术中手工性、个体性的绘画创作可以在工业化、标准化的设计实践中发挥什么作用？设计专业基础课程中绘画造型训练的目标和方法是什么？如何促进设计专业学生的创新能力培养？等等。

如同大多理论总是滞后于实践一样，设计教育研究由于传统、教育体制等原因也往往落后于设计行业实践的需求，这一点在中国现代的设计教育中表现得更为突出。我国真正的现代设计教育是在 20 世纪 80 年代初开始起步的，在二十多年来有了飞跃的进步与发展，特别是在 20 世纪 90 年代以来，在国家"高等教育大众化"政策的引导下，在制造业迅速发展后对设计人才需求的就业市场驱动下，高等院校的设计教育迅速扩张，以至于在中国的高等教育体系中，目前几乎所有的高校（综合性大学、理工大学、农林大学、师范大学，甚至包括地质与财经大学）都纷纷开设了艺术设计专业，设计类专业已经发展成为中国高校最热门的专业之一。进入 21 世纪后的今天，一方面，我国在美术院校中开设艺术设计专业已经成为普遍的现象，甚至一些理科、工科院校开设艺术设计专业也成为一种趋势；另一方面，随着院校合并的风潮，部分设计院校在艺术设计学科专业之外增加了美术学，学院名称也改为美术院校。一时间，综合、融合似乎成为了中国艺术教育领域中的一个新目标，尽管各种关于院校合并利弊的争论还在继续，但中国已经成为全球规模最大的高等艺术设计教育大国。当然，设计教育的这种迅速膨胀也被质疑为泡沫，甚至有人把中国的艺术和设计院校看做是争夺生源的"一家家营利企业"①。应该说，对于如何立足本国现实开展科学合理的设计教育的争论一直伴随着中国设计教育的现代化过程，例如传统工艺美术如何继承与发展？产生于 20 世纪初的西方现代设计教育体系如何适应中国设计教育现代化过程？在现代制造业迅速崛起，以信息技术为代表的高新技术冲击着几乎所有经济领域和制造产业的时代背景下，设计教育如何适应时代的需求？客观来讲，设计专业的蓬勃发胀，设计教育的扩招乃至市场化，对我国社会经济文化的发展是有积极意义的，不过其负面的影响也不容忽视。

　　我国设计教育中出现的这种现象是社会发展、人才需求的一种反映，任何过分消极的批判和盲目的乐观都可能偏离社会发展的现实，但这并不

---

　　① ［德］盖尔哈特·马蒂亚斯（Prof. Gerhard Mathias）：《看上去很壮观：1990—2005 年的中国设计教育——一个"局外人"的一番"局内"思考》，莫光华译，载于《中国美术馆》2006 年第 6 期，第 94 页。文章认为中国的艺术和设计院系已经蜕变为一家家营利企业，其产品就是一批又一批从有缺陷的教育流水线上培训出来的次品毕业生，每年达数十万人，可是这些被称之为"设计蚂蚁"的设计学生，刚出校门就已无法适应全球化经济浪潮对现代设计人员的要求，更遑论去担当设计教学之重任。在他看来，"中国的当代设计教育是一个绝无仅有的巨大泡沫"。

意味着我们可以忽视可能对我们造成负面影响的问题。首先，在当代生活中，实用主义和功利主义大行其道，相对于科学技术和商业经济对我们生活影响的广度和深度来说，艺术、精神价值的追求显得无足轻重。现实中大量的设计产品越来越强调单纯的形式创新，甚至仅仅追求一种视觉效果，忽视了它应该包容、应该表现的文化历史内涵和人文精神，甚至"文艺愈来愈彻底地融入大众文化工业，成为日常消费的一部分，其精神性品质几乎消失殆尽"①。我们是否真正需要艺术？设计活动和设计教育在这种情况下可以扮演着什么样的角色？其次，功利性的开设艺术设计专业以及盲目的扩招，重实践轻理论、急功近利的职业化教育，人文基础课程的缺失等问题的出现，不得不引起我们的反思，我国的设计教育何去何从？

　　本书以早期抽象主义画家对包豪斯的影响作为研究对象，不但是对历史现象的回溯、分析和释读，为我们思考当下问题提供一种历史维度，实际上也包含了另一些较为单纯的学术问题，即自发自为的平面绘画对于受制于各种规范标准的实用设计有何意义，画家可以在设计教育中发挥什么样的作用，艺术设计健康合理发展的必要资源是什么？对于这些疑问的提出和求解，实际上 20 世纪初的包豪斯就已经开始，这不仅仅是因为包豪斯聘请了许多早期抽象主义画家担任教学工作，也因为包豪斯设计教育对世界现代设计的广泛影响使得画家与设计师之间的关系问题得以凸显。

　　包豪斯的设计教育作为一个世界性的研究课题，对包豪斯设计教育发展历程的分析研究，以及对其思想和实践经验的继承和发展，其中不可或缺的一个内容便是关于画家与设计师的价值取向问题，设计教育的社会责任问题等。应该说，对于这些问题的不同理解和态度深刻地影响着现代艺术，特别是现代设计的发展进程，正如弗兰克·惠特福德（Frank Whitford）在《包豪斯》一书的前言中写道："在眼下的这个时代里，还是会有人不断地问起那些包豪斯当年曾经提出过的问题——进行艺术与工艺的教育时，应该采取什么样的方式；优秀设计的本质是什么；建筑对于生活在里面的人们会造成一些什么样的影响——同时，这些问题像以往一样，

――――――――――

①　殷双喜：《现实与理想——从朝戈、丁方的绘画看当代艺术的人文精神》，载于《文艺研究》2005 年第 1 期，第 105 页。

迫切地需要得到解答。设计我们的生活的那些人，还是继续从包豪斯的作品当中汲取着灵感。而遍布世界各地的许多艺术院校里，包豪斯的艺术教育方法依然普遍地影响着它们现在的教学。"①

　　由上可见，回顾包豪斯的艺术教育，及其与早期抽象主义画家之间的关系，不仅仅是艺术创作和艺术教育如何回应社会发展需求的历史问题，对于我们今天设计方法论的研究和艺术教育发展的思考同样具有积极的参考价值。尤其是对于我国艺术教育中对创新型人才培养的倡导，产业界由"中国制造"向"中国设计"的转变，以及当下中国经济发展中构建和谐社会的目标，对文化创意产业的高度重视，广大民众对物质生活和精神生活平衡发展的需求，都具有重要的参考价值。如何促进设计方法论的研究，进一步完善适应中国国情的设计教育体系等，参考借鉴历史中成功与失败的经验，无疑对我国的设计实践和艺术教育更好地服务于社会的发展是有意义的。

　　在本书的论述中，认为早期抽象主义画家与包豪斯之间的关系经历了从包豪斯吸收抽象主义绘画方法、思想以及聘用抽象主义画家担任教学工作，到包豪斯后期与抽象主义画家之间尖锐对立的过程，这也是抽象主义绘画与包豪斯设计之间重合与分离的过程。抽象主义绘画与包豪斯设计之间的重合与分离，虽然是当时抽象主义绘画先驱和现代设计教育先驱之间关系的特殊现象，不可能囊括当时抽象主义绘画与现代设计教育之间关系的全部，但是从寻求社会价值的艺术理想方面来说，这种重合与分离的现象在艺术与设计关系史上却具有一定的典型性。此外，尽管追求艺术的纯粹性与实用性之间的矛盾并非20世纪初所独有，但20世纪初抽象主义画家对包豪斯的影响以及两者间的关系可以说是在特定历史时期纯艺术与实用艺术之间矛盾激化与放大的现象，是纯艺术与实用艺术之间矛盾关系的一个缩影。这种各自对立的艺术创造领域尽管在今天不同学科交叉、综合发展的大背景下又有了相互融合的趋势，但画家与设计师之间仍然存在着观念和价值判断上的差异，绘画艺术如何影响设计创造，画家在设计教育中可以发挥什么样的作用，对于大多从事设计实践、设计教育和学习设计的人来说仍然是需要深入思考的问题。绘画与设计，都属于人类的创造行

---

① ［英］弗兰克·惠特福德：《包豪斯》，林鹤译，生活·读书·新知三联书店2001年版，第1页。

为，都属于造型艺术领域，对于绘画而言，其创造性和艺术性无须赘言，而设计则在其发展历史中经历了从工艺美术到设计艺术、设计科学的转变，这种转变在不同的历史时期改变着"设计"概念所蕴涵的意味和属性，延伸着我们对设计及其教育的理解和认识，并促使我们思考关于人类造物的原则和基本规律，以及造型艺术中绘画与设计之间既统一又矛盾的关系。20世纪初抽象主义画家对包豪斯的影响正是对这种关系的生动演绎。

以20世纪初的现代艺术发展为背景，探讨20世纪初现代绘画对现代设计教育的影响，不仅是一个世界性的研究课题，对我国的现代设计教育发展也是不可或缺的基础理论研究，而本书实际上是这一大课题之下的一个子课题，选择的是早期抽象主义画家对包豪斯的影响的课题，即作为探索抽象结构或表现的抽象主义画家对包豪斯的设计教育产生了何种影响，对包豪斯的演变发展起到了什么作用，这种影响的历史意义和现实意义是什么，等等。

二　关于早期抽象主义画家和包豪斯的相关概念

为了便于后面正文的论述，我想首先对本书中所涉及的部分概念加以厘定，以免引起不必要的混乱。

1. 抽象主义绘画

根据米歇尔·瑟福在《克瑙尔抽象绘画词典》中对抽象主义绘画界限的定义，我们称一幅绘画为抽象主义绘画，主要是我们在这幅画中无法辨认构成我们日常生活的那种客观真实。或者说，一幅绘画之所以被称为抽象主义绘画，乃在于我们在欣赏并以与表现无关的衡量标准来评论这幅画的时候，不得不认为任何可以认识的和可以解释的真实性是不存在的。并由此引申：任何自然的真实性，不论它向前发展转变到何等程度，它总是具象的；然而，在作品中任何为具象服务的出发点（联想和暗示）都不存在，这种转变为我们的肉眼所不能加以辨认，那么我们就称这幅画为抽象主义的。任何作品，除了纯粹的构图和色彩的因素之外，都是抽象的。反过来说，虽然一幅画是按照抽象主义绘画的原则和方法来创作的，但由于在其创作过程中加入了具象的因素，即使它仍然包含着幻想和奇特，却不能被称为抽象的。①

　　在造型艺术中，抽象与具象相对，但在早期的抽象主义绘画中，要做这种区分是困难的，因为即使是从事抽象主义艺术的画家往往更倾向于以"具象艺术"来称谓自己的作品。例如风格派画家瑟奥·凡·杜斯伯格 (Theo van Doesburg) 1930 年就提议用"具象艺术"这个概念来代替"抽象艺术"，并得到了"达达主义"艺术家阿尔普（Jean Arp）的赞同，康定斯基在 1938 年也表示赞成。米歇尔·瑟福在《克瑙尔抽象绘画词典》中认为由于麦克斯·比尔对这个新词的传播所做的努力，在意大利和南美洲的许多地方也都开始使用"具象艺术"这个名称了。② 此外，抽象主义绘画重要先驱之一的蒙德里安则以"非客观的"（Non‑objective）这个词用来描述自己的绘画艺术，而"希拉·雷蓓多年以来一直在纽约顽强不屈地致力于'非客观主义'的宣传，这在美国许多青年画家的心灵中造成了一些混乱，并且使得美国的评论家把许多明显不是抽象派的作品也认为是抽象作品了"③。

　　对于这种现象，我认为米歇尔·瑟福在《克瑙尔抽象绘画词典》中所采用的态度是值得借鉴的，即："我们在本书不准备对这些模棱两可的说法作深入的探讨。与其这样，我们还不如赞同第一批抽象画家们的权威意见，维持'抽象'一词原有的最简朴的解释，实际上这样的解释，反而最有代表性，也最具有实用意义。"④ 不过，由于语言翻译的问题，外文与中文中对"抽象艺术"概念的理解也会存在差异，对此我采用了汉语中相对容易理解的概念"抽象主义绘画"。包括前文中引用米歇尔·瑟福观点的部分内容，考虑到他在《克瑙尔抽象绘画词典》中应用"抽象艺术"概念时主要谈论的是抽象绘画，本书一概都用"抽象主义绘画"作为替代，特此说明。关于采用"抽象主义绘画"概念的进一步详细说明，可以参阅本书在第一章介绍早期抽象主义画家时相应的注释内容。

---

　　① ［法］米歇尔·瑟福：《克瑙尔抽象绘画词典》，王昭仁译，人民美术出版社 1991 年版，第 4—5 页。
　　② 同上书，第 73 页。
　　③ 同上。
　　④ 同上。

2. 包豪斯与美术教育

第一次世界大战之前，以及在战争期间，越来越多的德国人都相信艺术教育改革的重要性，与英国、美国相比较，德国希望倚重自己特有的熟练工人和工业基础，通过美术学院与工艺设计学校的合并所培养的新型艺术人才有助于生产出复杂而精致的出口产品，以弥补原材料匮乏的局限。在 1914 年的时候，全德国将近有 81 所专门的机构在从事着各式各样的艺术教育，其中至少有 63 所开设了工艺系，尽管其中有不少学校只限于进行初级的技术培训，但他们中间的大多数都和美术学院有着密切的联系。1919 年，德国建筑设计师沃尔特·格罗庇乌斯（Walter Gropius，1883—1969）接受魏玛政府的任命，担任由撒克森大公艺术与工艺美术学校（Grossherzoglich - Sächsische Kunstgewerbeschule）和撒克森大公美术学院（Grossherzoglich - Sächsische Hochschule Für Bildende Kunst）合并而成的"包豪斯"（全称是"国立包豪斯"，德语 Des Staatliches Bauhaus）的校长。包豪斯创建之初的教学包括美术教学和设计教学两个领域，不仅从美术学院那里接受了四位教授和全体学生，而且"在第一学年里，学校还是更像原先的美术学院"[①]。合并后的学校取名"包豪斯"，是德语的"hausbau"（房屋建造）一词颠倒而来的一个新词。

依据包豪斯研究者弗兰克·惠特福德的解释，"名词 bau 的字面意思是'建筑'，而且它在德语里还会让人产生其他的一些联想。这显然也正中格罗庇乌斯的下怀。在中世纪的时候，泥瓦匠、建筑工人与装潢师的行会叫做 bauhutten，捎带着，从这个行会里还衍生出了互济会。bauen 还有一层意思是'种植作物'，几乎毫无疑问的是，格罗庇乌斯想让他的校名使人联想起播种、培育以及硕果累累之类的含义。包豪斯应该训练工匠们，让他们把自己的技艺结合在建筑方案当中。他们的团结合作应该以中世纪的行会为榜样，在学校内部，应该形成一个与互济会一样向心的团体。"因此，起初来自于美术学院的教授们可能还没有醒悟过来自己是卷到什么事情里来了。美术学院常规的画室工作方式在这里不再提倡，甚至

---

① ［英］弗兰克·惠特福德：《包豪斯》，林鹤译，生活·读书·新知三联书店 2001 年版，第 24 页。

"教授"这个散发着学院气息的称呼，都受到格罗庇乌斯的排斥，格罗庇乌斯从设计教学的角度出发，以作坊代替画室，教师被称为"大师"，学生为"学徒"，那些以前就读于美术学院志在学习美术的学生随后被格罗庇乌斯扫地出门了。至于美术教授，由于与格罗庇乌斯在办学理念和改革措施等方面产生矛盾，也于 1920 年经包豪斯所属的魏玛当局批准离开了包豪斯，包豪斯自此独立成为一所设计院校。

　　本文中所涉及的部分抽象主义画家正是作为设计院校的包豪斯所聘请的教师，是为设计教育服务的教师，而非美术教育。即由格罗庇乌斯担任校长以来以及由他创建的包豪斯教育体系不同于传统的美术教育，除了建筑，包豪斯设计实践几乎涵盖了 20 世纪初所有的设计领域，并为现代设计教育奠定了从理论到实践的基础。

3. 设计与艺术设计、设计艺术

　　设计活动的历史应该可以上溯到原始社会，但关于"设计"的概念却因为历史传统和文化观念等因素而难以统一。要界定艺术设计、设计艺术概念之间的区别，首先需要从"设计科学"说起。在 20 世纪 60 年代，赫伯特·西蒙（Herbert A. Simon）将设计科学界定为研究人造物的科学，他认为，人造物的特有性质表现在它内部的自然法则与外部自然法则的薄薄的界面上："人工界恰恰集中在内部环境与外部环境的这一界面上，它关心的是通过使内部环境适应外部环境来达到目标。要想研究那些与人工物有关的人们，就要研究手段对环境的适应是怎么产生的——而对适应方式来说，最重要的就是设计过程。专业学院只有发现一门完整的设计科学，才能有充分的资格重新担负起专业责任。这样一门设计科学是关于设计过程的学说体系，它是知识上硬性的、分析的、部分可形式化的、部分经验的、可传授的。"[①] 赫伯特·西蒙把设计科学不仅作为技术教育的专业要素看待，而且作为人类知识的核心学科，通过研究设计科学来研究人，了解人。依据赫伯特·西蒙的设计科学观形成了广义的"设计"概念，即"人们要达到自己的目的，就要寻求解决问题的途径，而寻求解决问题的途径，就是设计任务之一"，"设计是人们为满足一定需要，精心寻找和选择满意的备选方案的活动；这种活动在很大程度上是一种心智

---

　　① ［美］赫伯特·西蒙：《人工科学》，武夷山译，商务印书馆 1987 年版，第 113 页。

活动，问题求解活动，创新和发明活动"①。张道一先生也说："如果从字面训诂，设计就是'设想'和'计划'。"②

除了广义的"设计"概念，也有相对狭义的"设计"概念（Design）。狭义的"设计"概念可以上溯到意大利的文艺复兴时期，其最初的意义是指素描、绘画，所以有人将设计定义为事先在心中酝酿，在想象中已描绘出结果，并能通过实践使之成为现实的可视物。在《现代汉语词典》上是这样解释"设计"的："在正式做某项工作之前，根据一定的目的要求，预先制定方法、图样。"③"艺术设计"和"设计艺术"，是我国替代"工艺美术"或"图案"等称谓，基于以上狭义的"设计"概念而选择的汉字翻译。作为一门独立的学科，我国在1998年7月新修订的由教育部正式公布的《普通高等学校本科专业目录》中正式用"艺术设计学"代替了"工艺美术学"。在这里，"艺术设计学"特指本科教育；在研究生教育中，国务院学位委员会颁布的研究生专业目录中是"设计艺术学"（二级学科，隶属于一级学科"艺术学"）。目前在国内的设计理论研究中，"艺术设计"与"设计艺术"的称谓没有严格的区分，相对而言"艺术设计"是普遍使用的概念，例如1999年的官方美展——第九届全国美展中首次开辟了"艺术设计"展区，之后一直沿用。

"艺术设计"的概念是相对于"工程设计"而言的，一般认为，工程设计主要解决造物的结构和功能问题，艺术设计主要解决产品的形态建构和销售问题。从设计教育的角度来说，设计究竟是属于工程技术和操作的工科还是属于艺术创造的文科，是长期以来一直争论不休的问题，而这种问题在20世纪初就已经显现，也是导致包豪斯内部矛盾的原因之一。不过包豪斯从一开始就将艺术因素纳入整个设计教育结构体系中，将艺术与设计作为一个不可分割的有机体，并在《包豪斯纲领》中明确指出包豪斯旨在"统一一切艺术创造"④。不论是课程设置，还是办学理念，包豪斯设计教育在总体上来说属于艺术设计的范畴，而非工程技术设计，本文

---

①　杨砾、徐立：《人类理性与设计科学——人类设计技能探索》，辽宁人民出版社1987年版，第7、9页。

②　张道一：《张道一文集》，安徽教育出版社1999年版，第345页。

③　《现代汉语词典》，商务印书馆1988年版，第1013页。

④　［日］利光功：《包豪斯——现代工业设计运动的摇篮》，刘树信译，轻工业出版社1988年版，第4页。

中所涉及的"设计"概念同样是指艺术设计。

三　国内外已有的研究成果

20 世纪初抽象艺术对现代设计的影响，是现代设计和现代艺术中一个不可忽视的历史现象，早期抽象主义画家对包豪斯的影响则是其中重要的表现形式。正如前文所述，本研究课题不能算是一个全新的课题，国内外学者在此领域也有直接相关或间接相关的研究，现将与本文相关领域的研究现状介绍如下：

1. 直接相关的研究成果

由埃伯哈德·鲁特斯（Eberhard Roters）撰写的《包豪斯的画家们》（*Painters of The Bauhaus*）是与笔者研究课题直接相关的一个重要文献。该书从总体内容结构来划分主要由三部分组成：第一部分是对包豪斯发展历程以及包豪斯创建者格罗庇乌斯的身世和他办学的理想信念作了概要的介绍，并对包豪斯发展的主要阶段直至关闭作了简要的评述。第二部分是对在包豪斯担任教学工作的每一位画家教学情况的介绍，包括里昂耐尔·费宁格（Lyonel Feininger）、约翰尼斯·伊顿（Johnnes Itten）、奥斯卡·施赖默（Oskar Schlemmer）、乔治·穆希（Georg Muche）、罗塔·施赖尔（Lothar Schreyer）、瓦西里·康定斯基（Wassily Kandinsky）以及保罗·克利（Paul Klee）等人。第三部分是结论部分，本书的作者认为包豪斯以中世纪的人文主义精神和天才般的创造力，借助于工业技术，通过改造自然和我们日常用品的形状，改变了我们的生活环境，这种改变所产生的影响力致使我们把今天身边已经改变了的环境看做是理所当然且无以复加的一个结果。尽管包豪斯的第一批教师都是画家，但他们对于我们生活环境的改变显然超越了绘画的领域，或者说这些绘画本身就蕴含了所有创造性的设计样式。这些画家之所以在包豪斯具有重要的作用，是因为他们通过视觉艺术的复兴和更新，通过对美学基础的重新审视，赋予艺术存在的全新的意义和价值观，以及新的动力。他们的教学实践拓展了包豪斯教学思想的不同方面，并从不同的角度构筑起了包豪斯的理想和目标。最后，作者认为包豪斯之后试图复制、继承包豪斯模式的努力都是不现实的，因为包豪斯是特定的历史时期由杰出的个体以不同的创造活动合作的产物，特别是那些画家的作用，是不可替代的。①

　　作者从历史的角度对包豪斯的画家及其对包豪斯的贡献给予了高度的评价，并把他们的贡献与包豪斯所取得的巨大成就联系起来，是关于包豪斯研究中具有重要价值的研究成果，其研究角度和方法也给笔者很多的启示。当然，本文作者埃伯哈德·鲁特斯对这些不同画家对包豪斯的贡献主要是持肯定的态度，并把他们与包豪斯在现代设计及其教育中所取得的重要成果联系起来。事实上，首先，包豪斯成果中局限性的一面也与这些画家的影响密不可分，他们也是包豪斯发展过程中导致其面临内忧外患局面的因素之一。其次，在包豪斯的发展历程中，对包豪斯产生重要影响的画家不仅仅是在包豪斯任教的画家，也包括包豪斯体系之外的一部分画家。包豪斯并非遗世独立，作为包豪斯体系之外的画家对包豪斯的发展也产生了积极的影响，例如荷兰画家蒙德里安（Piet Cornelis Mondriaan）、瑟奥·凡·杜斯伯格（Theo van Doesburg）以及俄国画家卡西米尔·马列维奇（Kasimir Malevich）、利希茨基（El Markovitch Lissitzky）等人，他们对包豪斯的影响方式和深度尽管与包豪斯内部的画家有所不同，但他们的艺术思想和创作实践通过在包豪斯讲学、出版等形式共同构成了包豪斯不断发展演变的动力资源。再次，埃伯哈德·鲁特斯所例举的包豪斯画家包括了表现主义、构成主义和风格派等不同风格流派的画家，并且仅仅对他们各自的教学做了概要的介绍和评论，而关于在20世纪初造型艺术抽象化的背景下，这些画家的艺术思想和创作实践有无共同之处，他们的绘画思想和方法对包豪斯产生影响的内在逻辑和意义，以及对我们今天设计教育的借鉴意义等，由于埃伯哈德·鲁特斯文章篇幅和时代所限，并没有深入、系统的分析论述。

　　另一项与本研究直接相关的研究成果是由亨利·拉塞尔·希契柯克（Henry－Russel Hitchcock）著的《趋向建筑的绘画》（*Painting towards Architecture*）②。本书作者从建筑学的角度对19世纪末至20世纪中期现代绘画与现代建筑之间的联系进行分析研究，探寻现代绘画中平面性的绘画与

---

　　①　Eberhard Roters：*Painters of The Bauhaus*，UK．London：A．Zwemmer Ltd．，1969，pp. 196—204．

　　②　Hitchcock，Henry R．：*Painting towards Architecture*．New York：Duell，Sloan and Pearce，1948．

同时代建筑设计风格的演变之间的必然性，其中所涉及的现代绘画包括立体主义、未来主义、纯粹主义、构成主义、抽象主义等西方绘画流派，还包括日本浮世绘等东方绘画，虽然其中也部分提到抽象主义画家和包豪斯，但受篇幅所限，作者对现代绘画与现代建筑两者间关系的论述主要针对具象和抽象等不同绘画流派对现代建筑的影响，并未就抽象主义画家——这一艺术形式语言和艺术思想相近的特殊群体展开详尽的论述。

2. 间接相关的研究成果

除以上直接相关的研究成果，Noga Gahi Wizansky 的博士论文《魏玛德国手工业和抽象艺术之剖视》（Crosscut：Handicraft and Abstraction in Weimai Germany）对自己的研究也提供了重要的借鉴和启发。

Noga Gahi Wizansky 的博士论文是以德国第一次世界大战结束后成立的魏玛共和国为背景，对德国政治、经济、社会环境变化下手工艺者和抽象艺术家之间的不同选择展开论述。作者认为魏玛时期以艺术家、作家为代表的知识分子，和以包豪斯纺织作坊中安妮·阿尔伯斯（Anni Albers）为代表的手工艺者，在魏玛的文化讨论和包豪斯的公众形象中显示出一种回避社会现实的理想主义倾向。文章主旨是揭示德国抽象主义艺术家和包豪斯手工艺者与时代发展趋势的脱离，其中以抽象主义画家约瑟夫·阿尔伯斯（Josef Albers，1888—1976）的妻子安妮·阿尔伯斯及其在纺织作坊的实践为典型（实际上，包豪斯中类似的作坊还包括陶瓷作坊）。论文作者从机器时代的发展趋势和现代主义设计为普通大众服务的原则出发，把应用抽象艺术手法的手工艺者的努力归结为一种不切实际的理想主义行为[1]。当然，从包豪斯整个的发展历程来说，手工艺者和抽象主义艺术家对于包豪斯发展的作用是不可或缺的，他们理想主义的探索试验可以说既是包豪斯遭到批判的原因之一，也是得到肯定的贡献之一，例如对于挽救手工艺中蕴涵的人文精神和集体合作精神在大工业生产中的积极意义，如果完全地否定其现实意义，至少从包豪斯的创建者和精神领袖格罗庇乌斯（Walter Gropius）的角度来看是片面的（详见本书第三章第二节）。

---

[1]　Noga Gahi Wizansky：Crosscut：Handicraft and Abstraction in Weimai Germany. California：University of California，Berkeley，2005，p. 207.

其次，迈耶·夏皮罗（Meyer Schapiro）的《抽象艺术的本质》
（*Nature of Abstract Art*）、伦纳德·史莱因的《艺术与物理学》等论文和
著作在笔者的研究过程中也提供了有益的启示。本书中一个重要的内容
是抽象主义画家及其绘画，而对于抽象主义绘画，即使是在其成长发展
的 20 世纪初，一般的理解也多是一种追求形式风格的创新，是对于假
定传统的"文艺复兴"样式已趋穷尽且现在已经变得老套和过时的一
种回应。在抽象主义绘画产生之后，艺术史学中最早对抽象艺术发展及
其社会和政治环境进行分析研究的是美国美术史家、艺术评论家迈耶·
夏皮罗，他在《抽象艺术的本质》一文中认为，包括抽象主义绘画在
内的抽象艺术是对现代社会物质主义的一种反抗形式，抽象艺术运动的
革命性在于把"精神性的艺术"和社会问题，以及风格问题看做是一
回事，并以康定斯基为例，认为以新时代的"精神主义"之名对物质
主义的攻击，其实也是对"科学和社会主义运动"[1] 的批评。在迈耶·
夏皮罗看来，康定斯基的目的是通过在绘画中描述情绪的主观主义取代
物质主义，如果不是转变的话。当然，对抽象艺术发展的社会和政治环
境进行研究有多种角度，以抽象艺术自身的发展逻辑为主线是一种角
度，抽象艺术与其他学科之间的对比研究也是一种角度。例如美国加利
福尼亚州外科医生伦纳德·史莱因在《艺术与物理学》[2] 中对艺术与物
理学之间的关联的独特研究，其中也涉及关于抽象艺术和现代物理学都
令人费解的原因，试图通过物理学科的发展给处于同一时期的抽象艺术
形式赋予必然性和合法性。伦纳德·史莱因的研究方法对笔者的研究提
供了参考的角度。然而，艺术毕竟不是科学的图解，而且就像毕加索否
认相对论对立体派的影响一样，抽象艺术理论、实践的先驱康定斯基也
否认抽象艺术与科学图解的联系，相反，康定斯基认为抽象艺术形式的
出现是基于绘画艺术"自我分析"的结果，是艺术家"内在需要"的
结果。此外，20 世纪初出现的各种抽象艺术，及其之后的各种发展演
变形式，不能完全归因于艺术反映现实（包括科技现实），解决大众对
科学世界的认知的需要，我们不能排除艺术家试图解决自身社会角色问

---

① Meyer Schapiro：*Nature of Abstract Art*，Marxist Quarterly，Vol. 1，p. 92.
② ［美］伦纳德·史莱因：《艺术与物理学》，暴永宁、吴伯泽译，吉林人民出版社 2001
年版，第 9 页。

题和艺术在时代变革环境下自我调整需要的可能性；而以抽象艺术家与
现代设计之间的联系作为研究角度，是否正是阐释这一问题的有效途
径？笔者在早期抽象主义画家对包豪斯的影响的研究中对此途径予以肯
定，并认为是解释抽象艺术令人费解的原因，揭示抽象艺术与社会现实
环境之间关系的一个重要内容。

　　除了以上文献，在以包豪斯或抽象艺术为主题的其他文献中，也部分
地提到关于早期抽象主义画家与包豪斯之间的关系。这类文献中一个重要
组成部分是包豪斯当年师生的回忆录和演讲、讲义、书信、论文、课堂作
业、展览图片等，它们为我们提供了包豪斯当年教学情况的生动历史资
料，例如收集有大量包豪斯相关文献资料的《包豪斯——大师和学生
们》①、包豪斯教师格罗庇乌斯著《新建筑与包豪斯》②、格罗庇乌斯和赫
伯特·拜尔编著 *Bauhaus – 1919—1928*③、约翰·伊顿著《包豪斯基础课
程及其发展——造型与形式构成》④、保罗·克利著《保罗·克利教学手
记》⑤、康定斯基著《康定斯基回忆录》⑥，抽象主义画家马列维奇著 *The
Non – Objective World*⑦ 等等。

　　另一部分文献是包豪斯之后部分学者对包豪斯和抽象艺术的研究著
作，例如如弗兰克·惠特福德著《包豪斯》⑧、朱迪思·卡梅尔·亚瑟编
著《包豪斯》⑨、Gillian Naylor 著的 *The Bauhaus Reassessed*⑩、Jeannine Fie-
dler、Peter Feierabend 编辑的 *Bauhaus*⑪、Elaine S. Hochman 著的 *Bauhaus*：

　　① 包豪斯：《包豪斯——大师和学生们》，钱竹编辑，陈江峰、李晓隽编译，北京艺术与设
计杂志社编辑出版，2003 年。

　　② 格罗庇乌斯：《新建筑与包豪斯》，张似赞译，中国建筑工业出版社 1979 年版。

　　③ 格罗庇乌斯和赫伯特·拜尔编：*Bauhaus – 1919—1928*，New York：The Museum of Modern
Art，1975。

　　④ 约翰·伊顿：《包豪斯基础课程及其发展——造型与形式构成》，曾雪梅、周至禹译，天
津人民美术出版社 1990 年版。

　　⑤ 保罗·克利：《保罗·克利教学手记》，周群超译，台北艺术家出版社 1999 年版。

　　⑥ 康定斯基：《康定斯基回忆录》，杨振宇译，浙江文艺出版社 2000 年版。

　　⑦ 马列维奇：*The Non – Objective World*，Chicago：Paul Theobald and Company，1959。

　　⑧ 如弗兰克·惠特福德：《包豪斯》，林鹤译，生活·读书·新知三联书店 2001 年版。

　　⑨ 朱迪思·卡梅尔·亚瑟编：《包豪斯》，颜芳译，中国轻工业出版社 2002 年版。

　　⑩ Gillian Naylor：*The Bauhaus Reassessed*，London，The Herbert Press Limited，1985。

　　⑪ Jeannine Fiedler、Peter Feierabend：*Bauhaus*，Könemann Verlagsgesellschaft mbH，2000。

*Crucible of Modernism*①、David Spaeth 著的 *Inside the Bauhaus*②、John Golding 著的 *Paths to the Absolute*③ 等。这些文献应该说对于包豪斯或抽象艺术的研究比较深入具体，虽然它们对抽象主义画家与包豪斯之间的关系都有所涉及，但是由于所探讨的问题不同，这些文献或以包豪斯，或以抽象艺术为个案研究对象，对于早期抽象主义画家和包豪斯之间的关系缺乏系统的论述。尽管如此，以上的文献资料对笔者的课题研究仍然具有重要的参考价值，也给自己很多有益的启示。

在此研究领域，与国外的研究成果相比，国内研究相对较少。在国内的相关研究中，一方面大多是单独就早期抽象主义画家或现代设计、包豪斯的著述，把抽象主义画家与包豪斯设计教育联系起来的论述也大多集中在现代艺术或现代设计的史、论文献中，与本课题完全一致的专题研究笔者尚未看到。另一方面，从抽象主义绘画或包豪斯的专项研究来看，与国外的研究成果相比也显得相对缺乏。例如由何政广主编，包括康定斯基、马列维奇等早期抽象主义画家作品在内的系列《世界名画家全集》④，以及张晓凌、孟禄新著《抽象艺术：另一个世界》⑤，陈池瑜主编、陈正雄著的《抽象艺术论》⑥，胡杰主编《抽象艺术视觉语言》⑦，崔庆忠编著《抽象派》⑧ 等。关于包豪斯的著作，除了王建柱编著的《包浩斯——现代设计教育的根源》⑨ 之外，大多关于包豪斯的著作都是译著，例如钱竹编辑，陈江峰、李晓隽编译《包豪斯——大师和学生们》，华尔特·格罗比斯著，张似赞译《新建筑与包豪斯》，（美）Tom. Wolfe 著，关肇邺译《从包豪斯到现在》⑩，以及前文中提到的弗兰克·惠特福德《包豪斯》、朱迪思·卡梅尔·亚瑟《包豪斯》等。

---

① Elaine S. Hochman：*Bauhaus*：*Crucible of Modernism*，New York：Fromm International，1997。

② David Spaeth：*Inside the Bauhaus*，Rizzoli International Publications，INC，New York，1986。

③ John Golding：*Paths to the Absolute*，London：Thames&Hudson，2000。

④ 康定斯基、马列维奇：《世界名画家全集》，河北教育出版社 2005 年版。

⑤ 张晓凌、孟禄新：《抽象艺术：另一个世界》，吉林美术出版社 1999 年版。

⑥ 陈正雄：《抽象艺术论》，清华大学出版社 2005 年版。

⑦ 胡杰主编《抽象艺术视觉语言》，安徽美术出版社 2002 年版。

⑧ 崔庆忠编：《抽象派》，人民美术出版社 2000 年版。

⑨ 王建柱：《包浩斯——现代设计教育的根源》，台湾大陆书店 1983 年版。

⑩ ［美］Tom. Wolfe 著，关肇邺译《从包豪斯到现在》，清华大学出版社 1984 年版。

　　不过可喜的是，随着国内艺术设计实践和教育近年来的迅猛发展，关于现代艺术和现代设计之间关系的研究开始在部分院校的学位论文中出现，例如 2005 年南京艺术学院庞蕾的《源流与误解》（探讨了 20 世纪现代设计中的构成特征，认为日本与中国对构成存在多方面误解）[①]，2004 年苏州大学邵巍巍的《二十世纪早期的现代艺术对现代主义设计的影响》[②]，2003 年华中师范大学王君的《现代科技运动中艺术与设计的对流与整合》[③]，南京师范大学杨天婴的《现代绘画对现代设计的引导——从古典情怀到机器之美》[④] 等学位论文。这些论文虽然未就早期抽象主义画家对包豪斯的影响有直接、系统的论述，但在一定程度上反映出关于现代艺术和现代设计之间关系的研究，逐渐引起了设计教育领域的关注。

　　总之，目前笔者看到的国内外有关本课题研究的文献主要包括两部分，一部分是单独就早期抽象主义绘画或早期抽象主义画家、现代设计、包豪斯的大量著述，其中缺乏早期抽象主义画家和包豪斯关系的专题性研究；另一部分是与本书研究类似或接近的少量文献，其中尽管也有部分文献介绍了早期抽象主义画家与包豪斯之间的关系，但缺乏系统、完整的论述，与本书完全一致的研究还没有看到。这里所谓系统、完整的论述，在笔者看来主要应该包含两个方面的内容：首先是对包豪斯产生影响的早期抽象主义画家指哪些画家？欧洲当时不同国家艺术家之间活跃地交流是一种普遍的现象，其中不同的流派和艺术团体的成员及其活动并非局限在特定国家和地区的范围内，例如德国表现主义、达达主义、构成主义、风格派，包括包豪斯，要么其成员是由来自世界不同国家的艺术家组成，要么其艺术流派或团体的艺术活动范围跨越国界，对整个欧洲甚至美国都产生了影响，当时的包豪斯正是在这样一种不同艺术思想广泛交流与影响的环境下建立和发展的。因此，早期抽象主义画家对包豪斯的影响，不仅包括包豪斯教师中直接影响包豪斯的抽象主义画家，也包括包豪斯之外对其产

---

　　① 庞蕾：《源流与误解》（硕士学位论文），南京艺术学院设计学院，2005 年。

　　② 邵巍巍：《二十世纪早期的现代艺术对现代主义设计的影响》（硕士学位论文），苏州大学艺术学院，2004 年。

　　③ 王君：《现代科技运动中艺术与设计的对流与整合》（硕士学位论文），华中师范大学文学院，2003 年。

　　④ 杨天婴：《现代绘画对现代设计的引导——从古典情怀到机器之美》（硕士学位论文），南京师范大学美术学院，2003 年。

生间接影响的抽象主义画家。其次，早期抽象主义画家对包豪斯的影响包括哪些内容？系统、完整地论述早期抽象主义画家对包豪斯的影响，除了形式语言方面的分析研究，这些画家的艺术理想和实践对包豪斯产生影响的外在原因和内在必然性的分析研究，以及对这种影响的积极意义与局限性的释读也是不可缺少的组成部分。

第一章 早期抽象主义画家与包豪斯综述

第一节 抽象艺术中的早期抽象主义画家

一 抽象艺术与抽象主义绘画

在思维与认知科学中，抽象（abstract）与具体（concrete）相对，是事物某一方面的本质规定在思维中的反映，体现了人类思维活动的一种特性。《现代汉语词典》中对"抽象"一词的解释是："从许多事物中，舍弃个别的、非本质的属性，抽出共同的、本质的属性，叫抽象，是形成概念的必要手段，是人类认识世界的方式之一。"① 在艺术创作中，抽象往往与具象（Figurative Art）或再现（representation）的概念相对，并把抽象作为划分艺术作品风格的概念，即艺术作品由于与自然对象之间的相似程度而划分为具象艺术、非具象艺术（Non-figurative）和抽象艺术（Abstract Art）。具象艺术作品以其形象与自然对象十分相似最为标准；抽象艺术指艺术形象大幅度偏离或完全抛弃自然对象外观的艺术；而非具象艺术则是指人类对事物非本质因素的舍弃和对本质因素的抽取，通常在形式与造型上介于抽象与具象艺术的两极之间。抽象艺术和具象艺术是一对相关的概念，两者能够表现人类不同的精神内容，创造出不同的形式感，拥有各自不可替代的美学价值，但是试图给"抽象艺术"规定一个范围，给出一个让所有人都能够接受的明确的定义，却不是件容易的事。

在人类的艺术创作活动中，不论东方还是西方，不论是原始社会还是现代社会，抽象作为一种艺术表现形式是普遍的现象，其差异只是程度的不同和用途的不同。正如艺术史研究者沃林格（Wilhelm Worringer）所认为的，抽象艺术体现了人类一种不同于移情冲动的艺术意志，是一种以世

---

① 中国社会科学院语言研究所词典编辑室：《现代汉语词典》，商务印书馆 1983 年版，第 151 页。

界感为基础的抽象冲动的表现形式。"这种抽象冲动的艺术意志具有其独特的心理依据,他植根于和移情冲动完全不同的'世界感'","移情冲动是以人与外界的那种圆满的具有泛神论色彩的密切关联为条件的,而抽象冲动则是人由外在世界引起的巨大的内心不安的产物。"①　首先,从艺术史的角度来说,"抽象"几乎从艺术诞生之初就一直伴随着艺术创造的发展,如原始岩画、彩陶装饰纹样、非洲的木雕、欧洲部分宗教绘画等,都具有一定的抽象手法和抽象形态。虽然这种抽象艺术常常主要出现在装饰艺术领域,作为一种物质创造的附属部分存在的,但其形式语言的视觉意味与现代艺术中的抽象艺术形式语言并没有本质区别。不论是几何抽象,还是非几何的抽象,所传达的视知觉信息是一致的,即要么从自然中通过提炼、简化"抽离"出世界的"真实"(这种"真实"要么通过联想可以还原到原型,要么完全不可辨认),要么仅仅是对某种情绪和感受的直觉的、偶然性的表现。其次,除装饰性的抽象艺术之外,传统或现代的"纯艺术"创作中应用抽象语言也是普遍的现象,甚至从西方文艺复兴以来主导西方艺术的具象传统之中,艺术家和观赏者一直都了解"抽象化"了的艺术作品与真实世界之间的距离,以及艺术家在将可见之真实转变为艺术过程中扮演的角色。与此同时,具象艺术与抽象艺术之间的区别往往对于许多艺术家来说并无特别的意义,艺术是艺术,现实是现实,即使是完全抽象的艺术,对于艺术家来说也只是在另一角度或层次上对现实或具体形象的理解和表现,"他总代表着某种事物——尽管只是一种意图。"②　总之,从原始岩画、彩陶装饰纹样到具象写实艺术、现代艺术以及今天的数字照片、图像,尽管艺术形式的创新和影像技术的发展形成了偶发的、几何的、巨视的、微观的、透视的、斑污的视觉形态,而形态的空间又包括平面的空间、动态的空间、多视点动的空间、非现实空间(意识空间)等,但是艺术创作总离不开对现实世界某种程度的抽象:绘画、照片、影视都有边界,无论怎样具体都不是真实世界本身。

---

① ［民主德国］W. 沃林格:《抽象与移情》,王才勇译,辽宁人民出版社1987年版,第13页。

② Anna Moszynska:《抽象艺术》,黄丽娟译,远流出版事业股份有限公司1999年版,第2—3页。

　　正因为如此，苏珊·朗格（Susanne K. Langer）认为："一切真正的艺术都是抽象的"①，也就是说，把日常所见的客观物象变成艺术作品的过程本身就是一种抽象的过程。《西洋绘画史》中对抽象艺术的解释为："凡是凭作者的创造力和想象力从自然物象，或是几何学图形中提出其精华，而仅以线条或色彩构成'美'的画面，便都属于抽象艺术。"② 这种解释虽然使得抽象艺术在整个人类艺术的创作活动中失去了自身的独特性，却在一定程度上揭示了艺术创作中应用抽象手法的普遍性特征，我们可以把这种抽象艺术的解释称为广义的"抽象艺术"概念。

　　相对于这种广义的抽象艺术概念，在西方艺术史中也有"抽象艺术"相对狭义的特指。《不列颠百科全书》对"抽象艺术"（Abstract Art）的解释为："抽象艺术是指 20 世纪的非具象的绘画、雕塑以及类似手法的艺术。集中体现了现代艺术否定艺术再现的重要性的倾向，突出强调形、色、线、面的纯抽象本质。抽象艺术的基础正是肯定这些形体属性有足够内在的美和表现力，有意避免或隐藏任何清晰可辨的现实形体，全然杜绝再现主题，完全依靠审美因素。"③ 从哲学的范畴讲，这种抽象艺术属于形而上的艺术，一种更关注艺术本体精神的艺术形式。与其他艺术形式相比，抽象艺术是都市文化与个性文化发展的产物，和当代自由个性张扬的人文主义具有密切联系。

　　在艺术领域最早采用"抽象"一词是德国画家龙格（P. O. Runge，1770—1810），而最早的抽象艺术一般认为是 20 世纪初从康定斯基的一幅水彩绘画开始的。抽象艺术中的绘画创作被称为从西方文艺复兴以来的古典主义、浪漫主义、写实主义、印象主义，以及萌发现代艺术的后期印象主义、野兽主义、立体主义等，尽管其中存在变形、夸张、解构等抽象的因素，但总体上都不同程度地肯定所描绘对象的地位，其中的抽象倾向也都是以对象为基点的抽象。直到 20 世纪初，一种与我们看到的世界中的形象没有联系的抽象绘画才开始出现，并由此形成了艺术中抽象的极端表

---

　　① ［美］苏珊·朗格：《艺术问题》，滕守尧译，中国社会科学出版社 1983 年版，第 156 页。
　　② 冯作民：《西洋绘画史》，艺术图书公司 1981 年版，第 235 页。
　　③ 美国不列颠百科全书公司：《不列颠百科全书》国际中文版第 1 卷，中国大百科全书出版社不列颠百科全书编辑部译，中国大百科全书出版社 1999 年版，第 31 页。

现——"抽象主义绘画"① 或"抽象绘画",并与"具象绘画"(Repre-
sentational Painting 或 Figurative Art)相区别。抽象主义绘画,即脱离装
饰、再现的目的,一种特定艺术思想统辖下自觉的、本体论意义上的绘画
形式。抽象主义绘画总体上可以分为两种基本的类型:一种主要把重点放
在表现性上,利用艺术媒介的特质,直接表现艺术家的内心情感和直觉感
受,这类抽象主义绘画包括塔希主义、抽象表现主义等绘画风格;另一类
抽象则否定表现性,主要把重点放在画面整体的结构特性上,寻求没有个
性化表现的要素来构成一件艺术品,这种抽象绘画往往提供了对宇宙超自
然结构的智性思考,其中包括构成主义、风格派等绘画风格。为此,人们
习惯上把前者称为热抽象,后者则为冷抽象,两者共同构成了早期抽象主
义绘画的基本风格类型。

在抽象主义绘画中,康定斯基 1910 年左右创作的第一幅抽象水彩画
作被视为抽象主义绘画形成的标志(见图 1.1),而他在 1910 年所写的
《论艺术的精神》(1910 年开始撰写,1911 年圣诞节发表,1912 年再版),
以及 1912 年的《关于形式问题》、1923 年的《点、线、面》(1923 年开
始撰写,1925 年写成,1926 年在德国慕尼黑出版)、1938 年的《论具体
艺术》等论文,则被看做是抽象主义绘画理论的经典著作,是抽象主义
绘画思想的启示录②。

尽管如此,抽象主义绘画的绘画语言及其所依托的艺术思想和观念的
形成,却是一个逐渐演变的过程,而不是革命性的过程。

---

① 即狭义抽象艺术中的抽象绘画。之所以使用"抽象主义绘画"的概念,而不是"抽象艺
术"或"抽象绘画",主要是基于汉语中使用习惯的考虑。例如《辞海》、《现代汉语词典》、
《西方现代艺术词典》等均没有"抽象绘画"、"抽象艺术"词条,相应的词条是"抽象主义"
或"抽象派"。例如《辞海》中的解释:"抽象主义亦称抽象派。现代西方流行的一种艺术流派。
20 世纪初产生于俄国,后流行于西欧和美国。主要存在于绘画和雕塑领域。"(辞海编辑委员会:
《辞海》,上海辞书出版社 1999 年版,第 288 页)在《西方现代艺术词典》中对"抽象主义"概
念的解释则直接是对抽象绘画的特指:"20 世纪欧美现代文艺运动中最重要的艺术思潮和主要的
美术流派。……以抽象的色彩、点、线、面去表现所谓'纯粹的精神世界'的绘画风格。"(邹
贤敏:《西方现代艺术词典》,成都:四川文艺出版社 1989 年版,第 528 页)基于此,在本书中
"抽象主义绘画"以及部分引用文献中针对绘画所提及的"抽象艺术"、"抽象主义"、"抽象派"
等概念意指的是同一个艺术现象,即 20 世纪初开始的一种否定艺术再现重要性,突出强调形、
色、线、面等纯抽象本质的绘画形式和观念。
② [法]米歇尔·瑟福:《抽象派绘画史》,王昭仁译,广西师范大学出版社 2002 年版,第
156 页。

图 1.1　《无题》，康定斯基，1910 年。

　　首先，抽象主义绘画的产生，是世纪交替之际所发生的社会、知识与科技剧变的一个反映。自从工业革命以来，社会生产和生活方式以及社会组织形式的变化，改变了艺术创作的观念和对象；随着市民社会的壮大，大众文化的发展，以及思想观念的现代化，视觉艺术受众的自由选择和创新需求，致使不同的视觉艺术形式发挥各自的优势朝着不同的方向发展。加之 1840 年左右法国人 L. 达盖尔（Louis Jacques Mande Daguerre，1787—1851）发明了摄影术，人们开始重新审视艺术家描绘和再现具象现实的必要性，虽然许多画家仍旧坚持传统的具象写实绘画，但也有部分画家开始意识到工业化的世界中传统艺术与现代生活之间的差距，开始探索新时代的绘画语言。可以说，20 世纪初抽象主义绘画的绘画语言及其所依托的艺术思想和观念的形成，是传统绘画艺术现代化发展、演变的结果，是绘画艺术所依托的社会环境变化的产物，正所谓"从 X 光的发现到汽车的发展，科学协助创造出了非常不同的世界……""如果画面表达已改变，那是因为现代生活让它必须改变。"①

---

① Anna Moszynska：《抽象艺术》，黄丽娟译，远流出版事业股份有限公司 1999 年版，第 2 页。

图 1.2　《戴帽子的女人》，亨利·马蒂斯，1905 年。

　　其次，抽象主义绘画的产生，是当时广泛的抽象艺术思潮的组成部分，并与 20 世纪初的野兽派、立体主义和未来主义等绘画流派的传承发展密不可分。

　　20 世纪最初的先锋美术运动是"野兽派"或"野兽主义"（Fauvism）。在 1905 年的法国秋季沙龙展览上，出现了以亨利·马蒂斯（Henri Matisse，1869－1954）为首的九名青年画家的作品，由于作品中那令人惊愕的颜色、扭曲的形态、明显地与自然界的形状全然相悖，因此得到了"野兽派"的称号。"野兽派"绘画实现了色彩在造型艺术中独特价值的释放，趋向色彩艺术的独立。"野兽派"画家除了马蒂斯之外，康定斯基、库普卡（Frantisek Kupka）等人也是第一批探索纯粹色彩绘画的艺术家，并且成为抽象主义绘画的先驱，他们在从事纯粹色彩绘画的试验中逐步确立了色彩在抽象主义绘画中的独立价值。

图 1.3　　《亚维农的少女》，毕加索，1907 年。

　　与野兽派类似的"立体主义"或"立体派"（cubism），对后来各种现代派艺术都产生过程度不同的影响，其中就包括抽象主义绘画。在1907—1914 年期间，由于立体主义绘画的逐渐形成，其主要代表人物毕加索、勃拉克（Georges Braque）所关注的核心问题是怎样在平面上重新组合自然形态，让形体块面脱离眼睛看到的样子，独立而自由地构造出画面。这个法则就是按结构重新组建物体的形象。立体主义绘画对造型的结构以碎片化的效果突破了传统绘画的整全的可轻易识别的结构，而且这种对绘画形式元素独立性价值的探索给抽象主义绘画在形式创新方面的突破提供了重要的启示。立体主义绘画质疑了西方艺术传统所根植的基本假定，即假定绘画必须以重大或崇高的事件为题材，或在任何情形下意识都

图 1.4　《小提琴和水罐》，勃拉克，1910 年。

可以理解的叙述性或"文学性"主题，宣告绘画形式元素的独立，对传统标准的排斥成为了艺术活动的基本特征。这一切使得立体主义绘画成为20 世纪抽象和非具象绘画形式潮流的重要来源，并直接影响到抽象主义绘画中构成性或分析性绘画风格的产生。

　　与这种形式语言独立性价值追求的艺术本体论倾向不同的是发生在意大利的一个艺术运动：由意大利作家马里内蒂（F. T. Marinetti）于 1909年所创并首先出现于意大利的一个文学艺术思想流派——"未来主义"（Futurism）或"未来派"。未来主义艺术家对资本主义的物质文明大加赞赏，对未来充满希望。1909 年，马里内蒂在《未来主义宣言》中宣扬工厂、机器、火车、飞机等的威力，赞美现代大城市，对现代城市生活的运

图 1.5 《城市的兴起》，未来主义画家波丘尼（Boccioni），1910—1911 年。

动、变化、速度和节奏表示欣喜。未来主义否定传统的艺术规律，宣称要创造一种全新的未来艺术，并提出把机器和工业作为现代艺术的偶像和主题。其代表人物之一的塞维里尼（Severini）受到 1906 年由普雷维艾提（G. Previati）撰写的论文《分光派之科学法则》（*Principi scientificidel divisionismo：La Technica della pittura*）的影响，运用分光派的技法探索超越视觉习惯的形式。作为未来派之父的马里内蒂在诗歌创作中把想象的跳跃与不同意念带入创作，使得未来主义融科学技术与艺术想象于一体，而法国哲学家伯格森对未来主义的回应是"我们拥护不再是模仿物体与事物之彩色图像的色彩运用，我们支持一种空间中的视像，在其中色彩之物质性在我们主观的创造下，表现在各种可能的情况中"[1]。虽然艺术家把艺术的个体幻想和社会的高速潮流链接在一起难免牵强，但却在一定程度上改变了传统艺术产生的动力机制，对于抽象主义绘画社会价值的讨论具有重要的影响，尤其是对于俄国构成主义绘画的影响。

立体派、野兽派绘画和未来派绘画不但释放了色彩、构图在造型艺术

---

[1] Anna Moszynska：《抽象艺术》，黄丽娟译，远流出版事业股份有限公司 1999 年版，第 19 页。

图 1.6　　《塔巴林舞场有动态的象形文字》，塞维里尼，1912 年。

中的独立价值，并赋予它们艺术创作的时代意义，从而奠定了抽象主义绘
画的理论和实践的基础。事实上在 1910 年左右，许多画家都开始试验着
抽象的绘画形式语言，"他们自各方面获得灵感，但是都有着一个共同的
渴望，即去质疑具象乃艺术与艺术目的之全部。有些艺术家挑战着造型的
传统处理手法，另外的一些艺术家追求着色彩与光所提供的选择。"① 这
些艺术探索、实践，作为抽象主义绘画形成的准备阶段，启发或引导了抽
象主义绘画的先驱画家，例如野兽派绘画的色彩观念对康定斯基、德劳
内、库普卡等抽象主义画家的影响，立体主义对抽象主义画家蒙德里安艺

① 　Anna Moszynska：《抽象艺术》，黄丽娟译，远流出版事业股份有限公司 1999 年版，第 5
页。

术成就的"决定性作用"①，而马列维奇、塔特林等画家的抽象主义绘画与俄国"立体—未来主义"运动不无关系②。

可见，一方面，抽象主义绘画的产生是现代艺术在19世纪末、20世纪初基于社会变革影响下艺术家自我创新、调整探索试验的结果；另一方面，20世纪初野兽派、立体派、未来派等现代艺术流派的观念和形式语言探索都对抽象主义绘画思想的确立有直接或间接的影响。不论是强调感性直觉的"野兽派"，强调理性几何分析的"立体派"，还是强调新时代艺术使命的"未来派"，许多的抽象主义画家正是在学习、借鉴这些不同艺术流派中开始抽象主义绘画创作的。

尽管19世纪末20世纪初的许多先锋艺术流派的艺术探索深刻影响了抽象主义绘画的形成，而且绘画中的抽象表现并不是20世纪初的独创，就像1930年4月"圆圈和方块"展览会期间人们抱怨的一样，这种绘画的方法是"人们早就废弃了的试验的幽灵"，"完全是老一套的无聊玩艺儿"③，法国艺术理论家米歇尔·瑟福（Seuphor, M.）在其《抽象派绘画史》一书中也称"早期的浪漫主义的时代"就已经奠定了这种纯粹绘画的理论基础④；但是，变形并不等于抽象，亨利·拉塞尔·希契柯克（Henry-Russel Hitchcock）在《趋向建筑的绘画》中认为立体主义的作品主要依靠变形，而非抽象。⑤ 立体主义画家对造型的结构以碎片化的效果突破了传统想象的整全的可轻易识别的结构，与野兽主义、未来主义画家一样，都喜爱探索全然抽象与暗示性具象之间的张力，在同时面对这两种相反之物时保持着一种美妙的平衡，并不能算作是纯粹的抽象绘画。对此，不同的人可能会有不同的意见，但至少对于康定斯基来说是如此。作为抽象主义绘画创始者的康定斯基，对自19世纪以来现代艺术中表现方法上的创新所给予的评价是："在探索'怎样表现'的过程中，艺术成了

---

① ［法］米歇尔·瑟福：《抽象派绘画史》，王昭仁译，广西师范大学出版社2002年版，第32页。

② 陈瑞林、吕富珣：《俄罗斯先锋派艺术》，广西美术出版社2001年版，第269页。

③ ［法］米歇尔·瑟福：《抽象派绘画史》，王昭仁译，广西师范大学出版社2002年版，第18页。

④ 同上。

⑤ ［英］彼得·柯林斯：《现代建筑设计思想的演变》，英若聪译，中国建筑工业出版社1987年版，第340页。

一门专门的、反对艺术家发生作用的东西，而艺术家又抱怨人们对他们的作品无动于衷。因此在这种时代，除了一些微不足道的创造被一小伙赞助人和鉴赏家捧得天花乱坠外，艺术家几乎没有说话的余地了。"对于"立体派"和"野兽派"对色彩和形式的解放，康定斯基一方面予以肯定："马蒂斯——色彩，毕加索——形式。这是两块指明伟大目标的里程碑。"① 另一方面他也认为，尽管他们"企图找到一种公式来表现构图"，但却"导致事物各部分的物质联系土崩瓦解"②，即无法更深刻地表现那些精神性的内涵。康定斯基强调艺术是属于精神的，艺术家必须全力为这个领域服务。

二　早期抽象主义画家

在第一次世界大战开始前的四五年间，从具体表象（appearances）进行抽象总结从而达到把握到表象之下的精神，或者通过这个抽象过程来表现艺术家的主观心理，成为艺术创作的一个重要趋势，而早期抽象主义画家也在此时开始了他们抽象主义绘画的探索试验。此时，部分艺术家开始尝试采用纯抽象的形式来表现主观心理，其中包括瓦西里·康定斯基（Wassily Kandinsky）、奥古斯特·马克（August Macke，1887—1914）、米凯尔·拉里昂诺夫（Michael Larionov，1881—1964）、娜塔丽娅·冈察洛娃（Nathalya Goncharova，1881—1962）、保罗·克利（Paul Klee，1879—1940）、弗朗兹·马尔克（Franz Marc，1880—1916）等人。在此基础上，欧洲出现了一系列前卫艺术集体，进一步探索抽象艺术的可能性，其中以荷兰的"风格派"（De Stijl）和瑞士苏黎世的"达达主义"（Dadaism）最为激进。其中的画家包括蒙德里安（Piet Cornelis Mondriaan，1872—1944）、瑟奥·凡·杜斯伯格（Theo van Doesburg，1883—1931），以及弗拉基米尔·塔特林（Vladimir Tatlin，1885—1953）、安东尼·佩夫斯纳（Antoine Pevsner，1886—1962）、瑙姆·嘉博（Naum Gabo，1890—1977）、莫霍里·纳吉（Laszlo Moholy Nagy，1895—1946）、阿米蒂·奥尚方（Amedee Ozenfant，1886—1966）和尚纳瑞（Charles. Edouard Jeanne-

----

① ［俄］瓦西里·康定斯基：《论艺术的精神》，查立译，中国社会科学出版社1987年版，第30页。

② 同上书，第92页。

ret，后来改称勒·柯布希耶，Le Corbusier，1887—1965）等人。其中，20 世纪 20 年代前后，作为"风格派"画家的蒙德里安来到巴黎，在罗森堡画廊举办"风格派画展"；法国抽象主义画家奥尚方和尚纳瑞组织了"纯粹主义"（purism）艺术团体；俄国构成主义者佩夫斯纳移居巴黎，把俄国的抽象主义艺术带到了法国；巴黎"抽象—创作"协会（Abstraction – Création，1931—1935）成立。至此，抽象主义绘画逐渐由个别艺术家的探索试验发展成为国际性的艺术运动，并使抽象主义绘画在第二次世界大战之前的巴黎出现了一度的繁荣。随着第二次世界大战的临近，集聚在法国的抽象主义画家纷纷逃往英国或美国寻求新的发展，抽象主义绘画的早期探索试验也宣告结束。

　　第二次世界大战期间，由于大批欧洲现代艺术家移民到美国，从而把抽象主义绘画的精神和实践带到了新大陆，并发展出了强调抽象形式和个人主观动机表现的新流派，尤其是 20 世纪 40 年代末 50 年代初，美国画家杰克森·波洛克（Jackson Pollock，1912—1956）赋予抽象主义绘画以行动的、潜意识的因素，与德·库宁（Willem de Kooning，1904—1997）等人开创了美国的抽象表现主义。抽象表现主义把抽象主义绘画推向了一个新的高潮，影响了整个西方抽象艺术的发展，包括对欧洲抽象主义绘画的影响。对此，抽象艺术研究者（Anna Moszynska）认为"……当抽象合法化后，它也分裂为各种不同的风格，直到抽象表现主义出现并影响了大西洋彼岸时，一种新的整合的目的才再被发现。"[1] 抽象表现主义在美国和其他西方国家有长达 20 年的发展，之后逐渐趋于衰退，因为"波洛克之后的各种抽象主义派别则只是在局部的探索上有新的进展，整体上没有突出的创造可言"[2]。当然，这种衰退只是相对而言的，最低限艺术（或称 ABC 艺术）、光效艺术（OP 艺术）、抽象象形绘画、新抽象派的出现，甚至色域绘画（Color – Field Painting）、概念艺术（Concept art）、机器艺术等艺术形式中，都仍可以看到早期抽象主义绘画的影子。总之，至 20 世纪中期，抽象主义绘画已经成为西方艺术创作中一种普遍的形式，甚至

---

　　① Anna Moszynska：《抽象艺术》，黄丽娟译，远流出版事业股份有限公司 1999 年版，第 123 页。

　　② 邵大箴：《西方现代美术思潮》，成都：四川美术出版社 1990 年版，第 232 页。

早在 1939 年"抽象已经成为绘画与雕塑中的一种替代的传统"①，抽象主义思想已融入造型艺术的各个领域、流派，20 世纪中期至今的抽象主义艺术家正是在这种新传统的基础上，继续探索、扩展着抽象主义绘画的各种可能性。

本书"早期抽象主义画家"概念中的"早期"，指的正是 20 世纪开始至第二次世界大战爆发之前抽象主义画家广泛探索试验的时期。

关于早期抽象主义画家，瓦西里·康定斯基、卡西米尔·马列维奇、罗伯特·德劳内、库普卡、保罗·克利、奥古斯特·马克、弗朗兹·马尔克、蒙德里安等人对于开创抽象主义绘画具有重要的奠基作用（其中奥古斯特·马克和弗朗兹·马尔克先后在第一次世界大战中阵亡），但是与抽象艺术概念的界定一样，对早期抽象主义画家范围的界定，也存在同样的困难和矛盾。

一方面，这些早期抽象主义画家共同的特征是否定再现自然具象形态的重要性，希望通过视觉形态本身审美价值的创造和欣赏，实现对传统再现艺术的超越。正如米歇尔·瑟福著的《抽象派绘画史》中指出："我们称一幅画为抽象，主要是我们在这张画中无法辨认出构成我们日常生活的那种客观真实。"② 另一方面，从欣赏者的角度来说，尽管早期抽象主义画家对待客观题材的克制态度和视觉语言的纯抽象化，无意于传达某种具体物象的外在特征，但这并不能限制、更不可能阻止观赏者对具体物象的联想——不管是否符合画家的初衷，这种欣赏方法是存在的。

不仅如此，尽管康定斯基等人被称为是抽象主义绘画的先驱代表，他们所开创的抽象主义绘画也以"否定绘画中具象再现的重要性"为特征，但是许多早期的抽象主义画家实际上并不都排斥自然的具象形象，他们的抽象主义绘画创作是以不同程度的抽象和不同的风格形式存在着（其中主要包括表现主义风格和构成主义风格等风格样式）。正如康定斯基所提到的，"我们必须彻底摒弃再现手法而一味地追求抽象的技法吗？这一问题的答案是：将具体和抽象的各自优点熔为一炉"，"我们现在总的说来

---

① Anna Moszynska：《抽象艺术》，黄丽娟译，远流出版事业股份有限公司 1999 年版，第 123 页。

② ［法］米歇尔·瑟福：《抽象派绘画史》，王昭仁译，广西师范大学出版社 2002 年版，第 6 页。

仍然要依赖于大自然，并从中发现我们需要的各种形式。"① 对抽象主义绘画的欣赏应该直接从画面上寻求其内在的感情、思想和意义，"如果这种态度为大众所接受，那么艺术家也就能够放弃各种自然的形式和色彩，直接使用纯粹的艺术语言了。"② 也就是说，作为逐步实现完全纯粹抽象的过渡阶段，康定斯基认为具象的形象也是必要的。因此，在早期抽象主义画家中，不论是表现性的还是构成性的，许多人并不是绝对地排斥具象形象，正如鲁道夫·阿恩海姆（Rudolf Arnheim）所认为的，康定斯基、克利等早期抽象主义画家的作品，大多处于探索介于"再现"和"抽象"之间的"神秘领域"③。

因此，虽然在本书中把早期抽象主义画家以一个群体的概念作为研究对象，却并不意味着有一个"早期抽象主义绘画"的流派。20 世纪欧洲早期的抽象主义绘画是由不同艺术风格的画家有意无意间形成的一个共同趋于抽象化探索试验的结果，而"抽象主义绘画"本身也是由不同艺术家的不同创作形成的一个宽泛的指称。如果仅仅从艺术形式语言来判断，很难说有一个统一的、绝对的标准可用于判断某幅作品的作者是否属于抽象主义画家，何况许多的早期抽象主义画家都根据自己的理解为自己的艺术命名。例如康定斯基也把他的绘画称为"具象绘画"（Painting Concret），杜斯伯格称之为"具象艺术"（Art Concret）、蒙德里安则以"非客观的"（Non – objective）这个词用来描述自己的绘画艺术，等等。对此，我们也许只能解释为，正是因为这些艺术家的出现致使我们要以新的、时代的眼光来欣赏艺术，而这种"时代的眼光"就是抽象④。或者说，早期抽象主义画家与他们的作品一道推出的是他们关于世界、甚至宇宙的哲学、美学思想，两者的共同作用构成了早期抽象主义画家在现代艺术史上的地位，而且从社会影响力来看，他们的艺术理论往往显得比作品更有影响力，甚至可以说，在很大程度上正是因为抽象主义画家充满激情

---

① ［俄］瓦西里·康定斯基：《论艺术的精神》，查立译，中国社会科学出版社 1987 年版，第 41—61 页。

② 同上书，第 63—64 页。

③ ［美］鲁道夫·阿恩海姆：《艺术与视知觉》，滕守尧译，四川人民出版社 1998 年版，第 150 页。

④ ［法］米歇尔·瑟福：《抽象派绘画史》，王昭仁译，广西师范大学出版社 2002 年版，第 4 页。

而又令人费解的艺术理论，使他们的作品在现代艺术史上具有了里程碑的意义，进而形成了早期抽象主义画家特指的含义。

第二节　包豪斯的建立及其意义

绘画艺术中抽象主义运动兴起的同时，20 世纪初的现代设计及其设计教育也取得了突破性的进展，其中就包括包豪斯的建立。

一　现代设计运动中的包豪斯

自 18 世纪工业革命开始以来，各种机器的发明创造和对于新材料的应用成为构筑西方社会新面貌的主要力量。一方面随着工业革命对社会生产与生活的全面渗透，新的设备、机械、工具不断被发明出来，这种飞速的工业技术发展不但极大地促进了生产力的发展，同时对社会结构和社会生活也带来了更大的冲击，尤其是传统上由艺术家与工匠们完成的任务也面临着被新机器及其材料工艺技术替代的危险。另一方面，由于技术人员和工厂主沉醉于新技术、新材料的成功运用，更多地关注于产品的生产流程、质量、销路和利润，而从事"纯艺术"的艺术家又不屑于介入与平民百姓生活以及工业产品相关的实用艺术领域，其结果是社会生产体系导致日常生活中的各种产品日益丧失其艺术的光辉，带来了产品的粗制滥造问题，艺术与工业技术之间的对立和矛盾逐渐显现。此外，19 世纪上半叶开始，形形色色复古风潮的兴起，为欧洲社会和工业产品带来了华而不实、烦琐庸俗的矫饰之风。为此，自 19 世纪末开始，许多设计师和理论家开始针对艺术与技术、纯艺术与实用艺术之间的关系及其所面临的种种实际问题进行多方面的探索，其中主要包括"艺术与工艺美术"（Art and Crafts）运动、"新艺术"（Art Nouveau）运动、"装饰艺术"（Art Deco）运动等设计现代化的探索。

19 世纪后期开始的英国"艺术与工艺美术"运动对当时缺乏艺术性的机械化、批量化产品深恶痛绝，反对脱离实用和大众生活的纯艺术创作，提倡艺术家为普通大众的生活服务，积极投身实用的艺术设计。其中著名的评论家约翰·罗斯金（John Ruskin，1819—1900）从人文主义的角度，宣传手工艺的高度人性价值，主张由艺术家直接参与产品的制作，使艺术与生产相结合，创造出高度艺术的产品来。实践罗斯金这一想法的是诗人、设计家、画家、社会主义者威廉·莫里斯（William Morris，1834—1896）。威廉·莫里斯认为只有中世纪的建筑、家具用品、书籍、地毯等的设计才是"诚实"的设计，只有复兴哥特风格和中世纪的行会精神才能挽救设计，保持高品位的设计。但是，由于这种设计思想否定了大工业机器生产——这一新的生产力代表的积极意义，背离了工业革命的必然趋势，使得它没能从根本上解决机器生产技术与艺术创作之间的矛盾。

　　"新艺术"一词，源于 1895 年德国商人萨姆尔·宾（Samuel Bing，1838—1905）在巴黎开设的一家同名商店，这个经销美术和工艺品的商店，出售经过精心挑选的、反映世纪末艺术家审美趣味的新产品和新作品，从而使他成为这种审美潮流的代表。到了 1900 年前后，以法国和比利时等国为中心的"新艺术"运动逐渐兴盛起来，"新艺术"运动主张艺术与技术结合，提倡艺术家从事产品设计；"新艺术"运动强调整体艺术环境，即人类视觉环境中的任何人为因素都应精心设计，以获得和谐一致的总体艺术效果；"新艺术"反对任何艺术和设计领域内的划分和等级差别，认为不存在实用艺术与纯艺术之分，艺术家们应该创造出一种为社会生活提供适当环境的综合艺术。在如何对待工业的问题上，"新艺术"的理想是为尽可能广泛的公众提供一种充满现代感的优雅，因此，工业化是不可避免的。但是，"新艺术"不喜欢过分的简洁，主张保留某种具有生命活力的装饰性因素，而这常常是当时批量生产的工业技术难以实现的，这使得其与英国的"艺术与工艺美术"运动有了许多相似之处。

　　20 世纪 20—30 年代、"装饰艺术"一度成为国际性流行设计风格之一。"装饰艺术"运动与"艺术与工艺美术"运动、"新艺术"运动的不同之处是肯定机械生产的时代必然性，对采用新材料、新技术的现代建筑和各种工业产品的形式美和装饰美进行新的探索，并影响到建筑设计、室内设计、家具设计、工业产品设计、平面设计、纺织品设计和服装设计等广泛的领域。不过，由于"装饰艺术"运动与"立体主义"等现代艺术运动之间的联系，不同设计者演绎出不同的个人风格，而且越来越依赖于稀有而考究的奢华材料，使得"装饰艺术"与"艺术与工艺美术"、"新艺术"一样，它们的顾客事实上依旧是少数的权贵阶层或文化精英阶层。

　　设计史学家尼古拉斯·佩夫斯纳（Nikolaus Pevsner，1902—1983）在其著作《现代设计的先驱者：从威廉·莫里斯到格罗皮乌斯》一书中，把现代设计的特征归结为拥抱技术与反对装饰，并称英国的威廉·莫里斯是

"现代运动之父"①，把"艺术与工艺美术"运动作为现代运动的缘起。对此持不同意见者，认为现代设计是基于现代社会的生产和生活需要而形成的，而现代社会是以社会生产的工业化批量生产为基础，社会生活则以现代文明以及社会组织关系的民主化为特征，现代设计的界定自然也应该以此为前提，即以批量化工业生产和为普通大众服务作为现代设计的特征和标志，区别于手工作坊性质的、为少数精英或权贵阶层服务的传统设计②。基于这种界定，"艺术与工艺美术"运动、"新艺术"运动和"装饰艺术"运动客观上并没能彻底解决设计的批量化工业生产和为普通大众服务的问题，还不能算是真正的现代设计。

与此相比，20 世纪初产生的"构成主义"和"风格派"运动，以及"德意志制造联盟"和"包豪斯"的创建，则在现代设计史中具有更为重要的意义。关于"构成主义"和"风格派"运动在本书第二章有专门论述，在论述包豪斯之前，先就"德意志制造联盟"的创建及其意义予以简要介绍。

在德国著名外交家、艺术教育改革家、设计理论家和建筑师赫尔曼·穆特休斯（Hermann Muthesius，1861—1927）的倡导与组织下，1907 年在德累斯顿郊区赫拉劳（Hellerau）成立的"德意志制造联盟"（Deutscher Werkbund）（或译作"德意志工业同盟"）是一个半官方机构，是由一群热心设计教育与宣传的艺术家、建筑师、设计师、企业家和政治家组成，旨在改善德国产品的质量，规劝美术、产业、工艺、贸易各界人士共同推进工业产品的优质化。其核心人物赫尔曼·穆特休斯洞察到英国"艺术与工艺美术"运动的致命弱点在于对工业化的否定，因而提出了艺术、工业、手工艺共同合作的主张，希望把艺术家、手艺人与工业生产融为整体，协调艺术、工艺、工业与贸易等的关系，提高机器批量化生产的功能和审美质量，尤其是低成本的消费产品的生产。"德意志制造联盟"致力于把新世纪的伟大技术成就转变为一种成熟的、高级的艺术，相信这种转变在人类的文化史中具有深远的意义。这种愿望不但得到了德国政府的支持，而且成为德国提升工业生产水平，扩大产品出口的国家经济

---

① ［英］尼古拉斯·佩夫斯纳：《现代设计的先驱者：从威廉·莫里斯到格罗皮乌斯》，王申祜译，中国建筑工业出版社 2004 年版，第 4 页。

② 王受之：《世界现代设计史》，深圳：新世纪出版社 2001 年版，第 9 页。

策略。

　　作为"德意志制造联盟"的另一位重要成员，彼得·贝伦斯（Peter Behrens，1868—1940）主张对造型规律进行理性分析，坚持理性主义美学原则。贝伦斯认为在艺术与技术的关系中，与艺术家所坚持的传统相比，技术更能够确定现代风格，同时通过批量生产符合审美要求的消费品可以逐渐改善人们的趣味，技术和文化的结合是文化的新源泉，与其说它服务于生活的审美改造，不如说它服务于全民的社会利益。因此贝伦斯在考察艺术形式时，力图表明视觉形式对于作为人类文化一部分的物质环境而形成的意义。彼得·贝伦斯不但是"德意志制造联盟"发展的重要推动者，他对于艺术与设计之间关系的理解同时也深刻地影响着"德意志制造联盟"的其他成员，包括沃尔特·格罗庇乌斯（Walter Gropius，1883—1969）。

　　沃尔特·格罗庇乌斯在现代设计发展历程中的作用，首先是表现在关于"新建筑"的六项原则。20世纪初新的工业技术、机械设备和新的工具、材料不断发明出来，为了适应时代的发展和社会生产、生活的需求，如何开创现代化的设计风格，以及指出现代设计的发展方向等问题显得日益突出。针对这些问题解决途径的探索，在建筑领域形成了以沃尔特·格罗庇乌斯、米斯·凡·德·罗（Mies van de Rohe，1886—1969）、勒·柯布希耶（Le Corbusier，1887—1965）、阿尔瓦·阿图（A. Aalto，1898—1976）、弗兰克·莱特（Frank L. Wright，1867—1959）等建筑师为代表的现代建筑设计运动，他们提出了所谓"新建筑"的六项原则①，其核心是对建筑设计功能性的理性思考和强调。他们的设计实践和理论，由建筑领域扩展到了环境设计、产品设计、平面印刷设计等广泛的领域，奠定了20世纪现代主义设计的基础。

　　其次，沃尔特·格罗庇乌斯曾在1907—1910年间与米斯·凡·德·罗、勒·柯布希耶等共同在柏林贝伦斯的建筑事务所工作，深受彼得·贝伦斯的影响，他们不但成为20世纪伟大的现代主义建筑师和设计师，而且沃尔特·格罗庇乌斯和米斯·凡·德·罗后来都担任了包豪斯的校长，对包豪斯设计教育理念和方法的确立发挥了重要的作用，是连接"德意

---

　　① 主要包括把建筑功能性、经济性、空间性、科学性等要求作为基本原则，以及对应用新材料、反对装饰等观念的强调。

志制造联盟"与包豪斯的重要纽带。

二　现代设计教育中的包豪斯
(一)　现代设计教育运动

现代设计教育主要是基于传统的艺术教育发展起来的。法国在1648 年建立了皇家绘画和雕塑学院(the Academie Royale de Peinture de Sculpture),到1793 年,法国政府把这两个学院合并,成立了皇家美术学院,教学内容主要是绘画、雕塑和建筑三大部分,讲授素描、色彩绘画、雕塑、建筑、版画等课程。除了学院派体系之外,法国在19 世纪也盛行另外一种形式的艺术教育,就是画家工作室。法国当时不少杰出的画家和雕塑家都设立了自己的画室,或称为工作室,学徒选择不同的工作室,跟随艺术家学习。在当时,不仅绘画和雕塑通过学院或工作室传授,即便设计也通过这个体系传授,这在法国是很普遍的情况,不少法国早期的设计家就是在美术学院或艺术家工作室学习的。

其他类型的设计教育就是技工学校。欧洲早在18 世纪就成立了非大学制的技工学校,在德国、法国这些国家中,技工学校相当普遍。如1762 年巴什利(Jean - Jacques Bachelier)建立了自己的技工学校,培养工厂中所需要的技术人员,其中也包括产品设计人员。

总之,美术学院、艺术家工作室、技工学校这三种类型的方式,是欧洲长期以来培养设计师的主要途径。以美术学院为核心的艺术教育在19 世纪时,面对现代艺术思想和技法的挑战,以及应用艺术、手工艺相关的设计需求所造成的改革压力,开始探索建立具有混合特征的近代艺术教育体系,英国是这一改革的先行者。

英国自从工业革命开始,意识到设计的落后将直接影响到制造业的竞争力,进而影响到国家经济的发展,便积极进行着从纯艺术教育向纯艺术和应用艺术(设计)混合形式的教育体系的探索,并在1837 年成立了政府公立的试验性设计学校(The Government School of Design)和一个附属的设计博物馆。在全世界来说,这应该算是最早的现代设计教育的尝试,之后陆续出现的各种设计学校构成了德国包豪斯出现之前设计教育的重要背景,其中包括以下内容:

1852 年,英国政府设立了应用艺术部(Department of Practical Art),

把英国当时越来越多的设计学校集中在此部门的领导之下。1852 年，英国最著名的设计博物馆维多利亚和阿尔伯特博物馆（the Victoria and AL-bert Museum）成立。1864 年，英国全国拥有 90 所设计学校，总学生人数达到一万六千人，无论从绝对数目还是从人口相对比例来说，英国的设计专业学生都居世界领先地位。

1888—1908 年间在查尔斯·罗伯特·阿什比（Charles Robert Ashbee）领导下成立的手工艺行会与学校（The Guild and School of Handicraft），是英国"艺术与工艺美术"运动中最负盛名的手工艺组织，其材料工艺及职业生活教育，体现了"艺术与工艺美术"运动的理想，也是其由盛而衰的转折点。

1896 年，由威廉·理查德·莱斯比（William Richard Lethaby）领导的中央艺术与工艺学校（Central Shool of Art and Crafts）成立，这是英国"艺术与工艺美术"运动中在设计教育领域最重要的成果，被称为包豪斯的先声。中央艺术与工艺学校分五个专业院系，包括印刷、金工与首饰、服饰与织绣、家具与木工、彩色玻璃与建筑装饰等。印刷专业开设的课程包括书籍装帧、字体设计、艺术印刷等，课程内容的设置具有划时代的意义。

1896 年，由沃尔特·克兰（Walter Crane）领导的英国皇家艺术学院（Royal College of Art）成立，而建筑作为设计教育的基础和核心被学院纳入到设计教育的过程中，学院开设的课程包括对活的植物的直接写生，希望以新的眼光研究博物馆收藏的器物的设计方法和手工艺技术，这对包豪斯教学体系的形成具有深远的影响。

以上设计教育现代化的探索，应该说延续了"艺术与工艺美术"运动的宗旨和理念，不仅体现出现代设计教育萌芽阶段的成长历程和成果，也形成了现代设计教育发展的基本倾向：

1. 强调设计教育的社会责任。这些设计教育探索以复兴手工艺生产方式及其造物思想来对抗机器大工业生产对人本主义精神的强势压缩，希望通过手工艺的复兴，实现心、手、脑的统一，摆脱工业生产影响下的"非人性化"设计，改造社会现状，造就全面发展的人。当然，基于这种责任感的实践操作是充满艰辛的，且不说成功与否，面对当时如火如荼的工业化浪潮，或许最需要的是勇气和胆量。事实也证明，它是不合时宜的，其中闪光的部分是理想主义精神，这也是包豪斯所具有的。

2. 把"作坊制"和"双轨制"作为设计教育的探索模式。在这些设计教育探索过程中，恢复和继承传统手工艺行会的作坊制及师徒传承模式逐渐得到了认可和推广。此外，学院教育和实践技术训练相结合的"双轨制"模式也在设计教育探索过程中逐渐成形，关注精神层面的艺术创作与手工造物技术之间的融合成为一种趋势。

3. 强调艺术家的时代使命，相信在服务社会发展的时代变革中，艺术家把自己艺术审美价值的创造能力与工业技术结合起来，必将有助于社会文化、经济的发展。

总之，英国在艺术教育体系中加入工艺美术训练的教育方法直接促进了英国制造业的发展，也促进了英国的对外贸易，因此引起不少欧洲国家的关注。在 19 世纪下半叶，不少西欧国家都模仿英国的方法发展设计教育，并且也取得了很突出的成就。应该说在艺术教育体系中加入应用艺术（设计）的教育方法是传统艺术教育改革的一个巨大成就，但总体上来说，理想归理想，趋势归趋势，到 19 世纪末年的时候，整个欧洲在现代设计教育探索中仍然没能彻底脱离美术学院的教学模式，"以研习古董和古代的大师为基础，懵然无视前卫艺术的杰出成就。"① 而且这种情况长期以来并没有太大的变化。

20 世纪开始至第二次世界大战之前，工业化生产的进一步发展大大提高了社会生产效率，并全方位地改变了社会生活，个体化劳动逐渐由社会化劳动所替代，加之商业竞争的加剧和对市场拓展的需求，已经成为设计教育无法回避的社会现实，在这种社会背景下，传统艺术学院的教育目标和设计师的培养方法已无法适应社会化大生产的要求，不得不进行持续的改革。能否让企业家、技师（包括工匠）、建筑师和造型艺术家相互协作，提升工业产品设计水平，创造出优良品质的设计，成为历史赋予艺术教育改革创新者的一个重要课题。德国的包豪斯学校正是这一改革试验运动中的佼佼者，并以包豪斯为代表，艺术教育改革的中心也逐步从英国转移到德国。包豪斯不论从建校的宗旨、学院的体系、教学试验，还是从对于国际设计的影响来看，都被视为是世界上第一所完全为发展设计教育而建立的新型艺术学院。

---

① ［英］弗兰克·惠特福德：《包豪斯》，林鹤译，生活·读书·新知三联书店 2001 年版，第 11 页。

　　（二）　包豪斯

　　虽然进入 20 世纪以来，建筑领域和工业设计领域的现代主义设计就已经开始萌发，而且德意志制造联盟的探索实践也加速了这一进程，但是直至 1918 年第一次世界大战结束之后，德国的魏玛市（Weimar）才逐渐意识到自身在战后德国重建和稳定中举足轻重的作用，并积极支持能够重振德国经济的一切活动。此时，德意志制造联盟的成员、在 1914 年科隆举办的现代工业设计大展上名声大噪的沃尔特·格罗庇乌斯引起了魏玛市政府的重视。1919 年 3 月 16 日，魏玛政府内务大臣弗里希（Frith）任命格罗庇乌斯为撒克森大公艺术与工艺学校（1906 年由凡·德·维尔德创建）和撒克森大公美术学院的校长。3 月 20 日，经大公同意将两所学校合并，成立"国立包豪斯"（Des Staatliches Bauhaus），简称"包豪斯"，由格罗庇乌斯发明的"包豪斯"一词，是德语的"Hausbau"（房屋建造）一词颠倒而来的。

　　作为包豪斯首任校长的沃尔特·格罗庇乌斯，是著名的现代主义建筑设计师和教育家，对包豪斯的创建和发展，以及现代设计、现代设计教育的发展作出了不可估量的贡献。沃尔特·格罗庇乌斯出生于德国柏林，1905 年在皇家军队服役，1907 年进入贝伦斯设计事务所，1907 年为德国电器公司设计了世界上最早的完整的企业识别系统，1910 年开创了自己的设计事务所，1911 年完成法格斯鞋楦厂的厂房设计，1914 年与阿道夫·迈耶合作设计德意志制造联盟办公楼。

　　关于包豪斯的教学思想，早在 1916 年，格罗庇乌斯就建议魏玛政府开办一所新型的设计学院，主旨是拯救在工业化批量生产中濒临消亡的传统手工艺。格罗庇乌斯认为随着工业化的批量生产，优秀的传统手工艺将会面临被消亡的危险，他希望这所设计学院能够由具有创造性的艺术家和手工艺工匠共同组成，以改善工业产品的非人性化问题，提高生活用品的艺术水平。格罗庇乌斯认为单是关怀手工艺品和小工厂的产品是绝对不够的，因为这些产品永远不会失去与"艺术"的接触，相反的，艺术家必须学习如何去直接参与大规模的生产，而工业家也必须认清如何接受艺术家能够生产价值。在这种观念的基础上，他提出了自己对设计学院体系的设想，他明确地提出新的设计学院的宗旨应该是找到能够使艺术家接受现代生产最有力的方法——创造一个机械的环境。为了达到这个目的，他建议建立一所与工业生产关系密切的学校，课程也完全按照工业生产的目的

安排，比如提出开设"实际操作技术"、
"造型与结构的研究"等课程，加上艺术
史与艺术理论课程，另外还让学生到工厂
实习，这些建议与旧式的美术学院教育体
系是大相径庭的。在教学方面，他认为集
体工作是设计教育的核心，早在中世纪的
行会当中就已经具有了，这种方式既然有
利于设计和工业生产的发展，也应该作为
教学的核心内容进行贯彻。总之，格罗庇
乌斯认为除非创立一所可以对国家工业造
成巨大影响的设计学院，而且在权威性的
宗旨方面获得成功，否则，一个建筑师是
无法实现他的理想的。

图 1.7　格罗庇乌斯，由魏玛著
名摄影师路易斯·赫尔
德（Louis Held）1920
年拍摄。

　　为了使自己建立新型设计学院的提案
对魏玛政府更加具有吸引力，格罗庇乌斯
在第一次世界大战后对自己的建议进行了
大幅度的修改。他认为由于大工业的发展，造成了手工业的衰退，为了扭
转这种情况，必须建立新的设计教育中心。他提出建立艺术家、工业企业
家、技术人员之间的合作关系，而不是分隔，这样可以给德国的工业和手
工业都带来益处。同时，他还提倡在新的学校当中加强学生与企业之间的
联系，使学生的作业同时是企业的项目和产品。

　　1919 年包豪斯成立，由格罗庇乌斯亲自拟订的《包豪斯宣言和教学
大纲》（*Manifesto and Program of State Bauhaus in Weimar*）也同时发表
（见图 1.8）。宣言的全文如下：

　　　　一切创造活动的终极目标就是建筑！为建筑进行装饰一度是美术
最高尚的作用，而美术对伟大的建筑也是不可或缺的。今天，美术和
建筑完全被割裂了。所有手工艺人必须通过自觉的协作才能挽救这种
局面。建筑师、画家和雕塑家必须重新认识到，无论是作为整体，还
是它的各个局部，建筑都具备着合成的特性。有了这种认识以后，他
们的作品就会充满真正的建筑精神，作为"沙龙艺术"，这种精神已
经荡然无存。

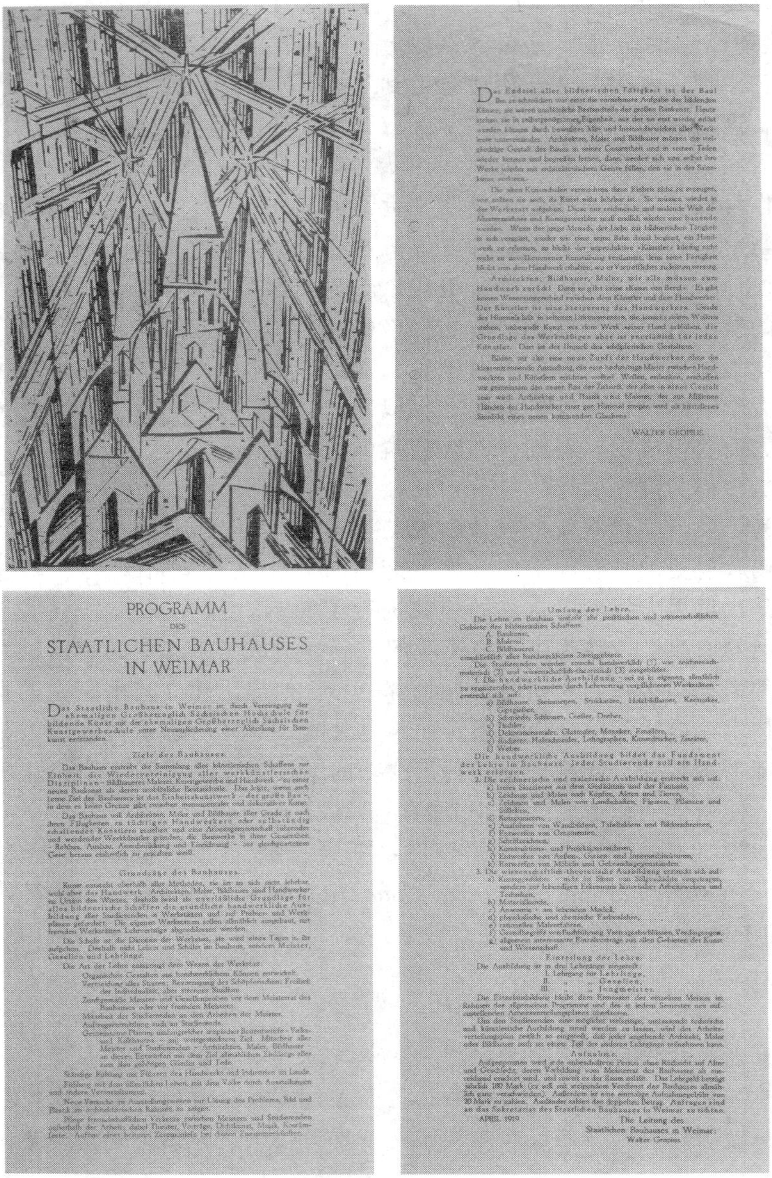

图 1.8　《包豪斯宣言和教学大纲》

　　老式的艺术院校无法达成这种统一。既然艺术是教不会的，他们又怎么能够做到这一点呢？学校必须重新被吸纳进作坊里。图形设计师和实用艺术家的天地里只有绘画和绘图，它最终必须变回一个建造作品的世界。比如说，现在有一个年轻人在创造中获得乐趣，如果他像前人一样，一入行就先学会一门手艺，那碌碌无为的艺术家就不会再为不合时宜的艺术性而横遭谴责，因为他还可以把自己的技巧用在一门手艺上，从而获得更大的成就。

　　建筑师们、画家们、雕塑家们，我们必须回归手工艺！因为所谓的"职业艺术"是不存在的。艺术家与工匠之间并没有实质性的区别。艺术家就是高级的工匠。由于天恩照耀，在出乎意料的某个灵光乍现的倏忽间，艺术也许会不经意地从他的手中绽放开来，除此之外，手工艺基础对每一个艺术家都是必不可少的。这一基础是创作力的主要源泉。

　　因此，让我们来创办一个新型的手工艺人行会，取消艺术家与工匠的等级差异，再也不要用它树起妄自尊大的藩篱！让我们一同期待、构思和创造未来的新建筑，融所有元素——建筑与雕塑与绘画于一体，有朝一日，它将从成千上万的工人手中冉冉升起，直指上苍，水晶般清澈地象征着未来的新信念。①

宣言的后面刊载着《魏玛国立包豪斯纲领》，纲领的全文如下：

　　魏玛国立包豪斯由过去的萨克森大公立美术学院和萨克森大公立工艺美校合并，同时增设建筑部门而组成。

　　＊包豪斯的目标：

　　包豪斯向着统一一切艺术创造的目标而努力，向着新建筑，以及作为它不可分割的组成部分——雕塑、绘画、工艺、手工劳动重新统一的目标而努力。纵然遥远，但作为包豪斯的最终目标，是永远不朽的艺术和装饰艺术两者无区别的统一的艺术——大建筑艺术。

　　包豪斯要把不同水平的建筑师、画家、雕塑家教育成为与他们的

---

　　①　钱竹编著：《包豪斯——大师和学生们》，陈江峰、李晓隽译，艺术与设计杂志社，2003年，第35页。

才能相符的、有能力的手工艺师，乃至具有独立创造性的艺术家，并以相同的精神，通过建筑的整体——结构、装修、装饰、设备——所形成统一的建筑作品；组成一个从事领导的和正在进修的手工艺术家的工作团体！

＊包豪斯的原则：

艺术超越一切方法，它自身不能被传授，然而手工艺却不同。建筑师、画家、雕塑家就字面的含义来说，都是手工艺师。因此，作为一切造型创造不可缺少的基础，要求研修人员都必须在工作室、实验室、车间里接受全面的手工艺训练。我们应当在与院外的车间签署实习合同的同时，逐步建成本院的车间。

学校是为车间服务的，总有一天会被车间同化。因此，没有老师和学生，只有师傅、技工和徒工。

教学方式取决于车间的性质。

从手工技艺发展为有机的构成。

排除一切僵化，提倡创造性、个性自由而又严谨的治学精神。

师傅的工作由研修人员协助。

向研修人员介绍委托订货。

具有广泛目的的大乌托邦建筑构思——公共建筑、宗教建筑——的共同计划。这个计划依靠全体师傅和研修人员——建筑师、画家、雕塑家，为了整个建筑的各个部分逐步协调一致的目的而携手共进。

通过内手工艺界、工业界领导人保持经常的接触。

通过展览会及其他活动与政府和民众保持联系。

为解决在建筑框架内展示绘画和雕塑的问题，重新研究展览会的实质。

通过工作之余的演出、讲座、诗歌、音乐、化装舞会，促进师傅和研修人员之间的亲密的交往。从而建立开明的礼仪。

＊教学范围：

包豪斯的学业包括造型创造的一切实践和知识领域。

A. 建筑艺术

B. 绘画

C. 雕塑

其中包括手工艺的各个领域。

研修人员要接受（一）手工艺（二）素描、色彩（三）科学和理论的训练。

一、手工艺的训练在逐步建成的本院车间和与研修人员订有实习合同的院外的车间内进行。包括以下范围：

a. 雕塑家，石工、泥瓦工、木雕家、陶瓷工、石膏工

b. 铁工、小五金工、铸工、车工

c. 木工

d. 装饰画家、玻璃画家、镶嵌工、珐琅工

e. 铜版画家、木板画家、石版画家、美术和印刷工、雕金工

f. 织工

手工艺训练乃是包豪斯的基础。研修人员必须学会一种手工艺。

二、素描和色彩训练包括以下范围：

a. 徒手记忆画、想象画

b. 头像、人体、动物的素描和色彩

c. 风景、人物、植物、静物的素描和色彩

d. 构图

e. 壁画、板绘、神龛的制作

f. 装饰纹样设计

g. 字体

h. 结构图和投影图

i. 建筑外部、庭院、室内装饰设计

j. 家具和日用品设计

三、科学和理论的训练包括以下范围：

a. 美术史——不是风格史意义上的讲座，而是为了进一步积极的认识历史上的制作方法和技术

b. 材料学

c. 解剖学——来自活的模特儿

d. 物理学、化学的色彩论

e. 合理的着色方法

f. 簿记、合同、承包的基本概念

g. 与整个艺术和科学的领域有一般关系的个别讲座

＊课程类别

训练分为三种课程

一、徒工课程

二、技工课程

三、青年师傅课程

在整个纲领和每个学期新制定的劳动分配计划范围之内，由各位师傅自行掌握每个人的教育。

为了使研修人员尽可能全面地接受技术和艺术的训练，劳动分配计划将错开时间，以便使未来的建筑师、画家、雕塑家们能够涉猎部分其他课程。

*入学条件

经包豪斯师傅会确认，只要是基础良好、品行端正者，不论是什么人，不论年龄、性别，在教室面积容许的条件下都予以接纳。每年学费 180 马克（随着包豪斯收入的增加，学费将逐步取消）。除此之外，第一次必须缴纳入学金 20 马克。外国人学费加倍。询问事宜，请与魏玛国立包豪斯事务处联系。

1919 年 4 月

魏玛国立包豪斯院长

沃尔特·格罗庇乌斯①

在教学制度上，包豪斯创建初期的教学体制可称为"工厂学徒制"，即学院的教学计划分三个阶段：第一个阶段是预科教学（六个月），教授基础课程，让学生在实习工厂中了解和掌握不同材料的物理性能和形式特征，同时还教授一些设计原理和表现方法的基础课。学生的身份是"学徒工"，担任艺术造型课程的教师称"形式大师"或"形式导师"（Form-meister），担任技术、手工艺制作课程的工匠称"作坊大师"或称"技术大师"（Werkstattmeiste），每一门课都由这两种教师共同担负。第二个阶段是技术教学（三年）。学校设立了木工、陶瓷、编织和印刷作坊（Workshop），供学生实习，使其兼具艺术和技术能力，其教学方式取决于各个作坊的性质，教学范围包括艺术创作的所有理论和实际领域。包豪

---

① ［日］利光功：《包豪斯——现代工业设计运动的摇篮》，刘树信译，轻工业出版社 1988 年版，第 4—7 页。

斯学生能够接受的训练包括工艺制作、绘画和理论知识，其中工艺制作训练包括雕刻、石刻、木刻、陶艺、石膏模型制作、锻造、油漆、玻璃彩饰、编织等内容。工艺制作训练是包豪斯所有课程的基础，每个学生必须至少掌握其中的一门。绘画训练主要是写生、记忆绘画、构图学、壁画、版画创作、建筑工程图、室内设计、室外设计等内容。理论知识主要是关于艺术史、材料学、解剖学、色彩学等的学习。学生以学徒身份学习设计，试制新的工业日用品，改进旧产品使之符合机器大生产的要求。以上学习期满及格者，可获得"匠师"证书。第三个阶段是设计教学，有培养前途的学生，可留校接受房屋构造和设计理论的训练，结业后授予"建筑师"的称号。

图 1.9　1921 年由杜斯伯格寄给安东尼·考克（Antony Kok）邮政卡片中的魏玛包豪斯校舍，由撒克森大公艺术与工艺学校创建者凡·德·维尔德设计。

在课程的属性分类上，包豪斯的课程分为实用课程和正式课程（Practical and Formal Instruction）。实用课程包括材料研究（Study of Materials）和工作方法（Working Processes）。正式课程包括观察（自然与材料的研究）、绘图（几何形研究、结构练习、制图学、模型制作）、构成

图 1.10　1922 年包豪斯灯会（Lantern）派对活动邮寄宣传卡中的魏玛包豪斯校舍，由包豪斯教师费宁格设计。

（体积、色彩与设计的研究）三部分。

　　由于包豪斯成立时校舍选择在撒克森大公艺术与工艺学校，包豪斯教学是建立在原先美术学院与工艺美校合并的基础之上，因此，在格罗庇乌斯从设计教学的角度出发以作坊代替画室时，学院派的美术教授很难接受成为师傅的理念，甚至在格罗庇乌斯招募的师傅间对此理念也并不统一，在包豪斯逐渐作坊化的进程中，原先潜伏在学院派教授与师傅间的矛盾开始凸显。1920 年，魏玛当局批准了包豪斯的重组，新组建的美术学院带走了它原先的教授以及部分学生，包豪斯自此独立，格罗庇乌斯也可以大胆起用新人。随着新教员以及其他师傅的陆续到任，各种作坊不但在设备上逐渐齐全，在师资上也有了确切保证。在此基础上，随着包豪斯的发展，格罗庇乌斯调整了包豪斯的课程，并在 1924 年发表的《包豪斯的理念与组织》一文中对包豪斯教学所作的调整和规划予以进一步的说明：

　　一、工艺课程（Werkelehre）
　　I 石　II 木　III 金属　IV 黏土　V 玻璃　VI 色彩　VII 织物
　　辅助课程
　　A 材料学与工具学　B 簿记、经费预算，缔结合同的基本理念

二、造型教育（Formlehre）

I 观察　1. 自然研究　2. 题材研究

II 表现　1. 制图学　2. 构造方法　3. 所有立体施工图和模型制作

III 构成　1. 空间论　2. 色彩论　3. 构图论

辅助课程

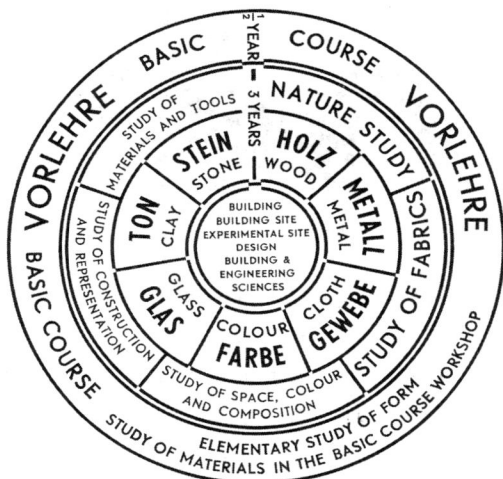

图 1. 11　包豪斯教学大纲图表，1922 年。

从古至今，整个艺术与科学领域的各种讲座。

除了课程的调整，在教学环节的规划上分为以下三个阶段：

一、预备教育

在车间结合材料进行研究的基础造型教育。为期半年。期满后取得实习作坊的入学资格。

二、工艺教育

缔结正式徒工合同，在一个实习作坊内进行工艺教育和辅助造型教育。为期三年。期满后有资格在手工艺协会或必要的场合领取包豪斯技术证书。

三、建筑教育

手工协同作业（在实际建筑施工现场的）和对特别有能力的技工（在包豪斯实习现场的）进行自由的建筑训练。期限根据成绩以

图 1.12　格罗庇乌斯设计的德绍包豪斯校舍，1925 年。

及特定的情况来确定。在建筑现场与实习现场交替进行工艺教育和造型教育是有益的。期满后，有资格在手工艺协会或必要的场合领取包豪斯师傅证书。通过全部教学课程，使每人肉体的、精神的特性达至均衡；同时在声音、色彩、形体统一的基础上进行，使之得到实际调和的教育。

　　魏玛时期包豪斯的课程设置和教学方法，奠定了包豪斯教育思想的基本理念和教学原则，并在日后得到进一步的完善。由于政治环境、经济条件等原因，包豪斯于 1925 年迁往德绍（Dessau），开始了包豪斯的德绍时期（1925—1932），从学生中选拔出来的"青年大师"和新教员的补充，逐渐在教学中发挥了重要的作用。德绍包豪斯在作坊教学中不再开设石刻、木刻、陶艺作坊和玻璃彩饰作坊，而摄影、广告设计、字体设计等课程相继开设。包豪斯在德绍时期的课程，基础课程分为必修基础课和辅助基础课，学习时间由半年延至一年。

　　德绍包豪斯主要开设的课程：

　　1. 必修基础课：自然现象分析研究、艺术作品分析研究、其他（包括对材料、视觉、空间、运动等的分析研究）；

　　2. 辅助基础课：色彩基础、绘画、雕塑、图案、摄影等；

　　3. 工艺技术基础课：金属工艺、木工工艺、家具工艺、陶瓷工艺、玻璃工艺、编织工艺、墙纸工艺、印刷工艺等；

　　4. 专门课题：产品设计、舞台设计、展览设计、建筑设计、平面设计等；

　　5. 理论课：艺术史、哲学、设计理论等；

　　6. 与建筑专业有关的专门工程课程。

　　1927 年瑞士建筑师汉斯·迈耶（Hannes Meyer，1889—1954）组建包豪斯建筑系，1928 年格罗庇乌斯辞去校长职务移居柏林，汉斯·迈耶担任新的包豪斯校长。汉斯·迈耶 1889 年出生于瑞士，1919—1927 年居住在瑞士巴赛尔，随后又来到德国德绍。1927 年汉斯·迈耶担任包豪斯校长后，取消了基础课程作为必修课的教学内容，代之以数学和工程方面的课程，使包豪斯朝向工科的建筑学院的方向发展。由于汉斯·迈耶激进的教学改革，以及他泛化的社会主义立场，不仅招致了包豪斯内部的不满，也使包豪斯面临着越来越大的外界政治压力。1930 年格罗庇乌斯推荐米斯·凡·德·罗继任包豪斯的校长，但这并没有改变外界对包豪斯的敌意，1932 年受国家社会党控制的德绍市议会决定关闭包豪斯，米斯为了维持学校的生存把学校机构迁往柏林市郊一家废弃的电话制造厂。1933 年 1 月纳粹政府上台，把这个学院与犹太人、马克思主义者联系起来，4 月，当时的文化部下令关闭包豪斯并由警察和纳粹特遣队占领，7 月 20 日米斯·凡·德·罗宣布包豪斯关闭。

　　包豪斯经过教学体系的建立以及不断的调整、完善，奠定了现代设计教育的基本框架和内容，在德国包豪斯的教育实践中，我们可以总结出对今天的设计教育有启发性意义的三项成果：第一，是包豪斯的基础课程，对世界现代设计教育是一项重大的贡献，以至于当代设计教育的基础课程在很大程度上仍然受其影响。第二，是包豪斯教学、研究、实践三位一体的知行教育模式。其特点是在完成正常的教学任务的同时，教学为研究和实践服务；研究为教学和实践提供理论指导；实践为教学和研究提供验证，同时也为现代设计教育提供可能的经济支持。这种良性循环的教育模式，自包豪斯开始，几乎无一例外地被西方国家的现代设计教育所采纳。第三，作坊与作坊大师是包豪斯时代的教育特色，今天仍有十分重要的意义，包豪斯认为艺术是教不会的（艺术不可传授），不过工艺和手工技巧是教得会的。包豪斯的作坊是由在教学中要求掌握的技能所决定的，如金工作坊是要求学生掌握各类金属的加工工艺技术；陶艺作坊是培养学生的造型艺术及陶瓷玻璃的烧制成形技术；木工作坊是让学生掌握家具的制造方法和技术；纺织作坊是指导学生掌握纤维的编织、加工制造工艺的技能，等等。通过作坊这个特殊的教学场地，不但使学生在技术上掌握各种生产技术、技能，提高学生的实际动手能力，而且使教学的成果直接以产品的方式展现，在作品的展示过程中取得企业生产的订单，并通过社会这个渠道使教学的成果产生经济效益，为教育经费的投入作补充。

包豪斯的出现，是现代工业与艺术走向结合的必然结果，是现代设计史、设计教育史上最重要的里程碑。包豪斯从 1919 年建校，1925 年迁往德绍，1932 年迁往柏林，到最终于 1933 年被纳粹分子强行关闭，虽然只存在短短的 14 年，但却集中了 20 世纪初欧洲各国对于现代设计的新探索和实验成果，并使其得到进一步的发展与完善。19 世纪下半叶至 20 世纪初，欧洲各国都兴起了形形色色的设计改革运动，努力探索在新的历史条件下设计发展的新方向，包括对机器生产的态度和适应性技巧，以及对适合机器工业化生产的标准化、批量化设计原则的探索。然而相对于这些探索，包豪斯的建立具有更为深远的意义。

作为德国一所旨在发展现代设计——尤其是现代建筑的设计学院，正如它的名字，包豪斯在建筑领域所取得的成果是最为突出的，著名设计师兼评论家葛甸在他的著作《空间、时间和建筑》中对包豪斯建筑作如下评价："包豪斯大厦为 20 年代中唯一的大建筑，它是新的空间观念的最完美结晶。它的出现证明历史上有许多无法理解的事实。19 世纪下半叶的德国在建筑表现上远比其他国家低落，但是，在不到 30 年的努力之中她竟然开发了新的建筑水平和领域。"[①] 从整个欧洲的角度来看，包豪斯是欧洲第一所为培养现代设计人才而建立的学院，格罗庇乌斯亲自拟订的《包豪斯宣言和教学大纲》不但是包豪斯设计教育思想的重要文献，也是欧洲现代主义设计教育最初的纲领性文献。20 世纪初的欧洲，在机器工业迅速发展的推动下，各国的现代设计运动方兴未艾，格罗庇乌斯敏锐地意识到应该建立新型的、专门的设计学院，以培养工业社会所需要的设计人才。虽然"包豪斯"的含义是"房屋建造"，但其设计教育内容涵盖了当时所有现代设计的领域，包括建筑、产品设计、服装设计、戏剧舞台设计、平面印刷设计、广告设计等；欧洲整整半个世纪对于现代

---

① 王建柱：《包浩斯——现代设计教育的根源》，大陆书店 1982 年版，第 100 页。

设计的探索和试验，在这个学院中得以完善，其设计教育思想通过实践探索，确立了现代设计的基本观点和教育方向，并在理论和实践两个方面奠定了欧洲现代设计教育的体系原则，特别是 1923 年 8—9 月间包豪斯举办的名为"艺术与技术的新统一"的大型展览会，以及 1925 年《包豪斯》校刊的出版，标志着包豪斯的设计教育及其师生的作品吸引了欧洲著名的艺术家与设计师的关注，把欧洲的现代主义设计运动推到一个空前的高度；由于包豪斯培养出大批优秀的设计人才，而成为 20世纪初欧洲现代主义设计教育的发源地和核心，也是"欧洲现代主义设计的集大成者"①。

不仅如此，包豪斯对于整个世界现代设计发展的影响也是难以估量的。包豪斯通过实际的工艺训练、灵活的构图能力以及同工业生产的联系，产生了一种注重满足实用要求的设计教育思想；包豪斯注重发挥新材料和新结构的技术性能和美学性能，在建筑设计、平面设计、产品设计等众多方面建立了新的特殊风格，奠定了西方现代主义设计教育的理论基础和现代主义设计的思想观念和风格特征。虽然包豪斯在 14 年的时间里总共只有 1250 名学员，但它"创建了现代设计的教育理念，取得了在艺术教育理论和实践中无可辩驳的卓越成就。简而言之，包豪斯的历程就是现代设计诞生的历程，也是在艺术和机械这两个相去甚远的门类之间搭建桥梁的过程。"② 因为 1933 年包豪斯的解散，其主要领导人物和大批学生教师为逃避欧洲战火和纳粹的迫害而迁居美国，从而把他们的欧洲现代主义设计思想带到了美国。第二次世界大战结束后，以美国强大的经济实力为依托，终于把包豪斯的设计思想和原则发展成一种新的设计风格——国际主义风格，从而影响了全世界，包豪斯也由此被称为现代设计的摇篮，奠定了现代主义设计观念的基础③，其所提倡和实践的功能化、理性化和单纯、简洁、以几何造型为主的工业化设计风格，被视为现代主义设计的经典风格，对 20 世纪的设计产生了不可磨灭的影响。

林斯曼（Elaine S. Hochman）在《包豪斯：现代主义的严酷考验》

---

① 　王受之：《世界现代设计史》，深圳：新世纪出版社 2001 年版，第 133 页。
② 　［英］卡梅尔·亚瑟：《包豪斯》，颜芳译，中国轻工业出版社 2002 年版，第 10 页。
③ 　王受之：《世界现代设计史》，深圳：新世纪出版社 2001 年版，第 121 页。

（*Bauhaus*：*Crucible of Modernism*）一书的前言中称："包豪斯是我们这个时代最广为人知的艺术机构。从我们的阅读物、穿着到居住，几乎我们生活中的每一部分都受到了它的影响。包豪斯是 20 世纪人类新理想的一次严峻考验，并孵化了我们后来逐渐意识到的现代性。"① 弗兰克·惠特福德（Flank Whitford）在《包豪斯》中甚至认为"无论人们对包豪斯的态度怎样变化，事实上，在任何一门视觉艺术的创造活动的历史中，它所占据的地位都是不可动摇的。如果没有包豪斯，我们就难以想象现代环境会是怎么一副样子。"②

　　团结艺术家和建筑师、工程师一起创造新的实用而美观的各种日常生活用品、工业制品和房屋是包豪斯创建者的理想，这种理想作为当时先锋文化的组成部分，不但对传统的文化价值观体系采取批判的态度，也为绘画、雕塑等传统艺术在新历史时期赋予新的价值和使命，在一定程度上成为建构新的文化价值观的推动力量。包豪斯之所以不同于之前的设计教育，以及它所取得的成果对欧洲乃至世界产生巨大影响力的原因，离不开包豪斯的办学理念及其"强大的延伸能力"③，也离不开其教师队伍的特殊构成。

　　包豪斯之所以区别于之前的设计教育探索，其中一个往往被忽视的重要内容即是教师队伍的特殊构成。前文中提到，19 世纪欧洲其他国家的现代设计教育探索几乎都把重心放在了对古董和古代大师的研究上，漠视前卫艺术的杰出成就，包豪斯则大胆聘用当时的前卫艺术家，在很大程度上正是这些杰出的、充满创造活力的教师拓展了包豪斯教学思想的不同方面，并"以不同的角度构筑起了包豪斯的理想和目标，使得包豪斯成为特定历史时期一个不可逾越的高峰"④，其中就包括 20 世纪初的抽象主义画家。

---

① Elaine S. Hochman.：*Bauhaus*：*Crucible of Modernism*. New York：Fromm International，1997，p. 1.

② ［英］弗兰克·惠特福德：《包豪斯》，林鹤译，生活·读书·新知三联书店 2001 年版，第 220 页。

③ 密斯·凡·德·罗在 1953 年 5 月 18 日沃尔特·格罗庇乌斯 70 寿辰纪念的讲演。［日］利光功：《包豪斯——现代工业设计运动的摇篮》，刘树信译，轻工业出版社 1988 年版，第 1 页。

④ Eberhard Roters：*Painters of The Bauhaus*，UK. London，A. Zwemmer Ltd.，1969，pp. 196—204.

第三节　早期抽象主义画家对包豪斯
产生影响的可能性基础

从 18 世纪中叶开始，西方艺术中逐渐产生了一种"美的艺术"（The Fine Arts）的概念，它包括绘画、雕塑、舞蹈、音乐、诗歌五种纯艺术的经典样式，并同时诞生了研究"美的艺术"的"美学"（Aesthetics）。这种美学将包括绘画、雕塑在内的造型艺术的目标引向形而上的价值追求，也就是所谓的纯艺术。但是到了 19 世纪末 20 世纪初，部分艺术家开始逐渐脱离这种"纯艺术"的追求及其"艺术体制"的束缚，开始探索一种造型艺术的综合，以改变"纯艺术"日益脱离时代、脱离大众生活的弊端。其结果是致使当时的艺术呈现出两个主要特征，一是对传统的借鉴打破了民族、地区、国家、时间等人为的或自然的障碍而更具世界性；二是各门类艺术之间的影响更趋密切，各种形式的艺术创作相互借鉴、融合，以致一些传统的分类和观念已失去了存在的价值。例如，绘画创作借鉴电影和摄影的手法，借鉴文学中的意识流，试图把音乐的抽象性移植到绘画中，等等。在造型艺术的综合中，抽象主义绘画是否也可以移植到现代设计中呢？

伴随着设计的现代化运动及其设计领域基于工业生产技术开创一种新的设计美学的趋势，从 19 世纪末至 20 世纪初，艺术教育和艺术家的存在状态也在发生转变，出现了两种相对的发展趋势。一种趋势是艺术家和艺术教育者脱离与工业化社会的联系，把艺术理论和欣赏以及自然美的表现看做是其存在的凭据，其结果是艺术家与服务于工业生产的设计师及其职业化的设计教育相脱离；另一种趋势是反叛、打破传统艺术及其教育体系，联合所有创造活动，重构、重建适应新时代的新艺术和艺术教育。其中后一种趋势在 20 世纪初的欧洲由于和当时政治进步主义之间的联系而更具有普遍性，"不同的先锋艺术大多倾向于把美学、哲学和政治联系起来，渴望通过所有艺术工作的综合，塑造整个社会的全新面貌，成为使社会、国家和政治获得新生的推动力量。"① 对于包豪斯和早期抽象主义画

---

① 　Jeannine Fiedler, Peter Feierabend, eds.：*Bauhaus*. Cologne：Könemann Verlagsgesellschaft mbH，2000，p. 302.

家来说，这种综合所有艺术工作的观念显得尤为重要。

一　包豪斯"联合所有创造活动"的办学理念

从现代设计的成长和发展来说，从倡导"艺术与工艺美术"运动的威廉·莫里斯，到"德意志制造联盟"中的凡·德·维尔德，他们所关注的不仅仅是造型艺术中纯粹的形式，而是隐含了建立某种新的生活方式的观念在其中。包豪斯的创始人格罗庇乌斯，由于受到莫里斯和彼得·贝伦斯、凡·德·维尔德的影响，作为建筑师的格罗庇乌斯所关注的问题也不局限于建筑，他的视野面向所有关于造型、创造的领域。

格罗庇乌斯从 1912 年在"德意志制造联盟"中就开始致力于艺术与设计之间联合的探索，加之他在第一次世界大战期间应征入伍，目睹了战争机器屠杀生命的"高效率"，他的设计思想和立场更进一步趋于凡·德·维尔德的观点，相信艺术家具有将生命注入其产品的能力，在商业力量无所不在的社会环境中，希望艺术家参与的设计实践可以在审美和道德方面发挥作用。此外，格罗庇乌斯在战前是个非政治化的设计师，战后却明显转向同情左翼运动，成为具有社会主义立场的艺术家，倡导集体主义的精神与工作方式，为普通劳动者设计高品质而价格低廉的产品。因此，格罗庇乌斯的艺术思想与当时先锋艺术中通过联合所有创作活动塑造社会全新面貌的理想十分接近，包豪斯在很大程度上可以说就是基于这种艺术思想而建立的。

作为一名建筑师，格罗庇乌斯相信建筑在所有造型艺术中是至高无上的，因为建筑体现了绘画、雕塑和手工艺的完美结合，而包豪斯的目标正是"致力于将所有的创造活动联合为一个整体"①。格罗庇乌斯提倡客观地对待现实世界，强调艺术的认识功能，批判保守的复古主义。格罗庇乌斯认为艺术从文艺复兴时期就开始衰退了，因为从那时开始画家和雕塑家们寻求更高的社会地位，艺术同工艺之间的传统联系开始变得疏远，传统的艺术教育体系和"沙龙艺术"使得艺术与手工艺分离开来，把艺术家与设计师分离开来。格罗庇乌斯的建筑实践经验使他看重于艺术和手工艺在现代设计中的作用，即设计离不开明确清晰的功能性要求，更不能缺少

---

① 钱竹编著：《包豪斯——大师和学生们》，陈江峰、李晓隽译，艺术与设计杂志社，2003年，第 35 页。

创造性的、富于想象力的要求，只有这样，建筑、工业产品等人造环境才能体现出人与人造物之间合理、和谐的关系，而包豪斯的教学也希望学生通过手眼并用，劳作训练和智力训练并进，从而获得高超的设计才干。格罗庇乌斯认为包括绘画、雕塑在内的视觉艺术本质上与设计艺术并不是两种截然不同的活动，而是同一个对象的两种不同表现方式。画家比较注重艺术理论，容易接受新思维，他们教育学生，一定不同于旧式工匠教授徒弟。这类艺术家可以向学生强调并解释一切艺术活动的共通要素，让学生了解到美学的基础，他们可以利用自身的经验，帮助学生创造出新的设计语言。当然，这种设计语言的实践应用是基于对材料、结构、肌理、色彩的科学的、技术的理解，而不仅仅是艺术家的个人见解。按照他的理想，设计教育应该是技术性基础与艺术式创造的合一。强调技术性、逻辑性的工作方法和艺术性的创造，是包豪斯初期改革设计教学的中心，作为技术性的、逻辑性的、理性的教育的根本，基础课程的教育改革自然成为他改革的中心内容。也正因如此，他聘用的教员不仅仅讲授绘画，同时也在工作室讲授手工艺技巧、制作技术和材料的特征。

　　基于以上原因，在包豪斯成立之初，除了德意志制造联盟成员、雕塑家格哈特·马尔克斯（Grehard Marcks，1889—1981）和建筑师阿道夫·梅耶（Adolf Meyer，1881—1929）以及部分工匠之外，其他被聘为包豪斯教师的都是画家。在教学中，格罗庇乌斯经常以中世纪手工业生产行会中建筑师和设计家、艺术家、工匠同心协力建筑教堂的方式为例提倡设计中的集体精神。在早期的包豪斯教学中，虽然建筑学并不在授课范围，但正是建筑学——这个综合所有艺术的、充满活力的学科，典型地代表了包豪斯的理念，即希望把游离于社会的艺术家拯救出来，致力于美术与工业化社会之间的调和；他要求学生们的学习过程是必须先掌握一门（最好多门）工艺技术和基本的艺术造型技能，到了后期才能进行专业的建筑培训，以至于包豪斯成立后的许多年实际上并没有建筑课程；格罗庇乌斯把各种不同的技艺吸收进来，确信这种新的教育方法可以培养学生全面认识生活，意识到自己所处的时代并具有表现这个时代的能力。

　　总之，联合所有创造活动于一体——建筑，成为包豪斯办学的宗旨和理念，并集中体现在 1919 年 4 月格罗庇乌斯起草的《包豪斯宣言和教学大纲》中。1919 年 4 月，基于格罗庇乌斯的设计教育理念，由他起草的《包豪斯宣言和教学大纲》出台，并包含了关于联合所有创造活动的理想：一方面"艺术不再是一个专门的职业"，"艺术是教不会的"，呼吁建筑家、雕塑家和画家们都应当转向实用美术（设计）。另一方面，"一切创造活动的终极目标就是建筑"，"艺术家与工匠之间并没有实质性的区别"，所以"让我们一同期待、构思和创造未来的新建筑，融所有元素——建筑与雕塑与绘画于一体，有朝一日，它将从成千上万的工人手中冉冉升起，直指上苍，水晶般清澈地象征着未来的新信念。"①

　　包豪斯关于联合所有创造活动于一体的整体艺术思想，具体来说主要是希望通过"异花授粉"和"缪斯运动"来实现美术家和设计家、艺术家和工匠、视觉艺术家和建筑师等之间的通力合作，取消纯艺术和实用艺术的区别，塑造"全能造型艺术家"。

　　缪斯，是希腊神话传说中由阿波罗主宰下的九位女神，掌管艺术领域的各个学艺大权，"缪斯运动就是以全面掌握各种艺术领域的知识为目标。"② 格罗庇乌斯所谋求的所有创作活动的联合，是针对当时社会分工和专业化对人性教养的偏废或分裂这一病态现象而发起的，并号召人们与近代社会的分业主义和表面上的合理化作斗争。总之"从偶然性向原发性、根本性发展，由模仿向创造发展"③，是包豪斯"缪斯运动"思想的形成过程。在格罗庇乌斯看来，现代社会未被物质文明破坏前，普遍、统一的民众文化和民众艺术存在于全体民众之中，而现代社会分工的专业化和产业主义，在专家和普通民众、内行与外行之间构筑了极大的鸿沟，普通民众在物质文明的高速发展中与精神性的创造渐行渐远，变成了单纯的听众、观众、读者和顾客。缪斯运动的目标就是要把人从这种由物质文明所造成的中毒状态中拯救出来，恢复其本来的自主性、能动性和创造性，健全社会生活，并赋予一种新的秩序，进而取得个人存在与社会存在之间更高的调和与平衡。

　　在包豪斯的"缪斯运动"中，"异花授粉"指的是美术家和设计家、艺术家和工匠等各种造型艺术之间互相综合、互相影响的状态，期望实现艺术创造和现实社会生活之间的密切联系，实现设计实践的社会变革和文

---

① 钱竹编著：《包豪斯——大师和学生们》，陈江峰、李晓隽译，艺术与设计杂志社，2003年，第35页。

② ［日］胜见胜：《设计运动100年》，吴静芳译，西安：陕西人民美术出版社1988年版，第66页。

③ 同上书，第67页。

化新生的媒介作用，实现对于构建新的社会文化和时代精神的积极意义。包豪斯以培养具有多方面活动能力的人为目标，进而制定他们缪斯式的教育科目，包括木工、陶瓷、编织、建筑、印刷、戏剧等教学科目，以及各种各样的音乐、舞蹈、诗歌等派对（party）活动，力图把学校教育从仅仅以知识教育为主的状态中解救出来，追求一种综合性的教育。总之，格罗庇乌斯希望把包豪斯建设成为20世纪一所联合所有创造活动于一体，各种造型艺术之间相互影响和融合的新型艺术学校，其中的艺术家的使命不仅仅是对建筑的装饰，更是有助于艺术地组成建筑的结构形式，以及设计教育中创造性能力的培养。

　　联合所有创造活动为一体，并最终服务于建筑的包豪斯办学理念，在20世纪初现代设计发展的大背景下具有特殊的意义。其中，1860—1890年间的"艺术与手工艺"运动可以被看做是艺术和手工艺的综合化运动，而在莫里斯的影响下，英国在19世纪末建立了一系列新型的艺术学校则进一步发展了这种综合艺术的理念。这些学校的核心方向是构建艺术和应用美术（设计）之间关系的合作结构。此后，不少欧洲国家都模仿英国的方法，发展设计教育，试图改革陈旧的学院派艺术教育体系，其结果是少量纯粹的设计学校开始出现。设计学校与艺术学校的分离设立，是20世纪初期出现在欧洲不少国家中的令人注意的新景观，不过，大多所谓的设计学校，只在艺术课程里加上了一些应用美术课程，在教育实践中，依然是以美术的技法和美术理论为基础。这种情况长期以来并没有太大的变化，直到20世纪初德国包豪斯的建立，艺术教育改革的中心也逐步从英国转移到了德国。

　　此外，第一次世界大战期间，以及战后的数年间，尽管许多国家的建筑项目大量终止，但在这一时期，不仅画家、雕塑家积极探索影响建筑的可能性，部分建筑家也开始尝试现代绘画和雕塑，试图在建筑、绘画和雕塑等艺术之间实现一种综合。当然，这种综合的试验只在俄国"构成主义"、荷兰"风格派"运动中一些舞台设计或纪念碑式的建筑模型设计中有所体现，更多的是理论层面上关于综合艺术的构想。直至20世纪20年代，绘画、雕塑与建筑之间才真正开始了广泛的接触，并且这一局面是由这一时期少数几个国家的设计师实现的。其中包括勒·柯布希耶在法国，欧德（Jacobus J. Oud，1890—1963）在荷兰，格罗庇乌斯和米斯·凡·德·罗在德国。"这个时期美国似乎还没有把绘画和建筑联系起来的例子，英国和其他欧洲国家也没有。"①

关于这种这种综合艺术的构想如何实践操作，涉及一个具体的问题，即造型形式的选择问题。在第一次世界大战之前，包豪斯的创建者格罗庇乌斯就明确表示"现代结构技术不应排除在建筑艺术表现之外，也确信其艺术表现一定需要采取前所未有的形式"②，那么这种可以体现现代结构技术的艺术形式是什么样的形式呢？

二　早期抽象主义画家的分化

伴随着科学技术——尤其是机械工业技术、摄影、印刷等技术创新的应用和推广，改变了人类对于物质世界的传统认识，带给人们新的视觉和感官体验。生活在这种景观中的抽象主义画家，与 20 世纪初设计家对时代变革的反应一样，也在重新审视现代艺术表现应然的形式，以及艺术创作在现代社会的意义和价值。

早期抽象主义画家的探索试验并不是以一个面孔出现的，《西方现代艺术史》的作者 H. H. 阿纳森认为"20 世纪的抽象有两个主要侧翼，一是康定斯基的抽象表现主义，一是马列维奇的几何抽象，这两翼都是俄国人确立的"。同时，阿纳森也指出他们之间存在一个共同的信念，"他们的发现是一种精神上的幻想，是扎根于古俄罗斯传统之中的。"③ 另外，赫伯特·里德（Herbert Read）在《现代绘画简史》中以康定斯基和蒙德里安为代表，把抽象艺术理论划分为"符合客观的抽象艺术理论"和"符合主观的抽象艺术理论"，当然，赫伯特·里德也承认"符合客观的抽象艺术理论"落实到实践中仍需借助直觉的手段④。可见，早期抽象主义画家的图式风格和绘画理论上的对立和差异中，也包含着两者间的共通性。不过，此处所谓的分化，并非不同画家在图式风格和绘画理论上的对

---

① Hitchcock, Henry R. : *Painting towards Architecture*. New York: Duell, Sloan and Pearce, 1948, pp. 23—24.

② ［德］华尔特·格罗比斯：《新建筑与包豪斯》，张似赞译，中国建筑工业出版社 1979 年版，第 13 页。

③ ［美］H. H. 阿纳森：《西方现代艺术史》，邹德侬、巴竹师、刘珽译，天津人民美术出版社 1994 年版，第 218 页。

④ ［英］赫伯特·里德：《现代绘画简史》，刘萍君译，上海人民美术出版社 1979 年版，第 112—113 页。

立和差异，而是指不同画家在艺术发展道路的选择或存在状态上的分化。

　　基于大的时代背景，加之不同画家所处的具体社会环境和个体的差异，不同画家对艺术道路的选择或存在状态是不同的。早期抽象主义画家实际上包含了三种不同的存在状态：第一种画家坚信抽象艺术是"高级"的艺术，并诽谤诋毁走向实用功能性的抽象艺术，认为那只会使抽象艺术成为一种装饰；第二种画家表现出对创造实用性产品的努力的同情，在继续从事纯抽象绘画的同时，也为茶具等日用品设计作装饰设计；第三种画家则彻底脱离绘画的纯抽象创作，转而投身到他们认为更有意义的综合性艺术——设计。

　　这种差异虽然有不同的表现形式，但其实质是抽象主义绘画纯粹性和实用性之间不同艺术道路的追求或选择，这种差异随着抽象主义绘画的发展演变而逐渐放大，形成了早期抽象主义画家存在状态的两个主要倾向：走向纯粹或者走向实用，即抽象主义画家在探索新的造型艺术以适应时代变化的过程中，走向纯粹与走向实用成为两个主要的方向。前者如康定斯基、蒙德里安、马列维奇等人，他们的抽象主义绘画虽然继承了立体主义、未来主义、野兽主义等不同的绘画流派，而且不同程度地经历了图式风格和绘画理论的演变过程，但从总体上来说，他们一步步迈向的是抽象主义绘画的纯粹性，强调抽象主义绘画独特的感受与精神价值，使之与新的时代精神相吻合。其中，康定斯基在 1916 年左右撰写的《纯粹的艺术——绘画》最为典型，认为"人性的发展在于价值观的提升，这些价值观，又以艺术居首位"，在这样的时代里，"绘画在众多的艺术里，走在一条从实际目的性前往精神目的的路上；从物像的走向构成的"，在这种构成性的绘画里，"实际愿望的一点余烬，也荡然无存。它以艺术的语言，以精神和精神交通，成为绘画——精神本质的王国。"① 此外，马列维奇和蒙德里安也"都认为绘画具有将个人引入更进一步的意识领域之力量，而且只有抽象的手法能适切地达成它"②。与此相对的是走向实用的抽象主义画家，如塔特林、李西斯基、杜斯伯格等人，他们艺术道路的

---

① ［俄］康定斯基：《艺术与艺术家论》，吴玛悧译，艺术家出版社 1995 年版，第 60—63 页。

② Anna Moszynska：《抽象艺术》，黄丽娟译，远流出版事业股份有限公司 1999 年版，第 60 页。

选择，是从平面的绘画走向立体空间构成的环境，从绘画走向实用的设计。他们将抽象主义绘画中的造型形式与实用功能结合起来，将艺术变革与新时代的工业生产方式甚至社会政治变革联系起来，超越架上绘画的局限，在与社会现实生产、生活的结合中实现抽象主义绘画的价值。

早期抽象主义画家的这种分化，对抽象主义画家和包豪斯之间的关系具有特殊的意义。

首先，这种分化反映出早期抽象主义画家针对社会环境的变化，对艺术社会价值以及社会角色的一种重新审视和积极调整。其中部分早期抽象主义绘画先驱摆脱了社会变革带来的焦虑感或幽闭恐惧心态，积极探寻抽象主义绘画对人类灵魂的净化与解救——免遭物质主义思想蒙蔽的可能性，希望通过抽象主义绘画创造另一层次的现实，从而获得人性的张扬和价值观的提升，反映出对完整、自由、和谐人性的渴望；而另一部分抽象主义绘画先驱从"内省"转向了更加广阔的实践领域，认为传统"沙龙艺术"破坏了艺术的社会完整性精神，综合、统一和完整性成为艺术创作中一种新的信仰。这种对人性或社会完整性不同追求之间的矛盾，在俄国"构成主义"和荷兰"风格派"的抽象主义画家中体现的最为典型，而在包豪斯的创建者格罗庇乌斯看来，这种矛盾可以通过新型的艺术教育实现统一。

前文中提到的包豪斯"异花授粉"和"缪斯运动"，实际上也可以看做是包豪斯教育的一种理想或目标——培养理想的人，构筑理想社会。格罗庇乌斯一方面认为商业社会中的唯物心态破坏了社会原有的有机和谐，即社会"变成碎片的悲剧"的深层原因并非是机械或是工作的细致划分，"而是来自我们这个时代唯物质至上的心态，以及个人想脱离群众的不务实的个人主义思想"；另一方面，格罗庇乌斯认为"艺术性的设计工作，既不是脑力活动的事情也不是物质活动的事情，而只不过是生活要素的必要组成部分"，是生命要素的一种统合①。格罗庇乌斯认为"包豪斯所开始的新的视觉语言，乃是以建立一个作为现代工业化社会的视觉表现的新文化统一体，实现文化的再结合为目标"。"这种态度是建立在把人作为尺度的整体观念之上的，艺术家应该是完整的人的典型，要恢复艺术家在

---

① ［德］华尔特·格罗比斯：《新建筑与包豪斯》，张似赞译，中国建筑工业出版社1979年版，第36页。

生产世界中的原位，与科学家、事业家一道，制导自然，使我们的生活环境具有美的形式与意义。艺术家凭它对生活进行有机安排的创造，必定会有利于和促进生活之美的显现。"①

　　其次，早期抽象主义画家的这种分化，也使得早期抽象主义绘画运动中的"构成主义"和"风格派"与包豪斯之间具有特殊的关系。进行抽象艺术探索试验活动的早期抽象主义画家包括奥弗斯主义（Orphism）、光辐射主义（Rayonnism）、纯粹主义（Purism）、构成主义（Constructivism）、风格派（De Saijl）等流派，甚至部分达达主义（Dadaism）、德国表现主义（German Exprisseonism）、超现实主义（Surrealism）、分离派（Secession）的画家也包括在内。应该说，20世纪初的抽象主义绘画，作为一种艺术思想体系，除了库普卡、德劳内和奥尚方等画家之外，奠定其思想理论基础的主要是由俄国的康定斯基、马列维奇和荷兰的蒙德里安等人，而这些人与"构成主义"、"风格派"的形成与发展密不可分。如前所述，其中康定斯基1910年创作的《无题》水彩画被看做是第一幅抽象主义绘画，标志着抽象主义绘画的开始，其《论艺术的精神》、《关于形式问题》理论著作也被视为抽象艺术思想的启示录，而康定斯基与蒙德里安扮演的画家兼思想家的角色，使得他们两人成为早期抽象主义绘画运动中"最出色的创始者和缔造者"②。至于马列维奇，则是第一位在作品中运用纯粹几何图形的抽象主义画家，并且在他和其他构成主义画家的影响下，康定斯基的绘画于1921年产生风格的转变，即由有机的自由色块和线条向几何形的转变。尽管在当时欧洲文化艺术跨国交流普遍活跃的背景下，奥弗斯主义、光辐射主义、纯粹主义，以及部分达达主义、超现实主义、分离派的画家都与包豪斯有着不同程度的联系，不过在"构成主义"、"风格派"运动中，由于部分画家投身于与包豪斯类似的设计实践领域，或直接参与到包豪斯设计教育中，使得构成主义和风格派相对于达达主义、德国表现主义、超现实主义等流派与包豪斯之间具有了更为密切的联系，而达达主义、德国表现主义、超现实主义等流派也主要通过风格

---

　　①　［瑞士］约翰·伊顿：《包豪斯基础课程及其发展——造型与形式构成》，曾雪梅、周至禹译，天津人民美术出版社1990年版，第148页。

　　②　［法］米歇尔·瑟福：《抽象派绘画史》，王昭仁译，广西师范大学出版社2002年版，第16页。

派、构成主义以及包豪斯中的抽象主义画家间接实现了对包豪斯的影响。

其中的"纯粹主义",是早期抽象主义绘画中与"构成主义"、"风格派"极为类似的一种艺术流派。1918 年后出现于法国巴黎的"纯粹主义",是以现代主义建筑先驱之一的勒·柯布希耶(Le Corbusier,1887—1965)与画家阿米蒂·奥尚方(Amedee Ozenfant)等人为核心的一种艺术团体,他们极力赞颂机械与工业产品的美,坚持冷静、客观地表现物象,排除幻想和个性化因素,是抽象主义绘画中普遍性规律或秩序原则的重要理论来源之一。一方面,"纯粹主义"艺术思想对当时的先锋艺术产生了影响深远,并启发艺术家去延伸"纯粹主义"的观念,以达到抽象的目的,受此影响的典型代表便是俄国的"构成主义"和荷兰的"风格派"[1]。但是另一方面,纯粹主义者对抽象主义绘画"保持了若即若离的态度",甚至是"抱着拒绝的对立态度"[2]。相对于"构成主义"和"风格派"画家,"纯粹主义"主要受到费尔南德·莱热(Fernand Leger)"物理的"立体主义(也称为"机械立体主义")的影响,并没有完全抛弃具象对象,仅仅"是风格或技巧上的一种理想,是母题的纯化。"[3] 如果说"纯粹主义"与包豪斯有联系的话,则主要体现在它与包豪斯、风格派等共同促成了现代建筑的产生。关于这一点,我们可以在 Alfred H. Barr 1936 年所绘的抽象艺术发展谱系图表(见图 1.13)中看出。图表中显示出与包豪斯有密切联系的是俄国"构成主义"和"至上主义"艺术家、荷兰"风格派"艺术家、德国慕尼黑"(抽象)表现主义"艺术家。

当然,图表中所谓不同流派的"抽象艺术"(Abstract Art)并不等同于本文中的"抽象主义绘画"概念,而且他们对包豪斯影响的方式也有所不同,所以关于早期抽象主义画家对包豪斯的影响,在本文中从绘画图式、观念的承继关系和影响力的角度,把俄国"构成主义"和"至上主义"作为一个整体——"构成主义"运动来论述,其对包豪斯的影响与"风格派"运动一样是来自包豪斯体系之外的影响;与此相对的是部分构

---

① Anna Moszynska:《抽象艺术》,黄丽娟译,远流出版事业股份有限公司 1999 年版,第 70 页。

② [法]米歇尔·瑟福:《抽象派绘画史》,王昭仁译,广西师范大学出版社 2002 年版,第 87 页。

③ [英]赫伯特·里德:《现代绘画简史》,刘萍君译,上海人民美术出版社 1979 年版,第 123 页。

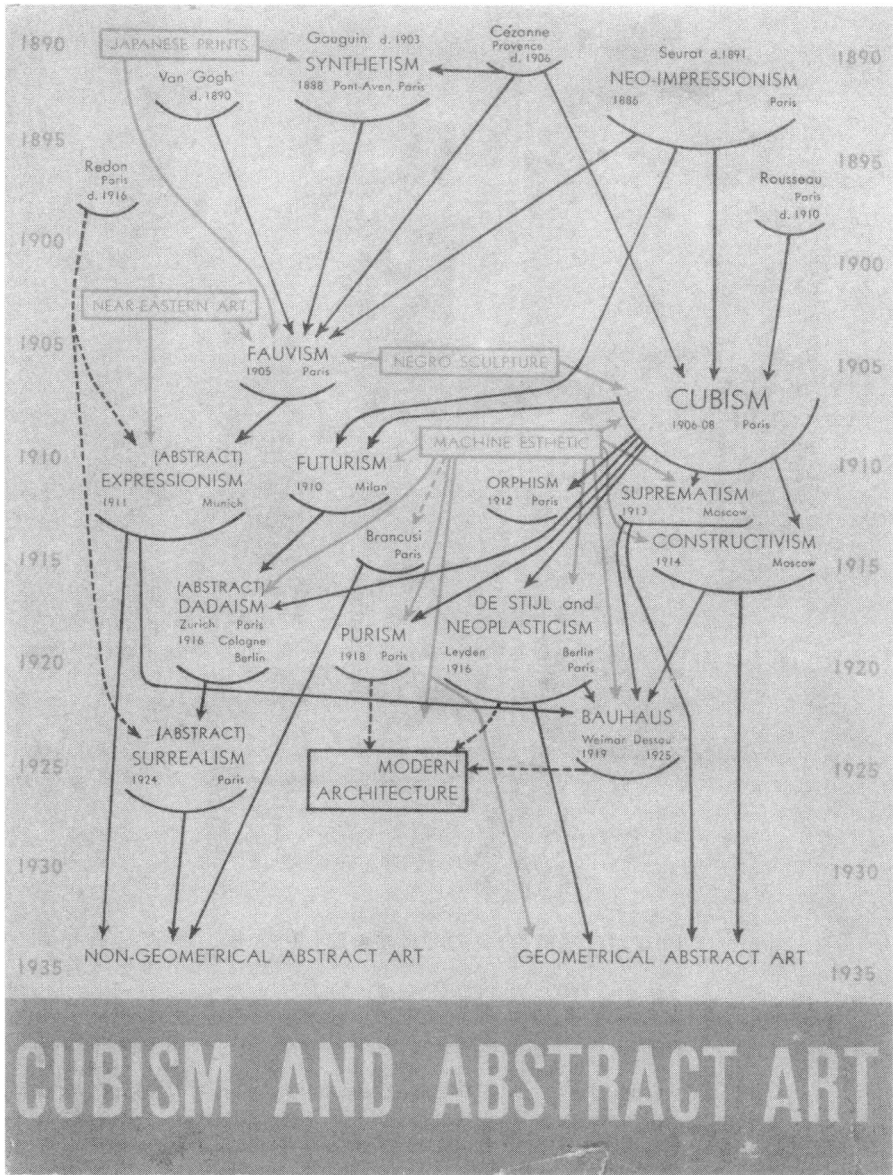

图 1.13　（Alfred H. Barr）在 *Cubism and Abstract Art* 一书中所绘的抽象艺术发展
谱系图表，**1936** 年。

图 1.14　　《静物》，勒·柯布希耶，1925 年。

成主义画家（包括莫霍里·纳吉、阿尔伯斯等人）和慕尼黑"表现主义"画家（包括康定斯基、费宁格、克利，以及在艺术观念和绘画图式方面与表现主义画家类似的约翰尼斯·伊顿等人）来到包豪斯担任教学工作，构成了包豪斯体系的一个组成部分，他们对包豪斯的影响在本书第三章"包豪斯教师中的早期抽象主义画家及其影响"中论述。

　　总之，关于早期抽象主义画家对包豪斯的影响，在本书中主要归纳为俄国"构成主义"、荷兰"风格派"运动中的抽象主义画家对包豪斯的影响，以及部分来到包豪斯担任教学工作的早期抽象主义画家对包豪斯的影响两个部分。

　　20世纪初，部分先锋艺术家和设计师相继敏感地意识到新时代发展的必然趋势，与其规避它，还不如去适应它。抽象艺术中的早期抽象主义画家通过他们的绘画作品和他们对于世界甚至宇宙的哲学、美学思想，不但使他们在抽象主义绘画史中具有了开创者的地位，带来了艺术欣赏中一种新的、时代的眼光，而且基于对艺术本质的重新审视，以及对画家社会角色的调整、定位，产生了走向纯粹与走向实用之间的分化。

　　与此同时，现代设计运动中的包豪斯，在反叛传统艺术及其教育体系、重构适应时代发展的新艺术表现形式和新型艺术教育的过程中，在吸收和借鉴当时欧洲各种现代设计运动探索和试验成果的基础上，不仅奠定了欧洲现代设计教育的体系原则，其联合所有创造活动的设计教育理念也确立了整个西方现代设计的基本观点和设计教育的基本模式。

　　包豪斯联合所有创造活动的办学理念和对可以体现现代结构技术的艺术形式的探索，以及早期抽象主义画家走向纯粹与走向实用之间的分化，两方面的因素在客观上促成了早期抽象主义画家对包豪斯产生影响的可能性基础。首先，由于早期抽象主义画家走向纯粹和走向实用的分化，致使部分早期抽象主义画家投身于与包豪斯类似的现代设计探索，其典型代表便是"构成主义"和"风格派"画家的抽象主义运动，他们探索和试验的成果与当时其他的欧洲现代设计运动共同成为包豪斯发展过程中可供借鉴的外部资源；其次，包豪斯"联合所有创造活动"的办学理念，使得包豪斯把综合所有造型艺术——包括抽象主义绘画，作为设计教育的教学目标和方法，并聘请抽象主义画家加盟包豪斯教师队伍。由此，"构成主义"和"风格派"画家对包豪斯的影响，以及来到包豪斯担任教学工作的抽象主义画家对包豪斯的影响，成为早期抽象主义画家对包豪斯产生影响的两个主要组成部分。

　　这也影响了本书的结构选择。关于"早期抽象主义画家对包豪斯的影响"，本书主要由两部分组成，一部分是论述源自外部的影响，具体包括"构成主义"和"风格派"画家对包豪斯的影响，即"构成主义"和"风格派"运动中的抽象主义画家对包豪斯的影响；另一部分论述源自内部的影响，即包豪斯教师中的早期抽象主义画家对包豪斯的影响。

第二章 "构成主义"和"风格派"画家
对包豪斯的影响

第一节 "构成主义"与"生产艺术"

一 "构成主义"画家

19 世纪末 20 世纪初的俄国,推翻封建帝制的运动几经挫折,人们对于现实的不满和各种脱离现实的向往相互交结,从知识分子到普通群众都对旧的社会制度表示不满,希望实行变革,这种求变的思潮反映在艺术中便是对传统艺术的质疑和对新艺术的向往。首先是年轻的俄国艺术家,对于传统叙事性的具象写实艺术产生厌倦,渴望宣泄对于革命风暴来临之前沉闷的政治高压的不满和反抗,彰显自我个性;其次,各种新的、唯心主义的哲学思潮逐渐形成对传统哲学的冲击,对人的主观经验、精神世界和内心体验的强调,为俄国各种前卫艺术思潮提供了思想基础;再次,与西欧现代文化艺术的交流,促进了俄国艺术的变革,其中包括 1914 年第一次世界大战爆发后,在西欧的俄国艺术家康定斯基、利希茨基等纷纷回到战火中的祖国,对俄国当时的前卫艺术起到了很大的促进作用。由此,在 20 世纪初的俄国,聚集了一大批从立体主义到抽象主义等不同流派的艺术家,其中尤其以马列维奇为主导的"至上主义"和以塔特林为主导的"构成主义"最为引人注目。

1915 年 12 月在彼德格勒(Petrograd)举办的"0,10"展览上,卡西米尔・马列维奇(Kasimir Malevich)展出了他所谓"至上主义"(Suprematism,终极的、绝对的意思,所以也被译作"绝对主义")的抽象主义绘画(见图 2.1、2.2)。马列维奇早在 1913 年就开始的至上主义绘画,试图通过简洁的几何形及其构成组合和色彩对比,创造出"纯粹的艺术",以此象征新时代的秩序与和谐。马列维奇认为艺术优于宗教,至上主义是艺术中最具灵性和纯粹的形式,他"把整个画面都压缩进了白画

图 2.1 "0，10"展览海报

布上的一个黑色方块之中"，并称"我感觉只有黑夜属于我，它是我想象的新的艺术，我称之为至上主义……至上主义的方块……可以比拟为原始人的符号。他们并不想制造装饰，而是想表达和谐感。"①

马列维奇的至上主义绘画最初网罗了弗拉基米尔·塔特林（Vladimir Tatlin，1885—1953）和亚历山大·罗德钦科（Alexander Rodchenko，1891—1956）两位新人②，不过这两位新人基于对工业技术和社会变革的关注进而酝酿着一种新的艺术理念，即"构成主义"（Constructivism）。"构成主义"者在借鉴毕加索的"立体主义"，俄国拉里昂诺夫（Michael Larionov，1881—1964）、冈察洛娃（Nathalya Goncharova，1881—1962）

---

① Kasimir Malevich：*The Non - Objective World*. Chicago：Paul Theobald and Company，1959，p. 76.

② ［英］赫伯特·里德：《现代绘画简史》，刘萍君译，上海人民美术出版社 1979 年版，第 117 页。

图 2.2　　"0，10"展览上马列维奇的"至上主义"作品，1915 年。

的"光辐射主义"，以及马列维奇"至上主义"的基础上，彻底放弃从具象形态中提取造型主题的艺术创作手法，极力赞美工业文明，崇拜工业和机械结构中的构成方式和材料（钢铁、塑料、玻璃等）在文化革新和审美表现方面的价值。其中的典型代表便是塔特林用普通工业材料组合创作的"绘画浮雕"（Painting Relief）作品（见图 2.5、2.6）。

　　虽然塔特林的"绘画浮雕"在抽象语言和构成方法上与马列维奇的至上主义绘画有承继关系和类似之处，但塔特林的艺术理念或信念更为激进，这种信念就是艺术家应该直接与机器产品、建筑工程和印刷及摄影的交流方式相一致，强调整个社会对艺术的实用性和思想精神方面的需要，力图创造一种代表先进的、无产阶级的艺术——区别于腐朽的、资本主义的古典主义艺术。这种构成主义艺术理念，使得抽象主义绘画开始从封闭的、平面的、凝固的画面结构向一种开放的、更具活力的立体空间构成转变，并逐渐成为当时一个波及建筑、雕刻、绘画和设计实践的文化思潮。为此，塔特林批判马列维奇的作品是不彻底的，而一些诸如亚历山大·罗德钦科、瑙姆·嘉博（Naum Gabo，1890—1977）、安东尼·佩夫斯纳（Antoine Pevsner，1884—1962）、波波娃（Lyuboc Popova，1889—1924）、利希茨基（El Markovitch Lissitzky，1890—1941）等抽象艺术家也都站到

图 2.3 《构成》，马列维奇，1914 年。

了塔特林的一边，积极从事构成主义的实验。

　　构成主义艺术实践虽然早在塔特林的"绘画浮雕"创作时就已经开始，但"构成主义"一词却是 1920 年在瑙姆·嘉博和安东尼·佩夫斯纳所发表的《现实主义宣言》中才明确提出，"构成主义"旨在反对艺术对自然具象现实的模仿，探索纯粹几何抽象形态的表现力及其构成性、情感性、均衡性的方法。"构成主义"艺术在塔特林、罗德钦科、利希茨基等人的努力下，进而产生了"生产艺术"的概念。

二　关于"生产艺术"的分歧

　　随着俄国"十月革命"①的发展，"构成主义"艺术家将政治上的革命与艺术上的革命联系起来，力图为苏维埃国家提供一种新的美学标准和

---

　　① 十月革命（the October Revolution），也称为"布尔什维克革命"，发生于 1917 年 11 月 7 日（俄历 10 月 25 日），1922 年底苏维埃社会主义共和国联盟成立。

图 2.4　《至高无上》，马列维奇，1915 年。

生活方式，配合以集体主义原则为基础的社会主义革命。其中除了构成主义者塔特林、罗德钦科、利希茨基、嘉博、佩夫斯纳等人外，从西欧回国的康定斯基和至上主义画家马列维奇也加入到了这一艺术的变革潮流中。

1921 年初，在康定斯基主持下创建的莫斯科艺术文化研究所，与活跃在俄国的至上主义、构成主义画家马列维奇、塔特林、罗德钦科、利希茨基等人积极投入革命的浪潮之中，形成了无产阶级文化革命中美术方面的主要力量。

其中，罗德钦科与他的妻子斯捷潘诺娃等前卫艺术家共同成立了"构成主义第一工作小组"，宣布放弃中产阶级艺术趣味所意涵的架上绘画，拥护革命的、具有建设性活力的艺术，并积极地经由构成主义参与到具体的社会改造工作中。他们的艺术活动涉及了从艺术文化观念到建筑设计等广泛的艺术领域，称之为"生产艺术"或"生产主义"（Productivism）。"生产艺术"为的是"建构性地组织生活"，呼吁所有艺术家作为技术人员同情现状，承担起社会的责任，否定架上绘画的意义，并以无法接触大众来排斥纯粹的抽象主义绘画。"生产艺术"者强调构成主义的创作目标与社会政治革命目标的一致性，认为艺术应当走向生活，走出抽象艺术试验的领域而投身到生产建设的实践当中去；"生产艺术"者以在艺

图 2.5 《构成》，塔特林，1916 年。

图 2.6　　《构成》，塔特林，1917 年。

术和生产之间架起桥梁作为目标，强调艺术家应该根据生产的材料、机械技术创造出新的文化形式。

　　然而，并不是所有的先锋艺术家都赞成艺术社会价值的这种实现方式，并在 1920 年和 1921 年之交爆发了关于"生产艺术"的争论。

　　争论的一方是坚持抽象艺术纯粹精神价值的康定斯基、马列维奇、佩夫斯纳、嘉博等人，认为"艺术主要是一种精神活动，其目的是引导人们如何去观察世界。如果要求艺术家直接去进行生活实践，那就会将艺术家降低到了一般工匠的层次。正因为艺术是一种精神活动，所以它必然是非实用的、非功利的，艺术必然要超出精巧的工艺设计之上。如果要求艺术仅仅对于日常生活有用，艺术就没有存在的价值"①。争论的另一方是

------

①　陈瑞林、吕富珣：《俄罗斯先锋派艺术》，广西美术出版社 2001 年版，第 393 页。

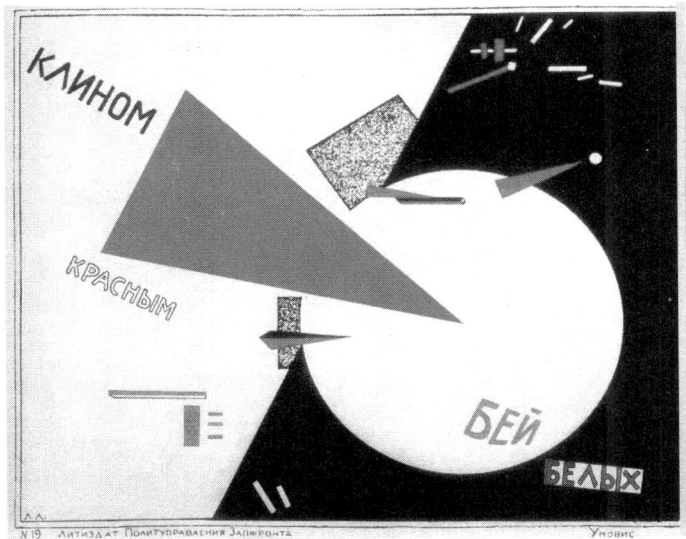

图 2.7 《红色楔子打击白色》，利希茨基，1919—1920 年。

"生产艺术"者塔特林、罗德钦科、利希茨基等人，他们认为"纯艺术"和架上绘画已经不再为新社会所急需，对于社会的主体——大多数的民众来说，所需要的是社会生产与生活密切相关的艺术，艺术创作应该与社会大众的生活密切联系，把艺术带进真实的生活，"艺术家必须是一位好的技术人员，必须掌握现代生产工具和现代工业材料，以将自己的艺术创造直接融入为无产阶级谋求幸福生活的工作之中"①。"生产艺术"者将眼光投向未来，希望通过现代社会机器生产的方式将艺术带给民众，使生产成为艺术活动，并自称为改造社会的"艺术工程师"，"艺术不再是像以往那样，只是与少数人有关的东西，或者只是一种模模糊糊的未来社会的理想，而是与广大民众密切相关的生活的本身。"②

　　由于"生产艺术"者的创作方式体现了当时社会革命的实际需求，从而得到苏维埃政权的大力支持，加之当时一些俄国未来派文学家和艺术家的响应，"左翼"艺术理论家对"生产艺术"的研究和宣传，为抽象主

---

① 陈瑞林、吕富珣：《俄罗斯先锋派艺术》，广西美术出版社 2001 年版，第 393 页。
② 同上书，第 392 页。

图 2.8 招贴设计，罗德钦科，1923 年。

义画家从精神劳动到物质劳动的转变，社会角色从纯艺术家到新社会的建设者的转变提供了理论和舆论上的支持，使得"生产艺术"具有广泛的社会影响力。

应该说，这种争论的核心是关于架上绘画这种艺术形式存在的合法性和必要性问题，但是"生产艺术"影响力的扩大，及其对物质生产和社会改造功能的强调，并不代表它与抽象主义绘画的彻底决裂，尽管存在分歧和争论，"至上主义"、"构成主义"以及"生产艺术"之间依然具有一致性的一面。

首先，罗德钦科等人成立的"构成主义第一工作小组"及其"生产艺术"主张，虽然强调艺术创作目标与社会革命目标的一致性，但这并不等于说放弃了构成主义实践的艺术性，相反，坚持"生产艺术"的艺

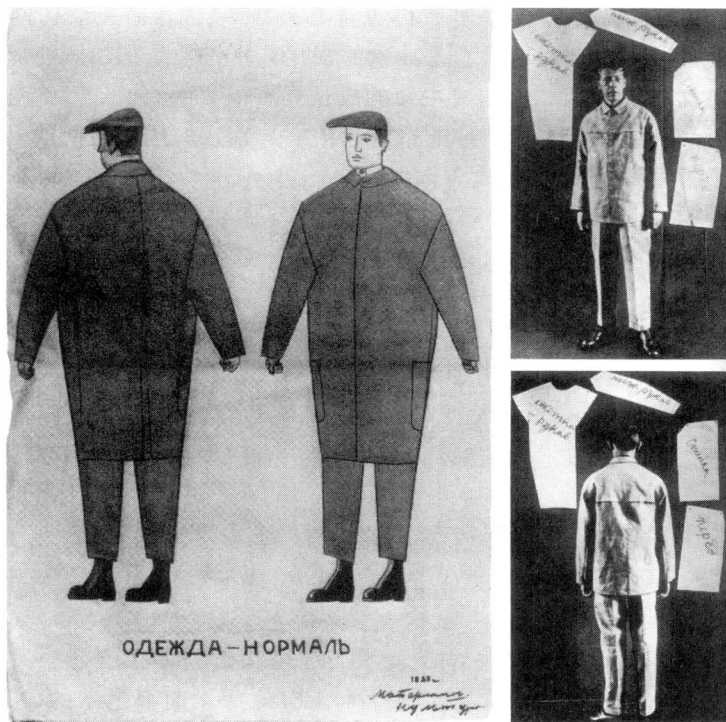

图 2.9 塔特林设计的男式工作服和便服，1923 年。

术家把艺术的审美和精神特性放大为具有社会改造能力的"生产艺术"，以艺术地制作有益的、适合于目的的物品作为艺术的使命，其本质还是艺术的活动。即通过"生产艺术"的实践和实际的工业生产，从而根除艺术创作的"神秘性"，"使艺术家从创作者的等级中走出来，加入到相应的生产联合当中去。"① "艺术家必须通过在工程、建筑和工业设计之中，实际运用他的艺术，达到为革命服务的思想。"② 其次，抽象主义绘画对"生产艺术"的实践在客观上提供了一种视觉范例。不仅构成主义者佩夫斯纳、嘉博的抽象艺术观念、形式技巧得益于马列维奇的至上主义绘画，

---

① 陈瑞林、吕富珣：《俄罗斯先锋派艺术》，广西美术出版社 2001 年版，第 406 页。

② ［美］H. H. 阿纳森：《西方现代艺术史》，邹德侬、巴竹师、刘珽译，天津人民美术出版社 1994 年版，第 222 页。

"生产艺术"者塔特林和罗德钦科也是马列维奇至上主义最初网罗的新人，而马列维奇也把建筑看做是抽象的视觉艺术，他依据绘画作品创作的三维立体抽象模型也"对构成主义的成长具有重要的意义"①，"对于塔特林来说，马列维奇绘画中单纯的造型原语言与精致的构成之间的融合，为他提供了最重要的视觉范例。"②

　　正因为如此，"构成主义"被看做是"至上主义在建筑领域和工业设计领域合乎逻辑的发展"③，而"生产艺术"也可以说是为"至上主义"和"构成主义"绘画的未来开辟了一条生产应用之路；"至上主义"和"构成主义"一样都强调技术与艺术的结合，并且把"构成"作为艺术作品形式的内在秩序。也因为如此，尽管在关于"生产艺术"的争论中马列维奇与康定斯基、佩夫斯纳、嘉博兄弟等共同反对"生产艺术"者的艺术主张，但也可以把他们都看做是广义上的"构成主义"画家。

第二节　"新造型主义"与"基本要素主义"

一　"风格派"画家

　　"一战"期间，荷兰一些接受了野兽主义、立体主义、未来主义等现代观念启迪的艺术家们开始在荷兰本土努力探索前卫艺术的发展之路，且取得了卓尔不凡的独特成就，形成著名的"风格派"（De Stijl，荷兰文，即"风格"之意）。风格派正式成立于 1917 年，其核心人物是画家蒙德里安（Piet Mondrian，1872—1944）和凡·杜斯伯格（Theo van Doesburg，1883—1931），其他成员包括画家胡札（Vilmos Huszar，1884—1960），雕塑家万东格洛（Ceorges Vantongerloo，1895—1965），建筑师欧德（Jacobus J. Oud，1890—1963），里特维尔德（Gerrit Rietveld，1888—1964）等人。

　　蒙德里安追求艺术的抽象和简化，排除一切个性化的表现成分而致力于探索一种人类共通的纯精神性表达。蒙德里安希望简化物象直至最基本

---

　　① ［美］H. H. 阿纳森：《西方现代艺术史》，邹德侬、巴竹师、刘珽译，天津人民美术出版社 1994 年版，第 220 页。

　　② John Milner：*Vladimir Tatlin and the Russian Avant - Garde.* London：Yale University Press，1983，p. 83.

　　③ 奚静之：《俄罗斯美术十六讲》，清华大学出版社 2005 年版，第 149 页。

图 2.10　《构成 11 号》，蒙德里安，1913 年。

的视觉元素，因而平面、直线、矩形成为他绘画艺术中的基本要素，色彩亦减至红、黄、蓝三原色及黑、白、灰三种无彩色。蒙德里安相信这种高度抽象和简化的艺术以足够的明确、秩序和简洁将会建立起精确、严格且自足完善的新造型艺术（见图 2.10、2.11）。因此，在风格派探索"抽象和简化"的运动中，蒙德里安更喜欢用"新造型主义"（Neo - plasticism）一词来描述自己的艺术特征，把"新造型主义"看做是传达其艺术思想的一种手段，"通过这种手段，自然的丰富多彩就可以压缩为有一定关系的造型表现。艺术成为一种如同数学一样精确的表达宇宙基本特征的直觉手段。"① 蒙德里安的抽象主义绘画作为立体主义绘画富有逻辑的继续，实现了绘画上新的造型，并得到新一代荷兰画家们的拥护，使他们看到了创造一种新造型风格的可能性。

　　虽然风格派艺术运动以蒙德里安的形式语言和理论哲学为基础，但其

---

　　① ［英］赫伯特·里德：《现代绘画简史》，刘萍君译，上海人民美术出版社 1979 年版，第 112—113 页。

图 2. 11   《红、黄、蓝、黑的构成》，蒙德里安，1921 年。

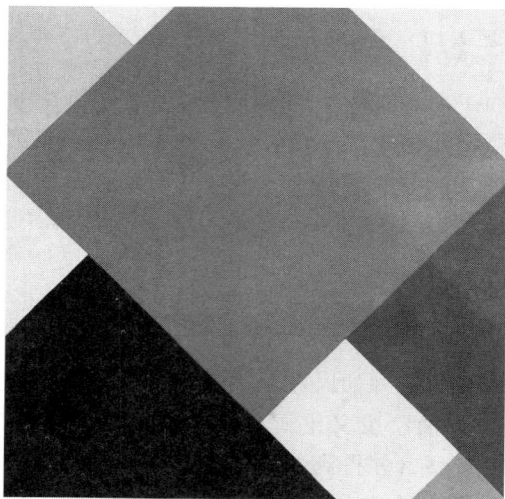

图 2. 12   《构成五号》，凡·杜斯伯格，1924 年。

对现代艺术产生广泛影响的主要驱动力来自凡·杜斯伯格。杜斯伯格是一位具有多方面才能的艺术家，曾以戏剧为业，写过一些寓言和剧本，1900

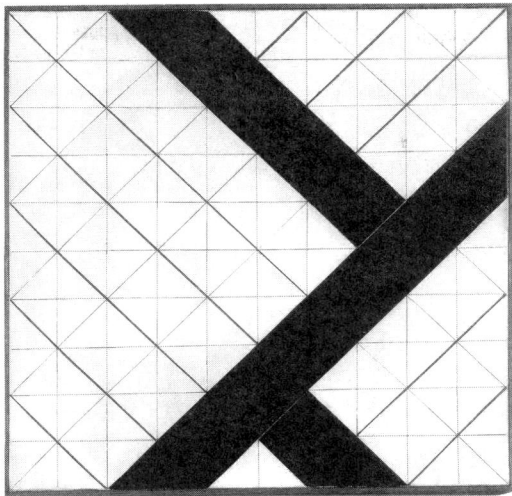

图 2.13 《构成》，凡·杜斯伯格，1925 年。

图 2.14 奥比特咖啡馆多功能厅的壁画设计，凡·杜斯伯格，1927 年。

年他的兴趣转向了绘画，并在 1914—1916 年服兵役期间对康定斯基的著作《论艺术的精神》信奉备至，这也激发了他对抽象主义绘画的兴趣。从 1915 年开始，杜斯伯格在绘画中开始了与蒙德里安相似的抽象实验，并于 1916—1917 年间创作了一系列的抽象绘画，他以几何图形简化物象，直至 1917 年之后最终消除了画面中的具体物象，走上了抽象主义绘画的道路。同年的 6 月 16 日，杜斯伯格创办了《风格》杂志，这份杂志自创刊以来为"风格派"的艺术思想和作品传播作出了很大贡献，"风格派"的名称亦源自它。杜斯伯格负责《风格》杂志的编务工作，同时也是该杂志重要的撰稿人。该杂志自 1917—1924 年一直是新造型主义的重要舞台，而其中的明星则是蒙德里安，直至杜斯伯格与蒙德里安之间产生关于"基本要素主义"的分歧与矛盾。

二　关于"基本要素主义"的分歧和矛盾

从 1924 年开始，杜斯伯格对蒙德里安的"新造型主义"提出质疑，认为风格是剥去物体非本质的外形的自然结果，新造型主义所要解决的也是所有艺术中"创造性的和谐"问题，而蒙德里安的"新造型主义"信念，太过于教条化和个人主义，其坚持的垂线和水平线的绘画构图也过于呆板和单调，致使画面毫无生气。为此，杜斯伯格基于蒙德里安的"新造型主义"发展出了所谓的"基本要素主义"（Elementarism），放弃了蒙德里安所坚守的垂线—水平线图式，把矩形构图倾斜 45°角，追求一种更有动感的表现形式，代替了蒙德里安新造型主义那种均衡的结构（见图2.12、2.13）。

凡·杜斯伯格以"基本要素主义"反对过分教条地使用"新造型主义"，认为风格派的产生是接受现代艺术成果的必然，而且意味着发现解决普遍问题的方法。实际上，蒙德里安与杜斯伯格的分歧不仅仅是对于"新造型主义"的不同理解，更不是关于斜线和垂线—水平线的画面构图问题，二者间的根本性分歧在于抽象主义绘画艺术价值的实现方式。

对杜斯伯格而言，风格派是"朝向他物之转变"的一部分，并不终止于新造型主义绘画①。杜斯伯格希望抽象艺术家不仅仅是画画，而是与现实生活相融合，通过设计工作促成整个统一风格的社会生活环境，而这种统一性必然要求艺术创作中消除主观武断的因素，以此摆脱狭隘的个人的世界。杜斯伯格认为风格派的艺术精神可以通过建筑、设计产品渗透到社会生活中去，而且"通过客观科学方法去创造和控制这个环境，是建筑师不能推卸的责任。"② 杜斯伯格希望通过艺术改变人的环境，显现宇宙和谐的永恒秩序，抽象主义绘画正是以此与观众直接对话，"如果观众不理解，那他就得作出自己的解释"，直至人们的意识和观念随之改变，

---

① 　Anna Moszynska：《抽象艺术》，黄丽娟译，远流出版事业股份有限公司 1999 年版，第 86页。

② 　王建柱编著：《包浩斯——现代设计教育的根源》，大陆书店 1982 年版，第 57 页。

最终实现庄重的、精神化的"简朴与谅解的太平盛世"①。杜斯伯格认为"艺术与生活已不再是分开的领域。这就是脱离真实生活的艺术必须清楚的理由。'艺术'这个字眼对我们来说已经没有任何意义。因而，相对的，我们要求根据创造的法则，从坚固的原理之中去构筑我们的环境。这些创造法则，与经济、数学、技术和卫生等法则互相平行，将引导我们到一个造型统一的境界。为了说明这些法则之间的密切关系，必须先从了解和认定的工作着手。但截至目前，人类创造和结构法则的领域尚未经过科学认定的过程。"② 1927 年，杜斯伯格为斯特拉斯堡（Strasbourg）的奥比特（Aubette）咖啡馆所作的室内设计，可以说是对其"基本要素主义"的最有纪念性的阐述。这一设计由杜斯伯格和"达达主义"（Dadaism）者阿尔普（Jean Arp）夫妇合作完成，杜斯伯格为其确定了主调，并设计了墙面的低浮雕壁画（见图 2.14），依照他的解释，其构思"关键是要揭示绘画和建筑的同时性效果"③。

与此相对，蒙德里安认为绘画在历史上比其他艺术形式进步，因此应该成为"风格派创作者的主要场域"④。蒙德里安相信只要普遍的和谐还未成为日常生活中的现实，那么绘画就能提供一种暂时的代替，真正的抽象艺术只要陷入那种实用目的的"实利性"之中就会失去其"固有的特性"，甚至"抒情性（吟咏性的或描述性的）"的途径也是不允许的，因为一旦如此，抽象艺术就会沦为一种"游戏"⑤。

杜斯伯格的"基本要素主义"既是蒙德里安"新造型主义"发展的结果，同时他也希望"基本要素主义"成为"对新造型思想严肃的修正"⑥。凡·杜斯伯格并没有否定艺术的精神价值，只是不赞同蒙德里安艺术精神的内容："这个时代，反对所有对于艺术、科学和技术等的任何主观冥想。

---

① ［美］罗伯特·休斯：《新艺术的震撼》，刘萍君、汪晴、张禾译，上海人民美术出版社 1989 年版，第 175 页。

② 王建柱编著：《包浩斯——现代设计教育的根源》，大陆书店 1982 年版，第 57 页。

③ ［英］尼古斯·斯坦戈斯：《现代艺术观念》，侯瀚如译，四川美术出版社 1988 年版，第 166 页。

④ Anna Moszynska：《抽象艺术》，黄丽娟译，远流出版事业股份有限公司 1999 年版，第 86 页。

⑤ 徐沛君：《蒙德里安论艺》，人民美术出版社 2002 年版，第 88 页。

⑥ ［法］雷蒙·柯尼亚等：《现代绘画辞典》，徐庆平、卫衍贤译，人民美术出版社 1991 年版，第 101 页。

现代生活也几乎早已经为一种新精神所统驭。这种新精神反对动物式的抒情主义，反对自然的统治，反对一切'人为的烹调术'。为了构筑一个新的客观，我们需要方法。换句话说，我们需要客观的制度。如果一个人能在不同的客观之中找寻到相同的品质，他就找到了一个客观的标准。"①

自 1924 年蒙德里安与杜斯伯格之间产生分歧之后，蒙德里安一如既往地探索新造型主义，直至离世。1928 年《风格》杂志停刊，1931 年杜斯伯格去世，他的夫人为纪念他于 1932 年出了最后一期专刊。《风格》杂志停刊后，其他风格派艺术家虽然没有停止活动，但从一个团体的角度来说，风格派已经结束了。

第三节　对包豪斯的影响

"构成主义"和"风格派"作为 20 世纪初欧洲抽象主义绘画运动的组成部分，虽然产生于不同的国家，具有不同的社会文化背景，而且他们的绘画图式和方法也不尽相同，但构成主义和风格派都强调构成方法是涉及一切视觉艺术的基本规律，把造型元素之间的构成方法看做是艺术创作的基础。另外，构成主义和风格派各自内部的分歧与矛盾，反映了当时抽象主义画家面对时代变革背景下艺术道路选择的共同问题，即艺术创作对于时代和社会现实的价值是在于纯粹精神性的意义还是物质性的实用意义。其中，罗德钦科、塔特林等人的"生产艺术"和杜斯伯格的"基本要素主义"都极力强调了抽象主义绘画在物质生产和社会生活环境等方面的实用性价值，力图定义在工业文明条件下美学的形式与功能。而康定斯基、马列维奇、佩夫斯纳、嘉博与蒙德里安对艺术纯粹精神价值的强调，使得构成主义、风格派各自内部的分歧与矛盾在艺术实践和艺术理论上都具有一致性和共通性。

"构成主义"和"风格派"的美学思想和新造型试验从 20 世纪 20 年代起就越出了俄国和荷兰的国界，不但对 20 世纪初抽象主义艺术的发展产生了重要的影响，而且渗入各国的绘画、雕塑、建筑、工艺、设计等诸多领域，对 20 世纪初现代主义设计的萌发也起到了积极的推进作用。特别是他们在"构成"和"造型艺术的综合"的基础上追求广泛社会功能

---

①　王建柱编著：《包浩斯——现代设计教育的根源》，大陆书店 1982 年版，第 57 页。

图 2.15 《第三国际纪念塔模型》,塔特林,1919 年。

的艺术思想,终于成为 20 世纪初探索现代主义设计的一个重要理念,对包豪斯的发展演变也产生了深刻的影响。

一 对包豪斯艺术教育改革方法的影响

"构成主义"艺术家佩夫斯纳曾指出:"现代艺术的巨大的结构、惊人的科学发现,改变了这个世界的面貌,而艺术家则在宣告新的概念和形式。艺术和感情不得不进行一次革命——这将发现一个新的、没有勘查过的世界。于是我们,嘉博和我,走上了一条通往新的研究的道路,其指导

**图 2.16　格罗庇乌斯为德国卡普政变（Kapp Putsch，1920 年）
期间被屠杀的工人设计的纪念碑，约 1922 年。**

思想是试图创造一种造型艺术的综合：绘画、雕塑和建筑……"① 在这种
"造型艺术的综合"思想的基础上，"构成主义"者中的"生产艺术"者
更是把抽象主义绘画的观念和技巧具体深入到对现实生活的干预活动中

---

① ［英］赫伯特·里德：《现代绘画简史》，刘萍君译，上海人民美术出版社 1979 年版，第
112 页。

图 2.17 米斯·凡·德·罗为共产主义革命者卢森堡（Rosa Lux-
emburg）和卡尔·李卜克内西（Karl Liebknecht）设计的
纪念碑，约 1922 年。

去，以实现新的艺术实践对社会发展的积极影响。把这种"造型艺术的
综合"思想应用到实践中的典型例子，是构成主义者塔特林于 1919 年创
作并在第二年召开的第八次苏联人大会上展出的"第三国际纪念塔模型"
（见图 2.15）。该纪念塔高度为 1300 英尺，外部造型为上升的螺旋状，内
部结构沿主轴向下倾斜，给人以强有力的印象。纪念塔复杂的空间可以简

图 2.18　1922 年杜斯伯格在德国魏玛组织召开"构成主义者与达达
　　　　主义者大会",图中第二排右数第二位是凡·杜斯伯格,他
　　　　的上面是莫霍里·纳吉,第四位是利希茨基,第五位是包豪
　　　　斯学生维尔纳·格雷夫（Werner Graeff）。

化为三种单纯的几何形式:圆柱形、圆锥形和立方体,并且各自按照不同
的速度、不同的时间间隔旋转。作为会场内部的圆柱形部分每年自转一
周,日常办公的圆锥形部分每月旋转一次,作为信息中心的立方体部分每
天旋转一次。这个设计作品体现了构成主义者希望抽象艺术与现实社会需
求相结合的愿望,强调艺术家对现实社会的参与,是"实用的目的与纯
粹艺术形式的结合,绘画、雕塑与建筑的结合"①。之后,格罗庇乌斯和米
斯·凡·德·罗也设计制作了类似纪念碑性质的作品。尽管我们无从考证
他们的作品是否直接受到塔特林的影响,但可以肯定的是,他们都受到俄
国无产阶级革命的影响,并希望能够用抽象的语言,以自己的艺术创作,
为改造社会的理想或无产阶级的革命服务,而且从时间上来说,塔特林的
"第三国际纪念塔模型"显然具有开创性的示范作用（见图 2.16、2.17）。
　　与构成主义者的综合艺术观相似的是荷兰"风格派"中凡·杜斯伯

---

　　①　陈瑞林、吕富珣:《俄罗斯先锋派艺术》,广西美术出版社 2001 年版,第 326 页。

格的"基本要素主义"。杜斯伯格将抽象主义绘画看做是"朝向他物之转变"的一部分，把风格派艺术融入到整个社会物质生活、精神生活的构筑中，"我们要求根据创造的法则，从坚固的原理之中去构筑我们的环境。"① 不仅如此，"基本要素主义"者与"构成主义"、"达达主义"等艺术流派之间还开展了广泛的交流，并于 1922 年在德国魏玛举办国际性的"构成主义者与达达主义者大会"（见图 2.18），与会者有"构成主义"、"达达主义"和"风格派"艺术家，以及包豪斯的学生。这次会议不仅扩大了"风格派"艺术的影响，而且传播和拓展了"构成"、"造型艺术的综合"等理论和方法，使之逐渐成为 20 世纪初艺术教育探索中一种与工业文明相互融合的重要前提和途径。

1922 年，在柏林举办的"第一届俄国艺术展"（之后又移至荷兰阿姆斯特丹继续展出），是俄国十月革命以后俄国先锋艺术第一次在欧洲的全面展示，引起了文化艺术领域的广泛关注。展览中包括马列维奇、利希茨基、塔特林、罗德钦科、佩夫斯纳、嘉博等人的作品，他们展示出的不仅仅是"构成"的视觉造型形式，也带来了把融合艺术革命与社会革命为一体的艺术观念。其中，"构成主义"和"风格派"运动通过抽象几何造型来体现工业生产技术并追求实用目的的作风，以及为普通大众服务的思想，实际上已经具备了 20 世纪现代主义设计的雏形，并成为包豪斯借鉴和吸收"风格派"、"构成主义"设计运动成功经验的内容之一。

总而言之，构成主义和风格派对包豪斯艺术教育改革方法的影响可以归纳为以下几个方面：

首先是艺术革命与社会革命相结合的艺术思想对包豪斯的影响。由于受到当时欧洲，特别是俄国社会主义文艺思潮的影响，包豪斯第一任校长格罗庇乌斯曾于 1919 年担任了德国"艺术工作苏维埃"（The Arbietstrat fur Kunst）组织的主席一职，强调"艺术和人必须达成一致。艺术不能再仅仅为少数人提供快乐，而是为所有人的生活带来欢乐。我们的目标是伟大建筑的保护下艺术的融合……"② 此外，格罗庇乌斯也是柏林左翼组织

---

① 王建柱编著：《包浩斯——现代设计教育的根源》，大陆书店 1982 年版，第 57 页。

② 钱竹编著：《包豪斯——大师和学生们》，陈江峰、李晓隽译，艺术与设计杂志社编辑出版，2003 年，第 22 页。

图 2.19　1919 年卡尔·皮特罗设计的魏玛包豪斯图章和 1921
年由奥斯卡·施赖默设计的新图章。

图 2.20　里特维尔德设计的红、
蓝椅，1918—1920 年。

"十一月会社"（The November Group）的成员，受俄国革命的启发，强调
集体主义精神，希望通过前卫的设计家、艺术家、学者和其他文化人士的
合作，谋求艺术与人民大众之间的密切结合，并以此改造德意志的文化，
促进社会变革。他在 1919 年发表于《德国革命》的"自由民主国家的建
筑"一文中指出："资本主义和强权政治使我们这一种族变得无比沉闷，
生活的艺术更是被中产阶级的俗人们所压抑。古老王国的资产阶级——漠
不关心、没有生气、懒惰而傲慢——已经没有能力维护德国文化……"

图 2.21 里特维尔德设计的儿童椅，1920 年。

"我们无法通过政治革命而获得'解放'，只有通过精神上的革命。"① 正是在这种艺术思想的鼓舞和指导下，1919 年格罗庇乌斯担任了"国立包豪斯"的首任校长，并试图通过包豪斯的设计教育实现他改革艺术教育和德国社会的理想。从 1921 年开始，在列宁"新经济政策"的推动下，随着俄国与西方的文化艺术交流的发展，"构成主义"运动及其社会革命理想也进一步影响到德国的包豪斯设计教育。

其次是构成和艺术创作的综合理论的影响。与风格派相比，对包豪斯艺术教育改革方法的影响较大的同样是构成主义。随着 20 世纪 20 年代俄国"构成主义"者纷纷来到德国，对包豪斯艺术教育改革理想的具体实施发挥了积极的影响，其中尤以康定斯基最为典型。1914 年第一次世界大战爆发后，康定斯基从德国返回俄国，并积极投入到苏维埃政权的文化建设工作中。在俄国构成主义运动中，由康定斯基主持的莫斯科文化艺术学院于 1920 年成立，康定斯基负责制订学院的教学计划，而学院下属的"高等艺术与技术工作室"除了设立从事抽象主义艺术研究的理论部外，

---

① 钱竹编著：《包豪斯——大师和学生们》，陈江峰、李晓隽译，艺术与设计杂志社，2003 年，第 22 页。

图 2.22　马歇尔·布鲁尔设计的
扶手椅，1921 年。

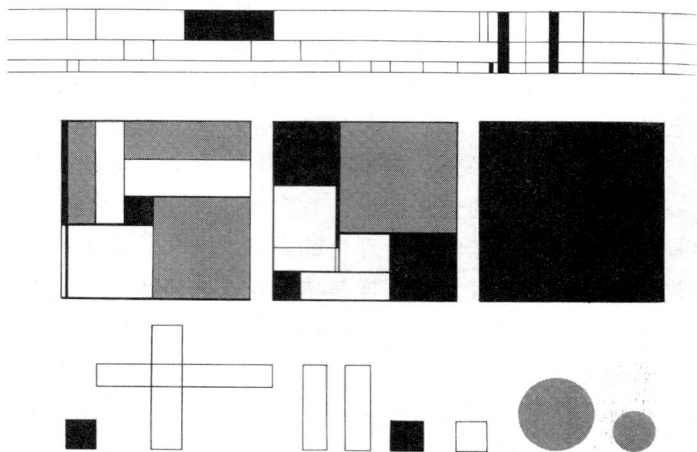

图 2.23　《抽象构成》，作者为包豪斯中杜斯伯格的追随者卡
尔·皮特·罗，1926 年。

还设立了建筑工作室、木工工作室、金属工艺工作室、陶瓷工艺工作室
等，旨在通过艺术教育改革配合俄国的社会主义革命。1921 年，莫斯科

图 2.24 《DE NUIE 咖啡馆》，风格派艺
术家欧德（Jacobus J. Oud），上
图 1924 年，下图 1925 年。

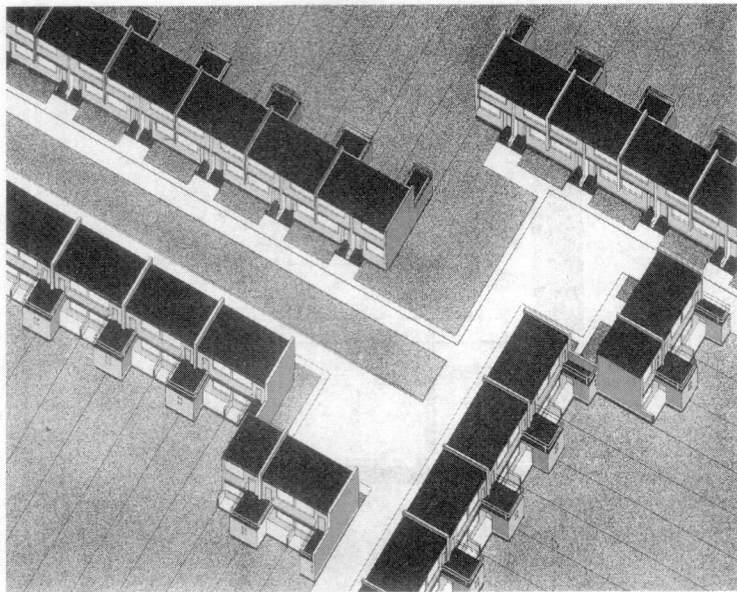

图 2.25　格罗庇乌斯设计的德绍包豪斯建筑系，1926—1928 年。

文化艺术学院并入俄罗斯艺术科学院，康定斯基随即应邀承担了该院的组建工作。康定斯基在此期间对艺术教育的许多想法以及教学过程中编写的许多课程讲义，连同他已发表的《论艺术中的精神》等著作，因为 1922 年应聘到包豪斯担任教学工作，都成为他在包豪斯授课所用教材的原型。

康定斯基早在 20 世纪 20 年代初于莫斯科艺术文化研究所教学期间就一直和格罗庇乌斯保持通信，因此他来包豪斯之前就很了解格罗庇乌斯的办学目标。一到包豪斯，康定斯基就开始宣传他"构成主义"的"艺术创作的综合"（Gesamtkunstwerk）理论，"主张绘画与建筑相结合，他甚至断言，在未来，绘画、建筑和雕塑将融为一体。因此艺术也将不再是由少数艺术家单独闭门创造出来的东西，而是集体合作的产物，它将在建筑、舞台艺术和室内装饰上表现得尤为明显。"① 康定斯基"艺术创作的综合"的理论与包豪斯"联合所有创造活动"的办学理念及其《包豪斯

---

① 　许沛君：《走近大师——康定斯基》，人民美术出版社 2002 年版，第 101 页。

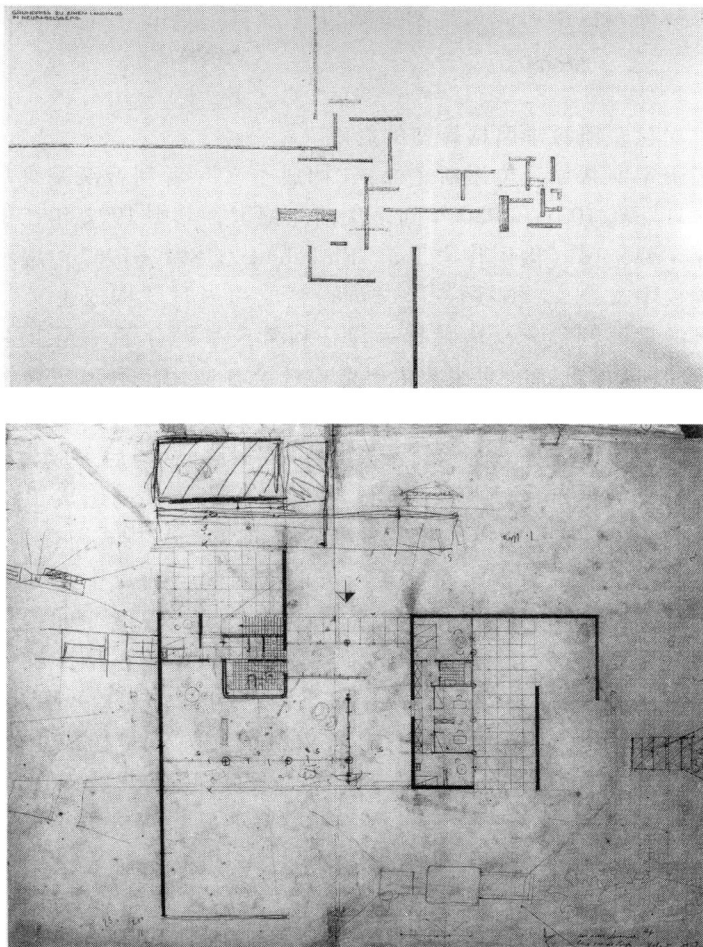

图 2.26 米斯·凡·德·罗设计的乡村住宅平面图,1923 年。

宣言》中的集体合作精神可谓异曲同工。在 1923 年 8—9 月间包豪斯举办的名为"艺术与技术:新的统一"的大型展览会上,康定斯基作了题为"论综合艺术"的演讲[①],进一步明确了包豪斯的办学目标及方法,而康

---

① Herbert Bayer, Walter Gropius etc. eds.: *Bauhaus 1919—1928*. New York: The Museum of Modern Art, 1975, p. 80.

定斯基也被称为包豪斯教员中对学校办学宗旨和目的 "了解最为彻底的一个"①。

二　对包豪斯教学风格转变的影响

除了康定斯基加入包豪斯之外，"构成主义" 者利希茨基（Lissitsky，1890—1941）在 1921—1930 年间多次前往德国，其中 1922 年在德国柏林与伊利亚·爱伦堡（俄国作家 Ilia. Ehrenburg，1891—1967）编辑出版了最早的构成主义杂志《主题》（Veshch），成为当时 "构成主义" 思想在德国传播的重要刊物。与塔特林一样，利希茨基融合了 "至上主义" 和 "构成主义" 基本原理，主张艺术要适应社会在实用上和思想精神上的需要，把构成主义绘画应用到设计领域，包括舞台美术、平面设计、展示设计、服装与面料设计等方面。利希茨基在柏林期间，与后来成为包豪斯教师的拉兹洛·莫霍里·纳吉（Laszlo Moholy Nagy）共同组成了构成主义集团，称之为 "G" 集团（"G" 为德文 Gestaltung "构成" 之缩写）。之后，利希茨基以演讲的方式在包豪斯宣传俄国的 "构成主义" 思想，并与米斯·凡·德·罗（Mies van de Rohe，在 1930—1933 年间担任包豪斯校长）也有密切的交往。其中，作为包豪斯教师的莫霍里·纳吉，除了与利希茨基之间的合作，为了详细了解俄国 "构成主义" 并引入包豪斯，还曾写信求助亚历山大·罗德钦科，希望他撰写关于 "构成主义" 的介绍，并把 "构成主义" 及其 "生产艺术" 的思想和方法应用到包豪斯教学和设计实践中。正是基于利希茨基、罗德钦科等人的努力，"构成主义" 的思想通过包豪斯教师莫霍里·纳吉，成功地融入包豪斯设计教育中，并在一定程度上促成了包豪斯教学风格的转变（详见本书第三章）。

关于这种转变，除了 "构成主义" 者利希茨基和罗德钦科的努力，"风格派" 画家杜斯伯格所发挥的作用也十分重要。作为 "风格派" 核心人物之一的杜斯伯格，曾于 1920 和 1921 年两次造访德国，1921 年杜斯伯格受格罗庇乌斯之邀访问魏玛包豪斯，并以魏玛为基地开始发行他所主办的《风格》杂志，对传播风格派和构成主义的思想，对驱除包豪斯中的表现主义风格具有不可磨灭的功绩。杜斯伯格在访问包豪斯期间，对包

---

① 王受之：《世界现代设计史》，深圳：新世纪出版社 2001 年版，第 99 页。

豪斯当时流行的个人主义、表现主义和神秘主义的教学方法发动了攻击，并在学校附近建起自己的工作室，开设绘画、雕塑和建筑课程，其结果是："风格派在魏玛形成一个小小的分支，几乎把包豪斯的全体学生都搜罗在旗下……"① 杜斯伯格也曾在给友人的信中不无得意地写道："我已经把魏玛弄了个天翻地覆。那是最有名的学院，如今有了最现代的教师！每个晚上我在那儿向公众演讲，我到处播下新精神的毒素，'风格'很快就会重新出现，更加激进。我具有无尽的能量，如今，我知道我们的思想会取得胜利：战胜任何人和物。"②

对于杜斯伯格的到来是否直接促成了包豪斯教学风格的转变，包豪斯内部也有人持不同的态度，认为即使杜斯伯格不来魏玛，包豪斯的"表现主义者"也会被"赶出去的"③。但是客观地讲，当时包豪斯由于约翰尼斯·伊顿等教师表现主义和神秘主义倾向的教学思想给包豪斯带来的负面影响，致使包豪斯内部充满矛盾，外界对包豪斯批评的声音也不断高涨，杜斯伯格对包豪斯的影响如果不是直接的，间接影响还是有的，至少在包豪斯教学风格的转变过程中发挥了积极的催化作用，而1923年包豪斯起用与杜斯伯格艺术观念十分接近的莫霍里·纳吉接替约翰尼斯·伊顿的位置就是一个证明。

此外，杜斯伯格的影响在该学院师生后来的作品中也清楚地显示出来。其中1921年由奥斯卡·施赖默（Oskar Schlemmer，1888—1943）设计的新图章（见图2.19）就被认为"毫无疑问受到了风格派的形式语言的影响"④。这也是包豪斯教学风格转变的一个鲜明标志。而包豪斯学生马歇尔·布鲁尔（Marcel Breuer，1902—1981）于1922年设计的扶手椅也代表了风格派对包豪斯的早期影响⑤（见图2.22）。这位学生在1925年成为包豪斯的教师。

---

① ［英］弗兰克·惠特福德：《包豪斯》，林鹤译，生活·读书·新知三联书店2001年版，第125页。

② ［英］尼古斯·斯坦戈斯：《现代艺术观念》，侯瀚如译，四川美术出版社1988年版，第159页。

③ 王建柱编著：《包浩斯——现代设计教育的根源》，大陆书店1982年版，第59页。

④ ［英］弗兰克·惠特福德：《包豪斯》，林鹤译，生活·读书·新知三联书店2001年版，第127页。

⑤ ［英］卡梅尔·亚瑟：《包豪斯》，颜芳译，中国轻工业出版社2002年版，第18页。

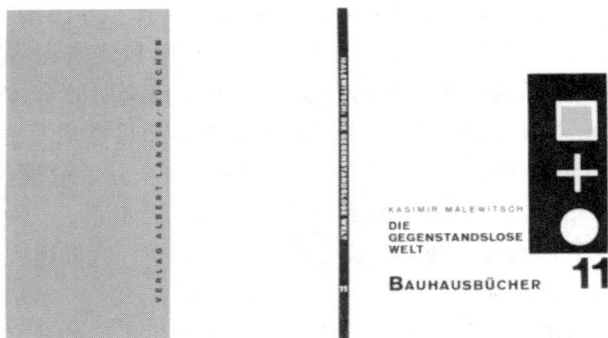

图 2.27   《包豪斯丛书》中马列维奇的《非具象世界》，1927 年。

图 2.28   马列维奇设计的至上主义风格的建筑，1923—1927 年。

　　由于杜斯伯格对包豪斯的影响，也许我们会认为蒙德里安只是通过影响杜斯伯格才可能间接地影响包豪斯，实际上蒙德里安对包豪斯的影响不止于此。蒙德里安"新造型主义"的风格派绘画对空间的分析，打破了空间中物体的孤立，并将形和空间看做某种普遍结合在一起的东西，"使传统建筑中盒子似的容积，被比较开敞的平面所取代。"以蒙德里安为首的这种风格派艺术思想虽然以追求艺术的"纯净"而非实用为目的，但实际上"不少蒙德里安式灵感的立面设计和平面也确实产生了"①，包括风格派的建筑和格罗庇乌斯、米斯·范·德·罗的部分设计作品（见图2.24、2.25、2.26）。

　　与蒙德里安类似，马列维奇由于与康定斯基在"莫斯科艺术文化研究所"共事的经历，他对康定斯基的影响在20世纪20年代初逐步体现出来，并经由康定斯基和利希茨基传入包豪斯。不仅如此，马列维奇于1927年访问德绍包豪斯，在包豪斯期间他不但会见了康定斯基，也认识了格罗庇乌斯、米斯·凡·德·罗、汉斯·迈耶等人，并在莫霍里·纳吉的协助下出版了马列维奇的《非具象世界》（*The Non - Objective World*）一书（见图2.27），成为继蒙德里安、杜斯伯格、康定斯基等人专辑之后系列《包豪斯丛书》②的一个组成部分，是包豪斯理论体系中不可或缺的组成部分。马列维奇的至上主义思想虽然不完全等同于当时包豪斯的设计思想，但他基于自己绘画创作的至上主义风格的建筑模型（见图2.28），不仅仅对俄国构成主义的成长有重要意义，而且经由他的弟子（特别是利希茨基）传播到德国和西欧，影响了包豪斯的设计教学，以及现代建筑的国际风格的进程。③

　　虽然追求纯粹的抽象主义画家对艺术精神性、情感性价值的坚持致使"构成主义"和"风格派"内部产生分歧和矛盾，但是对于20世纪现代主义设计的发展来说，这种分歧和矛盾的状态，是探索设计实践中综合所有造型艺术的方法，以及艺术教育改革、现代设计教育试验过程中不可避免的一个过程，也是包豪斯吸收和借鉴"构成主义"和"风格派"经验成果不可或缺的组成部分。

---

　　① ［英］彼得·柯林斯：《现代建筑设计思想的演变》，英若聪译，中国建筑工业出版社1987年版，第342页。

　　② 1925年6月《包豪斯丛书》由包豪斯开始出版，至1930年共出版14期。《包豪斯丛书》中的抽象主义画家作者及作品包括：第二期保罗·克利的《教学笔记》（1925年）、第四期奥斯卡·施赖默的《包豪斯的舞台》（1925年）、第五期蒙德里安的《新造型》（1925年）、第六期杜斯伯格的《新造型艺术的基本概念》（1925年）、第八期莫霍里·纳吉的《绘画、摄影、电影》（1925年）、第九期康定斯基的《点、线、面》（1926年）、第十一期马列维奇的《非具象世界》（1927年）、第十四期莫霍里·纳吉的《从物质到建筑》（1929年）。

　　③ ［美］H. H. 阿纳森：《西方现代艺术史》，邹德侬、巴竹师、刘珽译，天津人民美术出版社1994年版，第220页。

　　从"造型艺术的综合"观念来说，风格派中的"基本要素主义"和构成主义中的"生产艺术"追求广泛的社会功能，他们把抽象的几何形式与机器生产的精确和效率联系起来所进行的设计实验，对于19世纪以来追求工艺美术与机器生产、艺术与工业社会之间的融合，以及对于在机器工业环境下现代主义设计教育的探索来说，是一种"行之有效"（对于当时来说）的解决办法，是包豪斯吸收康定斯基等抽象主义画家担任教学任务并对包豪斯产生影响的前提条件，其综合艺术的观念和通过艺术实践实现社会变革的理想也对包豪斯探索艺术教育改革方法产生了重要的启示意义；从这些抽象主义画家开创性的造型语言及其理论来说，不论是走向实用的抽象主义画家还是走向纯粹的抽象主义画家，都对包豪斯设计教育思想、方法的完善发挥了积极的影响，特别是部分"构成主义"和"风格派"成员到包豪斯讲学、交流，以及他们的艺术思想经由《包豪斯丛书》在包豪斯传播，也在一定程度上促成了包豪斯设计教学风格的转变等。

　　当然，"构成主义"和"风格派"运动中的抽象主义画家对包豪斯的影响毕竟是来自包豪斯体系之外的影响，对包豪斯产生直接和深刻影响的则是来自包豪斯内部担任教学工作的抽象主义画家。

第三章　包豪斯教师中的早期抽象
主义画家及其影响

  包豪斯在 1919 年成立，于 1933 年被迫关闭，期间的教员包括设计师、工匠、雕塑家和画家等，他们不仅是包豪斯成长发展过程中的主导力量，还在现代主义设计史中扮演了重要的角色，因此在卡梅尔·亚瑟编著的《包豪斯》中称："包豪斯的全体教员几乎囊括了整个现代主义者的《名人录》"①。当然，其中就包括在包豪斯担任教学工作的抽象主义画家。

  早期抽象主义画家对包豪斯的影响是基于包豪斯发展的不同时期展开的，而对于包豪斯的发展分期有多种划分的方法，如从校址的变更来划分可以分为魏玛时期（1919—1924）、德绍时期（1925—1930）、柏林时期（1931—1933）；从校长的更替来划分则可以分为格罗庇乌斯时期（1919—1928）、汉斯·迈耶时期（1928—1930）、米斯·凡·德·罗时期（1930—1933）。如果从包豪斯设计教学思想及其风格特征的演变来看，1919 年是包豪斯浪漫主义的"精神革命"的开始，而 1922 年包豪斯开始转向理性主义的"为批量生产提供标准"的时期②，以此划分，包豪斯的发展历程可以分为两个主要时期：浪漫主义时期（1919—1922）和理性主义时期（1922—1933）。

  包豪斯教师中的早期抽象主义画家及其影响，正是集中体现在这两个不同的时期。

---

① ［英］卡梅尔·亚瑟：《包豪斯》，颜芳译，中国轻工业出版社 2002 年版，第 10 页。

② Elaine S. Hochman：*Bauhaus*：*Crucible of Modernism*. New York：Fromm International, 1997, p. 10.

图 3.1　《教堂》，昂耐尔·费宁格，1919 年。

第一节　浪漫主义时期

一　基础课程的构建

1919 年被聘任为包豪斯教师的是画家里昂耐尔·费宁格（Lyonel Feininger，1871—1956）、约翰尼斯·伊顿（Johnnes Itten，1888—1967）和雕塑家杰哈特·马科斯（Gerhard Marcks，1889—1981），他们分别担任印刷作坊、彩色玻璃作坊和制柜作坊、陶瓷作坊的形式大师。此外，卡尔·佐比策（Carl Zoubitzer）、卡尔·克鲁尔（Carl Krull）、海伦娜·玻尔纳（Helene Borner）分别担任印刷作坊、石刻作坊、编织作坊的作坊大师。

费宁格是加入德国国籍的美国人，是一位颇有影响的表现主义画家，受抽象主义画家罗伯特·德劳内（Robert Delaunay）的影响，逐渐趋向几何化的抽象风格（见图 3.1）。费宁格从写实进入抽象的版画深受康定斯基的赏识，而且校长格罗庇乌斯也认为这种几何化的风格对于建筑是有益

图 3.2　《红塔》，约翰尼斯·伊顿，1918 年。

的。尽管如此，他对于包豪斯中抽象设计风格的影响是有限的，正如后来费宁格自己称他在包豪斯的任务就是"创造气氛"①，事实上由于只担任

①　［英］弗兰克·惠特福德：《包豪斯》，林鹤译，生活·读书·新知三联书店 2001 年版，第 62 页。

图 3.3 《呼吸》，约翰尼斯·伊顿，1922 年。

很少的课程（一年中上课的时间不到半年），对包豪斯的影响也的确比较小。杰哈特·马科斯由于第一次世界大战前在"德意志制造联盟"中与格罗庇乌斯共事的经历（在科隆建筑展中负责完成内部装饰陶艺设计），成为三位聘任教师中唯一具有设计实践经验的教师，不过他在包豪斯的工作更多地关注于建立学校和工厂企业之间的联系。相比之下，约翰尼斯·伊顿对于这一时期包豪斯教学思想和风格的影响显得尤为重要。

　　约翰尼斯·伊顿是经过格罗庇乌斯的妻子阿尔玛·玛勒·格罗庇乌斯（Alma Mahler – Gropius）引荐来到包豪斯任教的。热衷于"抽象绘画构成研究"[1] 的伊顿早年就读于抽象主义先锋人物阿道夫·赫尔策尔（Adolf

---

　　① ［瑞士］约翰·伊顿：《包豪斯基础课程及其发展——造型与形式构成》，曾雪梅、周至禹译，天津人民美术出版社 1990 年版，第 11 页。

图 3.4　《包含有七个明度层次和 12 个色调的色
球》，伊顿，1921 年。

Hoelzel）执教的斯图加特美术学院，并从 1913 年左右开始潜心研究抽象
构成。关于抽象主义绘画，伊顿认为明确的几何图形是人们最容易理解
的，因为这些几何图形的基本元素不外乎圆形、方形和三角形，每一种可
能出现的图像都静静地隐含在这些图形元素中间，想看的人就能看见，不
想看的人就看不见；关于色彩，伊顿认为没有色彩就没有图形可言，图形
与色彩是一体的，光谱中的色彩是最容易让人理解的，每一种可能出现的
色彩都静静地隐含在它们中间，想看的人就能看见，不想看的人就看不
见；几何图形与光谱种的色彩，就是最简单、最感性的图形与色彩，也是
一件艺术品最恰当的表现手段。来到包豪斯后，针对包豪斯 1919—1920
学年冬季学期招收的学员年龄、学历与经历各异，加之学员为得到包豪斯

入学许可证所提交的作品大多缺乏个性，很难衡量其能力及性格，伊顿向格罗庇乌斯建议准许所有那些对艺术感兴趣的申请者入学试读，不过必须经过六个月的初步课程学习才能获准在任何一个作坊里作进一步的修习。这种试读期的基础训练被称为"基础课程"（德语：vorlehre，英语：basic course，汉语也被译作"初步课程"、"初级课程"、"预备课程"等），伊顿称"当初采用这一名称是为了表明'基础课程'并不凭借特殊的教学大纲或新式教学法来达到某些特殊的教育目标"①。同年秋天，伊顿开始主管"基础课程"，由他来决定教学内容和科目选择。

　　在基础课程的学习中，学员必须学会一门技术，同时学习如何把美术与工业结合在一起，为担负大规模共同制作时所必须具备的技术能力做好准备。对于伊顿来说，一开始就要求学生注重市场需求，研究现实社会所需要的技术，"这种急功近利的教育方法不可能培养出创造力与进取心很强的造型艺术家。如果在造型艺术研究上导入新的观念，那么肉体的、感觉的、精神的和智力的各种素质都应具备而且和谐并用。这种做法在很大程度上决定了我在包豪斯教学室的课程内容与教学法。最根本的是要把学生培养成一个全面发展的、负有使命感的创造型人才。"② 伊顿把学生的创作活动分为三种基本类型：自然的印象表现类型、知识的构成表现类型、精神的自我表现类型。"自然—印象表现类型从大量地观察自然界的多种多样的变化着手，现实地把观察结果再现出来，丝毫不掺杂自我情感的表现……知性—构成类型则善于把握一个物体的内在结构，努力地理解一切，将一切按顺序列好，把形态还原为几何形加以组织；精神—自我表现类型则充分依靠自己的直觉和主观感情进行造型活动，而忽视那些构成分析性的造型。"③ 教师的责任则是因人而异地予以引导，保护和鼓励每个学生的主观才能，使他们将来专业化的造型活动与个人的才华与志趣结合在一起。伊顿的这种教学思想与格罗庇乌斯制定的教学大纲是一致的，格罗庇乌斯在1923年总结包豪斯初期经验时也认为设计与生产工艺技术的结合，是"要求脑力与体力条件的训练达到平衡的全面发展"④。

---

　　① ［瑞士］约翰·伊顿：《包豪斯基础课程及其发展——造型与形式构成》，曾雪梅、周至禹译，天津人民美术出版社1990年版，第11页。
　　② 同上书，第14页。
　　③ 同上书，第106页。
　　④ 同上书，第148页。

图 3.5　伊顿，1920 年。

　　约翰尼斯·伊顿的艺术探索并不局限在抽象主义绘画，他对于艺术的开放观念使他时常把抽象研究同具象事物的抽象化体现结合起来，致力于色彩与形态的研究，并把这种研究贯穿到他的教学训练中。伊顿作为一个严肃的艺术家，并没有把传统再现写实艺术一概否定，相反，他在理论和实践中都注重两者的互补关系。伊顿的基础课程主要包含了以下特征：首先是创立了以平面、立体和色彩构成为核心内容的设计基础训练模式，让学生从熟悉和掌握材料开始，了解设计的基本元素和要求。其次，建立了以绘画作品分析研究构图、色彩规律的设计学习方法，从绘画中提炼和推衍设计造型的各种可能性，从而有效地训练学生观察、分析和创造的能力。再次是将科学的色彩理论引入教学，把科学理性与感性直觉经验结合起来，使色彩艺术成为可教可学的一门设计基础教学内容。不过，与工程技术人员对科学理性的理解不同，伊顿的教学把个性、禀赋、精神与技能、知识的结合看做是避免艺术家在与工业生产结合过程中走向单向度、工具化的重要原则，把科学技术背景下的设计或艺术造型韵律及其精神意义，同自然中的节奏现象以及人本身的身心活动中的节奏现象联系起来，甚至把他对古波斯的"拜火教"和"原始基督教"的信仰及其修炼方法也传输给学生，在学员上课之前以精神冥想、静坐、唱歌、肢体放松、呼吸调整，甚至绝食等形式集中精力，认为"我们改造自然的自然科学研究与技术必须同内省的东方精神文化取得平衡"①。

　　保罗·克利在1921年1月16日写给妻子的信中，曾描述过伊顿上课时的景象："伊顿徐徐漫步了一周，然后面对画架上一块钉着一叠素描纸的画板站住。他手握木炭，摆好姿势，凝神运气，突然连续迅速地挥动了两笔，在画纸上显现出两根平行的强劲有力的线条。然后，命令学生如法炮制。伊顿检查学生作画，让每个学生确实做做看，并纠正他们的姿势。同时，他命令全体学生按照他的节奏做同样的练习。这可以看做宛如是为了使机械有感情地产生作用的训练，一种类似于健身按摩式的运动。接着，他以同样的方法，再画出其他造型要素的形态（三角形、圆形、螺旋形），让学生模仿，并反复阐述描绘的理由及表现方法。然后，他对于'风'又做了一些说明，命令几个学生站出来，表现他们对于'风'和'风暴'的感觉。随后，伊顿给学生们制订出表现风暴这一课题，给予十分钟的创作时间，接着检查作品，进行讲评。讲评之后，继续进行创作。就这样，素描纸被一张接一张地撕下丢在地板上。许多学生用尽全力，一次就用完几张素描纸。直至全体学生有些疲惫时，伊顿才让他们将这一课题带回家去继续练习。"②

　　总之，如果说包豪斯对现代设计教育最大的贡献是基础课程，那么对包豪斯基础课程的构建起到关键作用的则是约翰尼斯·伊顿，他的创作和教学实践"为现代造型艺术——尤其是抽象艺术——的教学体系铺下了一块基石"③。在卡梅尔·亚瑟编著的《包豪斯》一书中也称伊顿的基础课程教学思想是包豪斯"学校教育结构的精髓，而且从那时起就被公认

---

　　①　［瑞士］约翰·伊顿：《包豪斯基础课程及其发展——造型与形式构成》，曾雪梅、周至禹译，天津人民美术出版社1990年版，第16页。

　　②　［日］利光功：《包豪斯——现代工业设计运动的摇篮》，刘树信译，轻工业出版社，1988年版，第41页。

　　③　同上书，第146页。

为是'包豪斯方式'"①，此外，据伊顿在其著作《包豪斯基础课程及其发展——造型与形式构成》中所说，伴随着他来到包豪斯的是他在维也纳的 16 名学生②，并且这些人组成了包豪斯第一班学员的核心骨干。

尽管包豪斯当时面临的经济困境以及社会舆论和包豪斯内部关于教学方法的不同意见给伊顿的教学带来了巨大的压力，但伊顿对视觉造型规律性基础上艺术创造"精神性"意义的强调，以及把东方传统精神文化与现代科学技术相结合的独特教学方法充满信心，以至于当他 1922 年 10 月离开包豪斯在柏林创立自己的美术学院时，把在包豪斯开创的"基础课程"延长至两到三年的时间，而不是一个学期。

在 1920—1922 年期间，随后应聘来包豪斯担任形式大师的教师包括奥斯卡·施赖默（Oskar Schlemmer，1888—1943）、乔治·穆希（Georg Muche，1895—?）、罗塔·施赖尔（Lothar Schreyer，1886—1966）、瓦西里·康定斯基（Wassily Kandinsky，1866—1944）、保罗·克利（Paul Klee，1879—1940）等人。

其中奥斯卡·施赖默、乔治·穆希、保罗·克利都是经由伊顿向格罗庇乌斯的推荐应聘到包豪斯任教的。施赖默出生在斯图加特，他和伊顿一样毕业于斯图加特美术学院，是抽象主义艺术家阿道夫·赫尔策尔的弟子，曾经为格罗庇乌斯在德国科隆的建筑设计创作过壁画，并得到格罗庇乌斯的重视，聘请到包豪斯后担任雕塑作坊的形式大师。施赖默热衷于表现主义的抽象绘画，但他对包豪斯影响最大的不是壁画、雕塑，而是在剧场作坊中戏剧舞台方面的设计，施赖默对几何造型、形式构成的研究成为他舞台、服装设计甚至舞蹈动作设计的重要特征。包豪斯剧场作坊的第一任形式大师是罗塔·施赖尔，出身于律师行业，也是一名表现主义画家。施赖尔到包豪斯后主管包豪斯的剧场作坊，但是施赖尔的信仰导致他在包豪斯的时间并不长，"与施赖尔相比，就连伊顿的信仰也显得稀松平常了。施赖尔的信仰极端神秘而玄奥，用在剧场的构想上，就表现为某种原

---

① ［英］卡梅尔·亚瑟：《包豪斯》，颜芳译，中国轻工业出版社 2002 年版，第 10 页。
② 钱竹主编的《包豪斯——大师和学生们》中第 102 页称，随伊顿来到包豪斯的是"威尼斯的 25 名学生"，而约翰·伊顿在其著作《包豪斯基础课程及其发展——造型与形式构成》第 11 页中称"1919 年秋，我在维也纳的十六名学生追随我来到魏玛。这些学生是卡尔·奥贝克……"米歇尔·瑟福著的《克瑙尔抽象绘画词典》的第 208 页中提到伊顿在 1916—1919 年间于维也纳"创立了第一个'伊顿绘画学校'"。本文采信了后两个文献。

图 3.6 *Four Accents*，穆希，1920 年。

教旨主义的伪宗教"。① 1923 年，包豪斯要举办一次展览，施赖尔为此排
演了一出戏《月亮戏剧》（*Mondspiel*），他的同事们却都认为这出戏不知
所云，后来施赖尔就离职了。与施赖尔、伊顿一样，乔治·穆希也是一位
神秘主义者，他的工作主要是辅助伊顿进行基础课程的教学。

————————

① ［英］弗兰克·惠特福德：《包豪斯》，林鹤译，生活·读书·新知三联书店 2001 年版，
第 88 页。

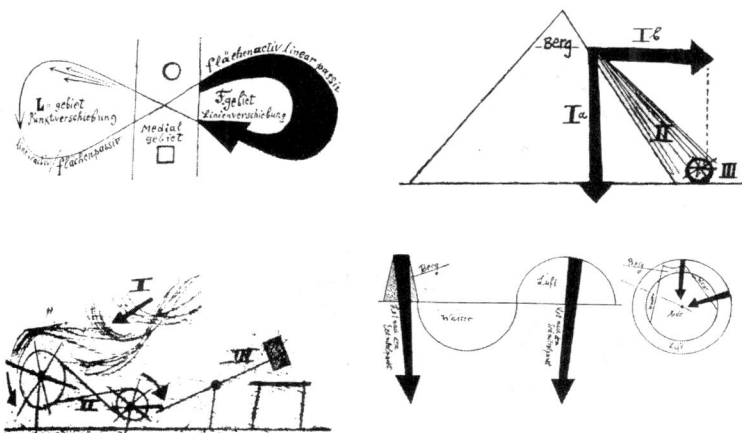

图 3.7 克利的基础课程训练，关于线和面的分析、运动的分析、土地和空气和水的分析。

在这一时期，为包豪斯的建设竭尽心力并卓有成效的优秀教育家是抽象主义画家康定斯基和保罗·克利，他们是整个魏玛包豪斯时期最受尊敬的教师。

克利于 1920 年应聘到包豪斯教学，在他的抽象绘画作品中可以看到象征主义、立体主义、达达主义、超现实主义、德国表现主义等不同的风格，但他并没有按照任何一种流派走下去，而是对他们有选择地扬弃。格罗庇乌斯对克利非常了解，认为他可以启发学生的想象力，而克利的艺术创作不但与当时的政治、社会背景联系起来，认为"个人主义的艺术是资本主义的奢侈品"①，并积极地向包豪斯的教学目标靠拢。在包豪斯期间，他先后负责书籍装帧作坊和彩色玻璃作坊，然后又到纺织作坊担任基础理论课程教学。

关于基础理论教学，克利相信一切自然事物都起源于某些基本的形式，他的教学过程就是对这种形式的思考和揭示（见图 3.7、3.8），方法就是让自然"通过绘画获得新生"，在绘画的过程中提取、揭示自然世界中松散而自治的内在法则："遵循自然的创造方式，遵循形式的构成与功

---

① ［英］弗兰克·惠特福德：《包豪斯》，林鹤译，生活·读书·新知三联书店 2001 年版，第 94 页。

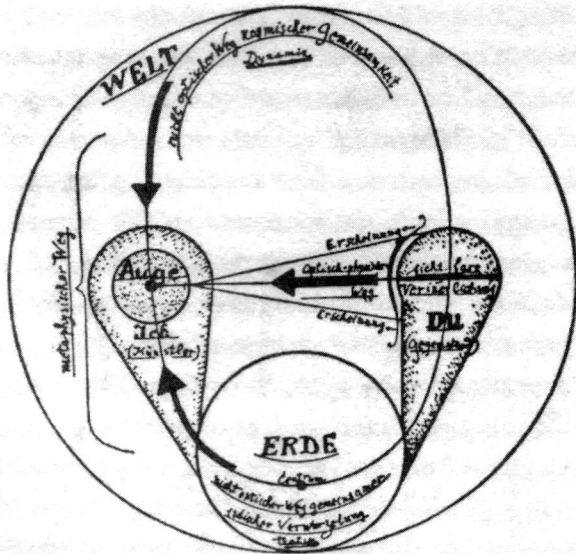

Paul Klee: Paths of nature study. Diagram illustrating the essay **Wege des Naturstudiums,** published in Staatliches Bauhaus Weimar 1919–23.

图 3.8   《自然研究的方法》，克利，1923 年。

能方式。那才配称是好的学派。然后，也许你就可以从自然开始，获得自己的构成结果。甚至于也许有朝一日，你自己就会变得像是自然本身了，你就会开始进行创造。"① 克利认为这样的训练不但可以"把东西塑造得很有承载力，让他们可以到达更远的、远离知觉的向度里"，包括"可以恣意穿越凡间和超凡间的领域"，也可以体现"人类精神能力"，为此，"对于艺术家来说，与大自然的对话是必要的条件。艺术家是人，本身是自然，是自然里的一个自然。"②

克利不但研究分析自然，也对艺术品的规律进行分析研究，然后以一种易记的、图画一样的方式表达出来。虽然学校不鼓励以绘画作为学生学

————————

① ［英］弗兰克·惠特福德：《包豪斯》，林鹤译，生活·读书·新知三联书店 2001 年版，第 95 页。

② ［瑞士］克利：《保罗·克利教学手记》，周群超译，艺术家出版社 1999 年版，第 44—45 页。

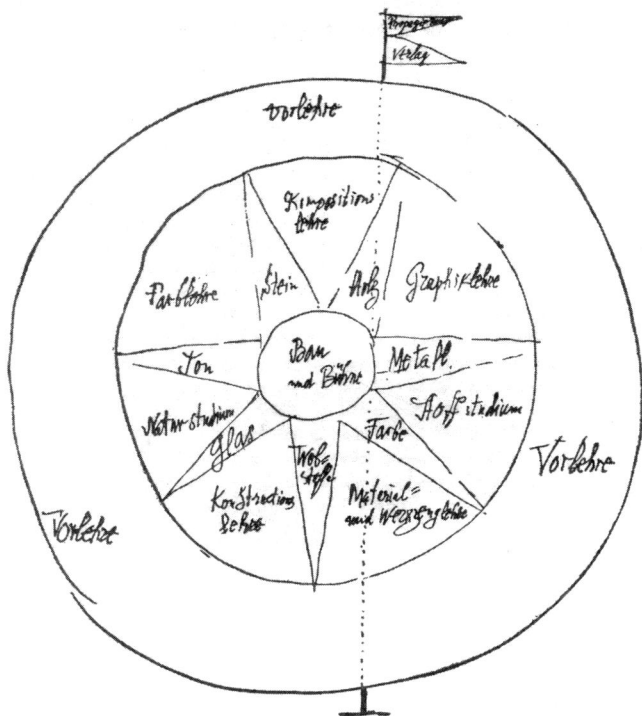

图 3.9　克利关于包豪斯目标和结构的设想，1922 年。

习的最终目的，克利自己也没有这个企图，但他深信只有经过充分的实践，学生们才能领会教师的基本理论原则，事实上，他的教学也经常强调建筑与绘画构成之间的密切关系。

克利的艺术实践领域非常广泛，他在儿童画般直觉本能的艺术创作中，实际上也包含了对彩色矩形、直线或立方体等抽象因素的理性构成研究和试验，且像荷兰"风格派"的构成绘画一样严谨。克利这种既理性、严谨，又直觉本能的神秘表现，创造出了各种充满智慧和心理内涵的图形，也体现出他渴望机械技术与艺术融合的观念。从画面的视觉表现来看，克利绘画中对于色彩的处理不同于"纯粹主义"、"风格派"、"构成主义"绘画中的平面的、平涂的色彩，但是他在绘画中表现出玻璃般透明的构成形式暗示出了现代建筑外表的某种特征，其中蕴含着他对造型、空间、运动和透视的独到探索。也就是说，克利的抽象主义绘画中包含了

图 3.10　《平面建筑》，克利，1923 年。

意外或显见的整体性眼光、外在秩序和内在感受相互融合的愉悦，而且其中蕴含的精神性的因素远远超出物质性的、材料性的因素。克利以积极的眼光看待当时的视觉环境，他的绘画所传达的信息，对于当时的建筑师来说具有特殊的意义，而克利这种机械技术与艺术融合的观念与格罗庇乌斯关于建筑中融合艺术创造性和技术理性的设计思想具有显而易见的联系。对于 20 世纪 20 年代许多抽象艺术家和现代建筑师，甚至许多对他们持批评态度的朋友或团体来说，这种融合是他们共同关注的问题焦点，至少是理论研究层面上共同的反应，他们都有意识地探寻一种可以体现 20 世纪风格的、包含所有视觉艺术在内的、统一的系统美学框架。"对于这种神圣而过于简化的设想，克利是一个预言者。他那些不同风格的、微妙的、含蓄的、敏感的手工制品可以在同一时间制作，针对当时现代建筑中空头

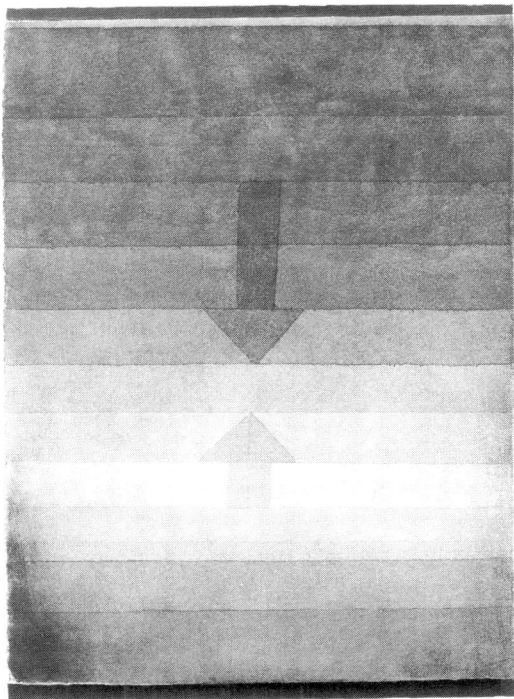

图 3.11　克利基础课程教学中的色彩训练，1922 年。

理论家或实践者假定所有的艺术手法都可以精确地分析并对其功效提供可
靠的预测——即可以变成一个实用科学的分支，他的艺术由此提供了一个
解毒剂或矫正。……是对于现代建筑中极端或过度的机械主义观念的矫
正。"① 与此类似，格罗庇乌斯也强烈反对现代建筑中一统的规范风格，
他对克利的艺术形式和理论思想极为赞赏，而在格罗庇乌斯设计、建造德
绍包豪斯教授住宅期间，面对不同设计师不同的意见和评论，克利也被看
做是格罗庇乌斯"最亲密的盟友"②。

　　克利的色彩理论植根于歌德（Goethe）的理论，并且还借鉴了其他诸

---

　　① Hitchcock, Henry R: *Painting towards Architecture*. New York: Duell, Sloan and Pearce,
1948, p. 72.

　　② 同上。

图 3.12　克利，1925 年。

如朗吉（Runge）、德拉克洛瓦（Delacroix）、康定斯基以及德劳内的理论；他的几何的抽象表现主义既不同于蒙德里安，也不同于康定斯基，是一种基于自然观察和提炼的结果。由于他把绘画创作当成是一种由艺术家的独特精神引起的直觉行动，所以在他没有完全脱离具象自然的画面形象中隐含的精神意味、神秘意味，以及是他在包豪斯期间对视觉形式元素及其组合构成的理性逻辑思考，与蒙德里安和康定斯基的艺术思想具有相通之处。克利在包豪斯的基础理论教学在一定程度上深化和拓展了伊顿的基础课程，他的教学讲义后来编辑成《教学笔记》，与康定斯基的《点、线、面》等著作同为包豪斯造型教育的思想资源。

　　康定斯基与克利一样都属于德国表现主义的艺术家"青骑士"团体，深受抽象主义画家弗朗兹·马尔克的支持和影响，而且由于与冈察洛娃、拉里昂诺夫、马列维奇、塔特林等俄国先锋艺术家和法国抽象主义画家的密切往来，又深受"至上主义"、"构成主义"、"纯粹主义"的影响。康定斯基 1922 年应聘到包豪斯任教后，成为壁画作坊里的"形式大师"（也曾在彩色玻璃作坊、剧场作坊工作过），开设了基础理论课程，和克利交替着讲课。

　　康定斯基 1866 年出生于一个贵族家庭，1886 年进入莫斯科大学攻读经济，后来由于对人种学、法律学以及俄罗斯农民法律史的兴趣，形成了

图 3.13　康定斯基在壁画作坊的教学，1922 年。

他所谓"抽象的能力"①，并受到以色彩见长的法国印象派绘画作品的影响，开始对绘画产生兴趣并一发而不可收拾。在他 30 岁的时候来到了德

———————

① 〔俄〕瓦西里·康定斯基：《康定斯基回忆录》，杨振宇译，浙江文艺出版社 2005 年版，第 25—27 页。书中称包括法律学和人种学在内的丰富的学习训练，让他获得了一种能够将自身融入到物质精粹领域中去的必要天赋，"也即被人称为'抽象'的能力"，并例举了他对于罗马法与俄罗斯农民法之间对比的分析，隐含了他关于"内在需要"、"个体自发性"等在创造活动中的价值判断："较之罗马法，他们（俄罗斯农民）因为对于法律基本问题自由及令人愉悦的解决方法赢得了我深深的敬意和热爱"，他们看重的不是法律的僵硬代码，"而是一种特别的自由和可塑形式，它不是外在的，而是只由内在决定的。"

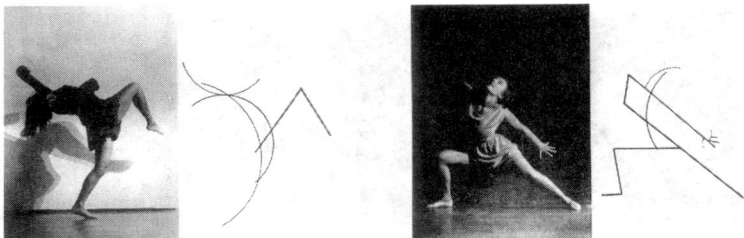

图 3.14 康定斯基在剧场作坊所作的动态分析作品，1926 年。

国慕尼黑皇家美术学院开始学习绘画，1911 年创办了"青骑士"社团，成为德国表现主义的重要成员，并逐步走上了抽象主义绘画的道路。康定斯基擅长分析与思辨的能力，他的艺术理论也充满了哲学的思考。康定斯基艺术理论的出发点在于质疑传统写实绘画中以再现客观事物为诉求的表现方法，探索绘画本身的元素构成及其在艺术创造中普遍的应用规律，并将绘画建立在科学分析的基础上，致使他的艺术理论本质上充溢着理性的、逻辑思辨的气息。但是在 1908—1911 年间，康定斯基几乎是踽踽独行，周围满是关于疯子、骗子的冷嘲热讽，期间弗朗兹·马尔克第一个向他伸出了援助之手，帮他联系出版社和代理人，他的作品也逐渐得到了赞美的声音，销售随之看好。

康定斯基能够来到包豪斯从事教学工作，离不开他抽象主义绘画理论中关于色彩共鸣、内在需要，以及自发性、精神性、综合性等概念构成的理论体系，以及由此构筑的艺术创作和设计教育思想和方法系统。康定斯基早年对个体自发性与自然自发性之间联系的关注，及其精神价值的思索，奠定了他抽象主义绘画的色彩理论基础。其中，康定斯基对色彩共鸣的关注与伊顿一样，都源于歌德《色彩理论》（*Theory of Colour*，1810）对他的影响，试图揭示色彩形而上的或暗示性的潜能，探寻个体自发性与自然自发性之间的统一性，即色彩的共鸣，这种对色彩共鸣意义的关注使康定斯基自动地产生了由自发性演变而来的抽象主义绘画及其独特的视觉语言。

以对自然的分析与研究为起点，随着对抽象艺术思考的深入，康定斯基进一步提出抽象艺术是某种自我批评的艺术，而且是在与人类其他实践活动或事务的内在联系的层面上才能对自身进行批评，艺术只是普遍的精神性存在的一个组成部分，声称"绘画就像是不同世界雷电般的碰撞，

图 3.15　康定斯基陶瓷装饰设计，1922 年。

图 3.16　粘贴有康定斯基照片的作品《点、线、
面》，施赖默，1928 年。

他们注定要在冲突中创造出新的世界。这个新世界即艺术作品。艺术作品

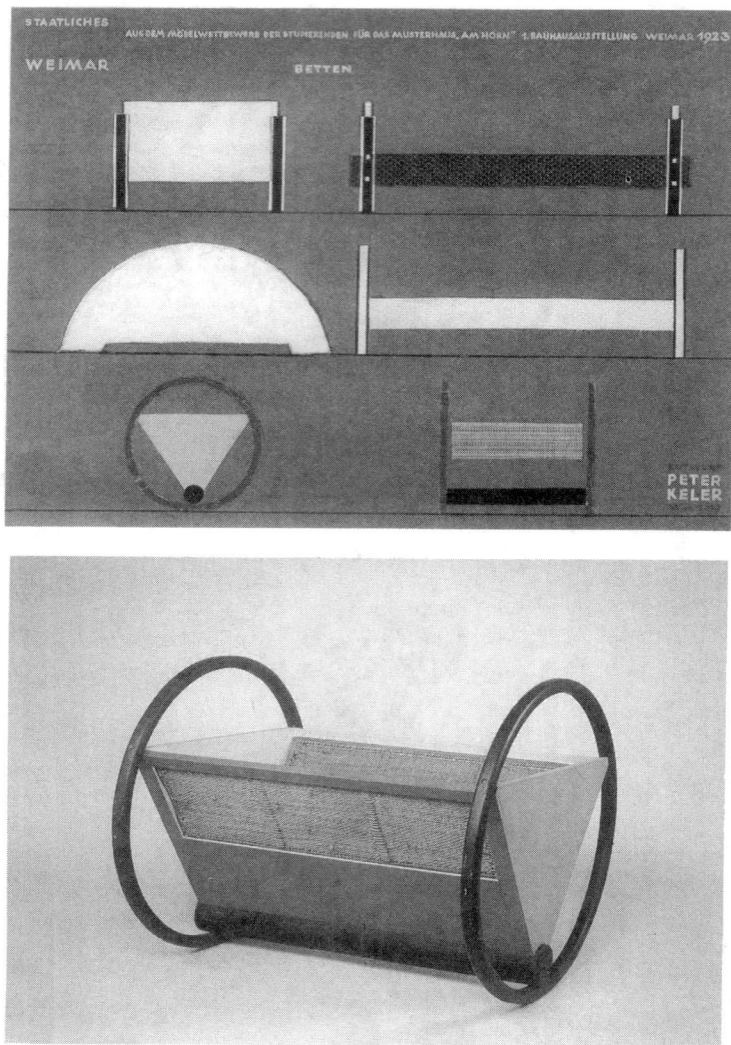

图 3.17　学生彼德·凯勒的摇篮设计，1922 年。

的创造即是世界的创造。"① 尤其是 20 世纪 20 年代参与到俄国"构成主

———————

① ［俄］瓦西里·康定斯基：《康定斯基回忆录》，杨振宇译，浙江文艺出版社 2005 年版，第 97—98 页。

图 3.18 伊顿影响下纺织作坊的学生设计作品，1923 年。

义"运动的时期，康定斯基逐渐意识到他所谓"内在需要"的"艺术世界"和"自然世界"已经渐行渐远，并开始了他关于艺术世界与其他世界之间综合的思考，希望艺术的王国和其他的王国一起"最终构成我们现在只能依稀遥想的伟大王国"①。为此，基于逐渐形成、明确的内在需要，经过反复加工、几乎是带有学究气味的纯粹构图成为他追求的目标，康定斯基开始了几何抽象绘画的试验时期，积极尝试抽象主义绘画与其他艺术活动的综合，创造与宇宙秩序相合的普适性艺术。康定斯基认为优秀的艺术品必须是基于产生共鸣的定律（内在需要的自发性或直觉），严格控制各个要素的搭配与构成，"真正的形式产生于感情和科学的结合"，"我们时代的一个伟大特征在于'艺术科学'这门知识的诞生，它正逐步获得自己应有的地位，它是未来的'通奏低音'（thioughbass），将导致无止境的本质变化和发展。"②

康定斯基 1922 年来到包豪斯后出版的著作《点、线、面》一书，不但有机地延续了之前《论艺术的精神》中的思想，并通过对绘画要素的分析对比研究，找出标准的方法，希望超越艺术的界限，"扩大至'人

---

① ［俄］瓦西里·康定斯基：《康定斯基回忆录》，杨振宇译，浙江文艺出版社 2005 年版，第 121 页。

② ［俄］瓦西里·康定斯基：《论艺术的精神》，查立译，中国社会科学出版社 1987 年版，第 82—83 页。

类'和'神'之间'相统一'的世界里，即概括性的综合境界。"① 康定斯基认为抽象主义实际上也是现实主义的，因为"极端的外部差异，能转变成最大的内在相等"，从而"把我们从虚幻的王国引导到实在的王国"。"今天，表现纯粹构图——揭示我们伟大时代未来的绘画规律的不可抑制的冲动，已经成为一股力量，它迫使艺术家们用各种不同方式来达到一个共同目的。"②

康定斯基发表于 1911 年的《论艺术的精神》里所阐述的理论，曾对伊顿产生了影响，康定斯基和伊顿的艺术观念也很类似，尤其是关于色彩的情感特征和精神性意义的理论。相比而言，康定斯基的理论比伊顿的理论更加精妙细致，加之来到包豪斯后撰写的《点、线、面》一书使得康定斯基更关心如何建立一套基本的视觉语言体系的问题，因此，康定斯基贡献给基础课程的内容，不仅与伊顿先前就已经教给学生们的内容十分契合，而且充实和发展了伊顿开创的基础课程。此外，康定斯基的抽象艺术理论和作品虽然一直遭到部分批评家的批评，但在当时他已是世界著名的抽象艺术家之一，他的著作《论艺术的精神》尽管让许多人不能轻松理解，却也得到了包括包豪斯师生在内的艺术家、设计师的推崇，把它作为抽象绘画和抽象设计造型理论的经典文献。

在基础课程的教学中，基础理论课除伊顿关于色彩和图形的特征性分析教学外，大部分都是克利和康定斯基来讲授，而且他们开的课程都是必修课，其中克利的课一直开到 1931 年，康定斯基的课则一直开到 1933 年，即包豪斯结束的时候；他们的教学笔记或总结都被收录进《包豪斯丛书》，成为包豪斯教学思想和方法的重要组成部分；包豪斯的基础课程不但是当时初入包豪斯学校所有学生的必修课，也成为包豪斯教学思想和方法进一步发展的基础。台湾的包豪斯学者王建柱在《包浩斯——现代设计教育的根源》一书中总结道："这两位大师在格罗庇乌斯的信赖和督促下，分别尝试使用各种方法，从有意识和无意识双方面去分析艺术性创作的基本问题，并寻求出它与所有人类经验的关系。他们这种教学方式不

---

① ［俄］瓦西里·康定斯基：《论艺术的精神》，查立译，中国社会科学出版社 1987 年版，第 103—104 页。

② 同上书，第 83—84 页。

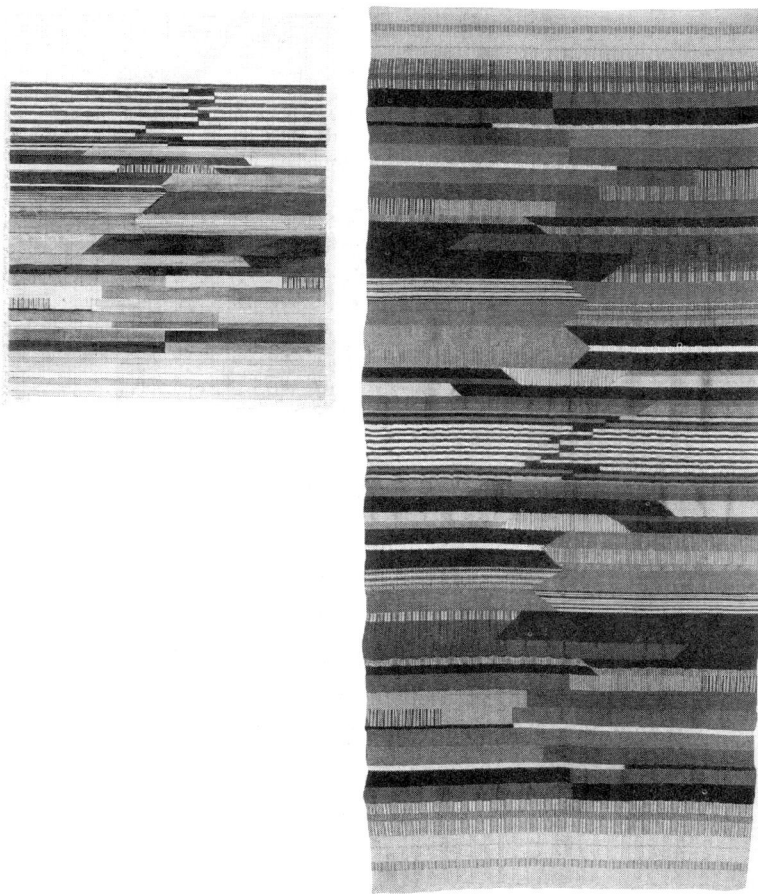

图 3. 19　在克利影响下纺织作坊的学生设计作品，1923 年。

仅为包豪斯教育开辟了先河，而且被奉为 20 世纪设计教育的最高典范。"①

　　伊顿和康定斯基、克利的影响力不仅体现在基础理论教学中，也直接影响到部分作坊的设计生产中。在 1922 年制柜作坊里，彼德·凯勒（Peter Keler）做成了一个"岌岌可危"的摇篮（见图 3.17），其中不但应用

①　王建柱编著：《包浩斯——现代设计教育的根源》，大陆书店 1982 年版，第 64 页。

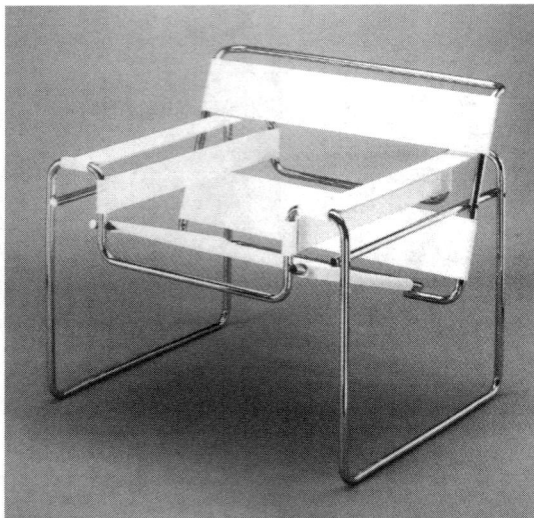

图 3. 20　《瓦西里椅子》，马歇尔·布鲁尔，1925—1926 年。

了伊顿构图教学中要求发掘内在意义的三角形和圆形、方形的组合，在颜色使用上也依据伊顿的理论。与此同时，纺织作坊学生们的创作则直接把伊顿、克利的绘画形式转变为织物图案（见图 3.18、3.19）。学生马歇尔·布鲁尔（Marcel Breuer）接受了伊顿和康定斯基关于色彩和造型的训练，他在后来从事的家具设计中开创了钢管家具的设计实践，并把他第一把钢管椅子命名为"瓦西里"椅子（见图 3.20）作为对瓦西里·康定斯基的纪念，康定斯基的另一名学生赫伯特·拜尔（后来也留在包豪斯任教），也承认康定斯基在壁画设计作坊里的讲课中，"用最广泛多样的材料和技巧来验证了理论经验。在色彩的心理学以及色彩与空间的关系问题上，康定斯基的想法特别能激发起活跃的讨论。"不仅如此，康定斯基的绘画中，"只需要运用一些显然有限的抽象语汇，发挥出来的表现潜力便能达到仿佛无穷无尽的境界——康定斯基对几何形状的精妙运用，极大地影响了包豪斯的设计，尤其是在 1925 年以后。"[1]

----

① ［英］弗兰克·惠特福德：《包豪斯》，林鹤译，生活·读书·新知三联书店 2001 年版，第 102—104 页。

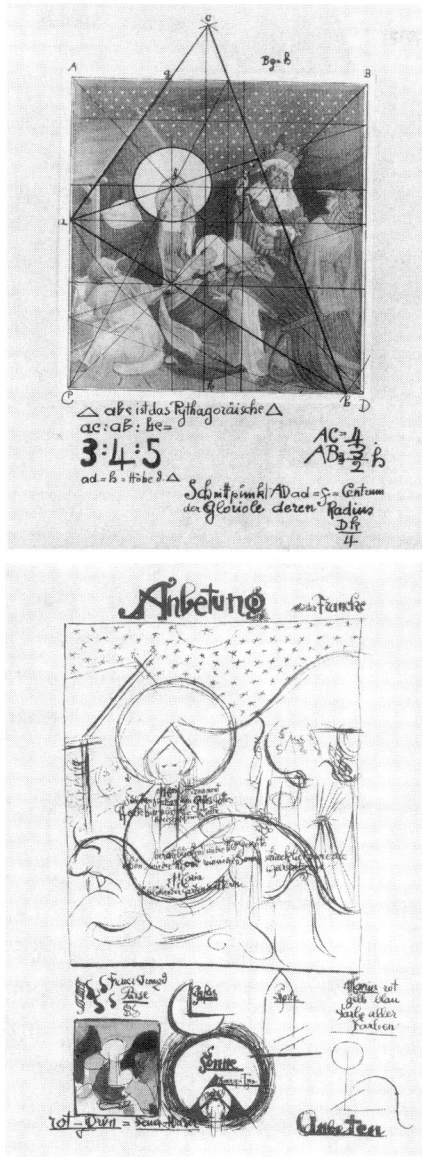

图 3.21 伊顿基础课程训练中对传统
杰作的分析研究，1921 年。

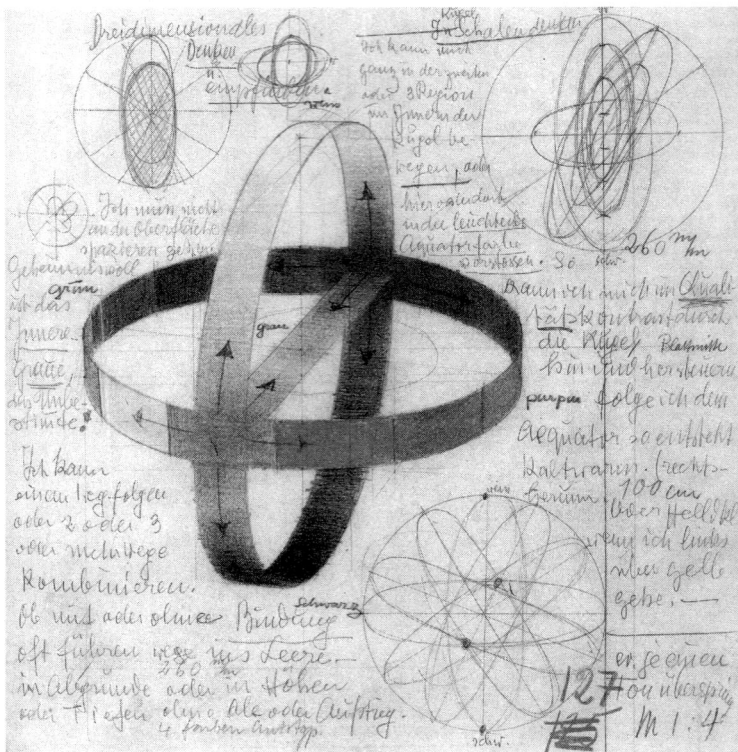

图 3.22　伊顿基础课程训练中的环形色彩空间分析，1919—1920 年。

二　普适性造型语言的探索

由于包豪斯把自己的设计教育实验与改革传统艺术教育体制联系起来，追求"艺术与技术的统一"和对普通社会大众的服务，包豪斯的这种特征不但使之成为开创现代设计的典范，也使得包豪斯基于工业生产技术条件和普通大众的经济条件，探索简洁、普适性的造型语言就成为必然的选择。而在此过程中，伊顿、克利和康定斯基的教学实践发挥了重要的作用。

对于伊顿、克利和康定斯基三位对早期包豪斯具有重要影响的抽象主义画家来说，他们一方面坚持经由各种造型试验与自由的创作，而非仅仅是技术上的训练与培养，这有助于学生创造性能力的培养；另一方面，他

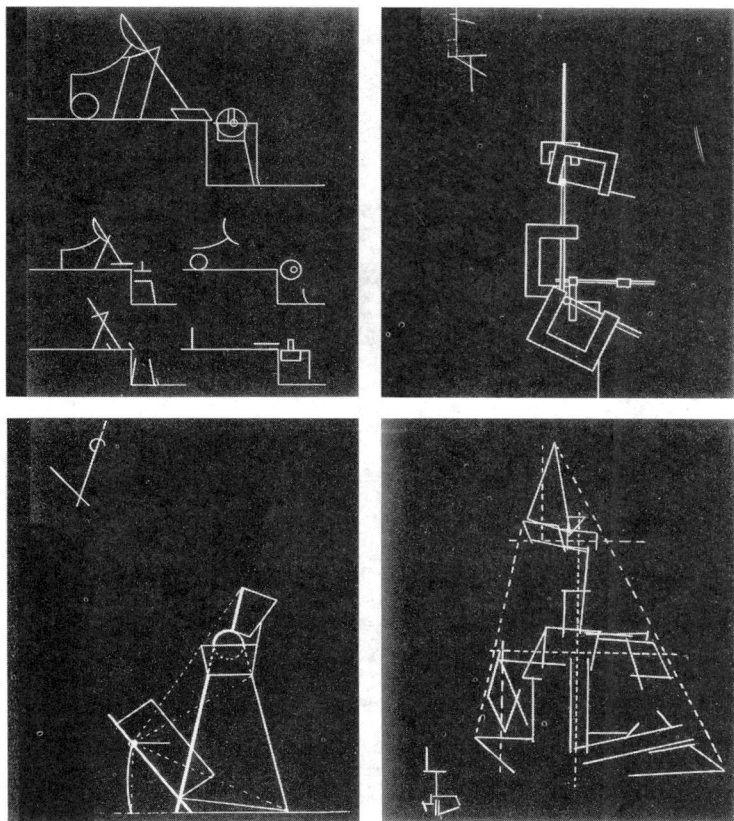

图 3.23　康定斯基课程中的"解析性的绘画"，1926 年。

们积极探索建立一套基本的、具有普遍适用性的造型形式法则，以及这种
法则与建筑、日用产品等功能设计的对应规律。

　　伊顿的教学通过形态与色彩的法则研究，向学生展现了客观世界的造
物规律，他的构成理论也与风格派类似，是关于视觉"对比要素的普遍
性理论"[1]；他通过对古代艺术大师技法的分析研究，培养学生对画面构
成的敏锐观察以及对韵律、质地的灵敏感觉，掌握艺术家关于形态、色彩

---

　　① ［瑞士］约翰·伊顿：《包豪斯基础课程及其发展——造型与形式构成》，曾雪梅、周至
禹译，天津人民美术出版社 1990 年版，第 18 页。

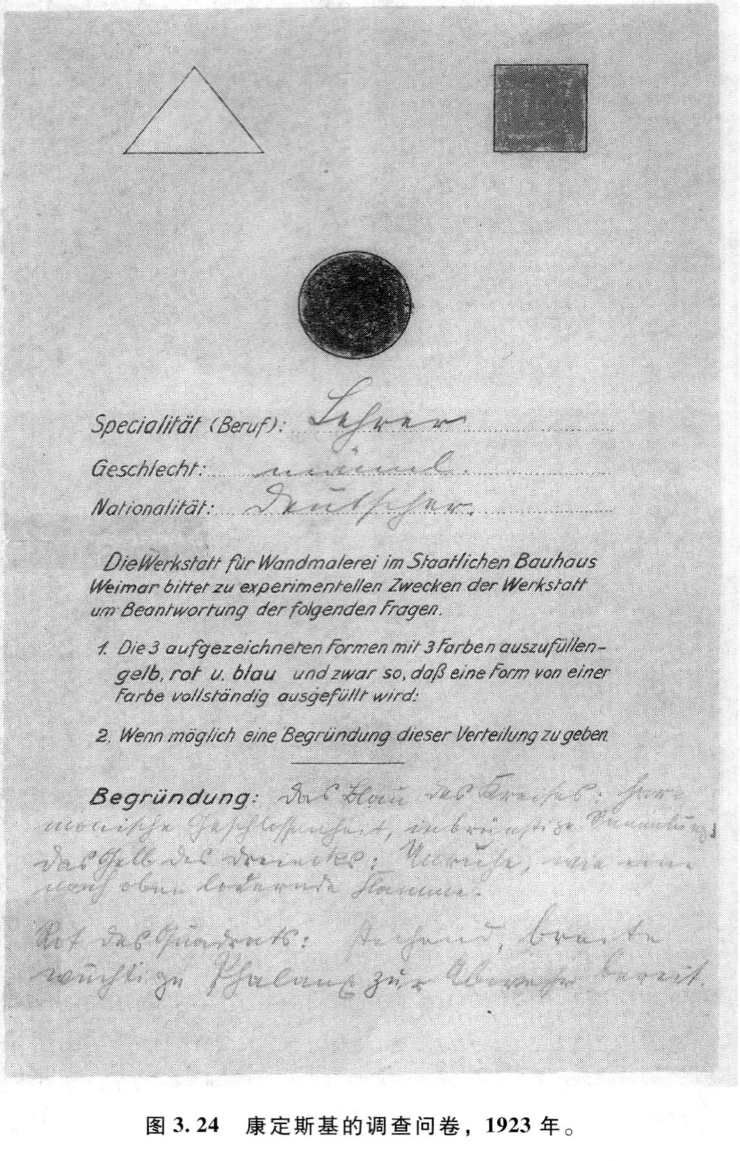

Specialität (Beruf): _Lehrer_

Geschlecht: _männlich_

Nationalität: _Deutscher_

Die Werkstatt für Wandmalerei im Staatlichen Bauhaus Weimar bittet zu experimentellen Zwecken der Werkstatt um Beantwortung der folgenden Fragen.

1. Die 3 aufgezeichneten Formen mit 3 Farben auszufüllen- gelb, rot u. blau und zwar so, daß eine Form von einer Farbe vollständig ausgefüllt wird:

2. Wenn möglich eine Begründung dieser Verteilung zu geben.

Begründung:

图 3.24　康定斯基的调查问卷，1923 年。

的主观与客观原则（见图 3.21、3.22）。特别是克利把直觉和精确研究联系起来，认为直觉不仅加速了精确研究的进程，而且直觉带来的精确是其他方式无法比拟的，也是不可替代的。

　　康定斯基的抽象艺术理论，除了就精神的方面进行论证之外，也强调纯粹构图中理性、意识和目的性的作用，由此涉及对抽象艺术各种元素的理性研究和分析。康定斯基在《点、线、面》一书中对点、线、面等视觉元素展开研究，旨在探寻建立在联想和抽象（心理学的抽象）基础上人们对线、形、色的某些相对稳定的心理反应，分析了这些元素可以引起的心理状态，总结了日常生活中常常为人所忽略的这一类视觉心理学现象，对包豪斯追求普适性设计原则的教育是有意义的。"他在《论艺术的精神》里阐述的全部玄远的哲学，都是在试图为主观经验的表达找出一种客观规律来"①，即认为抽象主义绘画一方面是先验的、直觉的艺术，另一方面又是经历反复推敲的、客观的艺术。为此，康定斯基在教学中借助抽象的"解析性的绘画"（analytical drawing）探讨造型规律和艺术本质（见图 3.23）；对于色彩的应用，康定斯基制作了专门的调查问卷（见图 3.24）来验证自己的色彩理论。尽管有的教师对这种验证的结果表示怀疑②，但对于康定斯基来说，这种普适性造型语言的探索在一定程度上使他的抽象艺术理论"得到科学的阐释"③。

　　康定斯基和格罗庇乌斯都认为适合于批量生产的简约原则对教育学生是极为重要的，为此康定斯基曾提出各种造型的三个基本单位，即圆形、三角形和方形，认为艺术作品的构成就建立在这些基本的构图元素间可变化的关系上。"这些造型基于理性并凭借直觉用方位强调各种视觉元素的

---

　　①　［英］弗兰克·惠特福德：《包豪斯》，林鹤译，生活·读书·新知三联书店 2001 年版，第 99—100 页。

　　②　钱竹编著：《包豪斯——大师和学生们》，陈江峰、李晓隽译，艺术与设计杂志社，2003 年，第 70 页。在奥斯卡·施赖默 1926 年 1 月 3 日致奥托·梅耶·安顿的书信中称："康定斯基曾经组织过一次问卷调查。他在一张纸上印了一个圆形、一个正方形和一个三角形，然后要求被调查者用红、蓝和黄这三种颜色分别为这三个图形上色。我没有参加这次活动。尽管我没有准确的数据，但调查结果大致是：圆形——蓝色、正方形——红色、三角形——黄色。所有学者都把三角形涂成黄色，但却在另两种颜色产生了分歧。无论在何种情况下，我总是下意识地把圆形涂成红色，把正方形涂成蓝色。我不知道康定斯基对此的解释具体如何，其大意是：圆形是宇宙的、吸引人的、阴性的、温和的图形；正方形代表了积极和男子气概。我对此有不同意见：红色的圆形（或球体）在自然界总是以正面的形象出现：火红的太阳、红苹果（或橘子）、杯子里红葡萄酒的剖面。自然界里没有正方形，它是抽象的、甚至是超自然的，蓝色则表现了这一点……"

　　③　翟墨、王瑞廷：《康定斯基论艺》，人民美术出版社 2002 年版，第 26 页。

内在客观联系，他指出设计的过程应是完全理性的过程。"① 康定斯基也承认抽象主义画家实质上是为"最终发展和统一不同的领域而服务的"②，不同的领域包括一般意义上的雕塑、绘画、设计等艺术领域和数学、物理、化学、生理学等科学领域，以及从技术资源和经济因素的角度考虑的工业领域。由此可见，当康定斯基排除了自然、个人情感的因素，专注于视觉艺术造型中产生共鸣的客观规律，他所追求的目标实际上与风格派"基本要素主义"、构成主义"生产艺术"以及包豪斯功能主义设计是具有一致性的，即对普适、客观、永恒规律的追求。差别只是这种普适、客观、永恒规律是来自"神"的启示还是来自科学的试验，在这一方面，康定斯基的观点明显具有折中的倾向，即在借鉴心理学研究、几何学和数学的同时，并没有放弃"人类"和"神"相统一的综合方法。

总之，对于伊顿、克利和康定斯基三位对早期包豪斯具有重要影响的抽象主义画家来说，现代设计不仅仅属于物质创造领域，也属于精神创造领域，因此，希望抽象主义绘画可以作为设计教育中的工具，积极地探索和尝试把直觉的东西条理化，感性的东西理性化，使自发的冲动受清晰思维的检验，从而创造一套基本的，具有普遍适用性的，与建筑、日用产品等功能设计相对应的"国际语言"。其对于包豪斯发展积极的、建设性的意义，正如包豪斯教师伊顿所说："魏玛的包豪斯建校初期这些年，一般被错误地称之为包豪斯的浪漫时期。据我看来，那是普遍探索的年代，一个强烈的社会实践欲望促使全体师生不惧失败，果敢尝试的时期。"③

第二节 理性主义时期

虽然伊顿、克利和康定斯基对普适性造型语言的探索充满了理性的精神，试图探索一种可能的"国际语言"，但是这种理性总不免掺杂着个体的直觉体验和主观的判断，不同程度地带有宗教性或经验性的浪漫主义倾向，与科学的、实证的理性是不同的。尤其是伊顿，他在教学中强调直觉

① ［英］卡梅尔·亚瑟：《包豪斯》，颜芳译，中国轻工业出版社 2002 年版，第 16 页。

② 钱竹编著：《包豪斯——大师和学生们》，陈江峰、李晓隽译，艺术与设计杂志社，2003年，第 70 页。

③ ［瑞士］约翰·伊顿：《包豪斯基础课程及其发展——造型与形式构成》，曾雪梅、周至禹译，天津人民美术出版社 1990 年版，第 16 页。

方法与个性发展，鼓励完全自发和自由的表现，甚至一度用深呼吸和振动练习来开始他的课程，以达到灵感迸发的精力集中状态。这种教学和训练方法，致使许多学生因为过多自由、不切实际的想法和观念而无法立即投入下一阶段的作坊工作，不能独立完成作坊的工作。奥斯卡·施赖默1927年12月7日在致奥托·梅耶的信中描述了格罗庇乌斯与伊顿之间的矛盾："包豪斯正经历着一场危机……伊顿引入了拜火教的教育……厨房（学生食堂）转了向，只做拜火教的伙食了……要吃肉的人只能不靠餐厅另想办法，毕竟有人说他们还得吃肉……还有呢：伊顿已经断然在教学中引入了拜火教的内容……一个特别小组的出现把包豪斯分裂成了两派……伊顿想办法把他的课变成了必修课——此外没有其他的必修课——他控制了那些重要的作坊，并且想要……在包豪斯烙下他的印记……格罗庇乌斯是一个生意人、一个实践家，他的外交手段出色极了。他在包豪斯进行着大量的私人设计业务，接到的委托项目是给一些柏林人设计别墅。柏林和那里的生意能带来委托项目……却不是包豪斯进行活动的首先基地。伊顿对此的批评是对的，他想让学生保持一种安宁的工作状态也是对的。但是，格罗庇乌斯说，我们决不能把自己关进象牙塔，不去接触生活和现实，而伊顿的方法就可能带来这种危险（如果有危险的话），比如说，对作坊里的学生来说，冥想和宗教仪式比工作要重要……伊顿希望培养的天才是在寂静当中形成的，而格罗庇乌斯渴望得到的个性却来自世界的躁动不安（而天才也会随之而来）……一边是东方文化的侵入……另一边是美国风格、技术奇迹、发明创造、大都市……"①

此外，由于学校购置教学设备以及资助部分贫困学生，包豪斯的经济状况也令人担忧。尤其是1924年，在德国右翼势力的煽动下，对艺术教育持保守态度的魏玛普通市民和工业界对包豪斯前卫的教学方式和浪漫的抽象主义风格展开攻击，诽谤包豪斯师生中的无政府主义倾向，而魏玛所在的图林根（Thuringian，也译为色林吉亚）州政府议会也决定削减对包豪斯的补助，宣布不再同教师续签合同，逼迫包豪斯关闭。1924年7月6日，"图林根保护德国文化遗产协会"在《魏玛报》上发表宣言："我们反对让国立包豪斯继续存在下去。我们反对政府把资助拨发给这个机构，

---

① ［英］弗兰克·惠特福德：《包豪斯》，林鹤译，生活·读书·新知三联书店2001年版，第221—222页。

由格罗庇乌斯先生当校长，里面还纠结着现任的这些教员和大师们……根据校长对这个机构的说法，国立包豪斯希望能够把近来日渐相近的领域统一起来：艺术（首先是建筑、绘画和雕塑）、科学（数学、物理学、化学、生物学，诸如此类）以及技术……尽管包豪斯的大师们持有完全相反的论调，但是，不可能从科学的角度来理解艺术，它是最深刻的一种内心体验，这种情感植根于潜意识，植根于人类的本能。我们的健康本能告诉我们，真正的艺术不可能只包括色彩构图，或者是平面填充，或者是技术构造，或者是其他任何一种片面的手法。从魏玛的国立包豪斯举办的展览和发行的出版物当中，我们看到的全是机械把戏、材料运用、色彩效果、扭曲的白痴头像和古怪的人体、精神错乱的涂抹和窘境中的试验，他们全都具有颓废的价值，被包豪斯的校长和大师们戏剧性地吹成了艺术，却缺乏艺术的创造性。他们与真正的艺术毫不相干……如果只是因为政府拒绝支持这个学院，就此断言国家忽视了保护文化、鼓励文化发展，这纯属胡说八道。如同……包豪斯的那种……贫血的、病怏怏的艺术本能……正在助纣为虐地毁灭着我们的文化。我们期待着，现任政府将拒绝向这个'文化机构'提供任何形式的国家资助。"①

　　包豪斯陷入经济困境的另一个原因是设计作品难以得到市场和企业家的认可。包豪斯的经济来源除了政府的资助，另一个主要来源是设计作品方案得到企业家的认可并投入生产、销售后获得相应的回报。但是由于包豪斯前期注重手工艺设计的倾向，致使产品设计虽然在外形上具有简洁的特征，但是在工厂的实际生产、销售中却遇到了困难。例如金工作坊的毕根菲尔德（Wilhem Bagenfeld，1900—1990）在日记中描述了他的作品参加1924年莱比锡博览会后投入工厂生产的情况："（作品）没有成功。厂商和零售商均取笑我的作品。这个表面看起来也许可以用机械技术廉价生产的作品，在事实上却是最费钱的设计。"②

　　包豪斯经济上的困境，加之风格派艺术家杜斯伯格、构成主义者利希茨基先后到包豪斯讲学，对包豪斯这种带有浪漫主义甚至神秘主义倾向的

---

① 　［英］弗兰克·惠特福德：《包豪斯》，林鹤译，生活·读书·新知三联书店2001年版，第223页。

② 　王建柱编著：《包浩斯——现代设计教育的根源》，大陆书店1982年版，第104页。

风格展开抨击①，使得包豪斯面临着经济和舆论的双重压力。包豪斯在发展中所面临的危机，远远超出了格罗庇乌斯最初的设想，并由此开始思考对包豪斯进行重新调整的可能性。格罗庇乌斯希望包豪斯能够成为包容多元思想，并从多样性中创造出一种新的和谐，但是包豪斯的发展状况说明从多样性中创造出和谐来的理想不但没有实现，而且面临着使包豪斯隔绝于现实世界的危险。面对包豪斯的实际发展状况，格罗庇乌斯意识到"这种过度的浪漫主义对我们年轻的学生是危险的"②。包豪斯创建之初格罗庇乌斯抱有的理想主义激情在此时逐渐冷静下来，并对社会经济增长的需求、工业化进程的推进，以及普通大众的日常所需投入更多的关注，由此，科学理性的设计教育方法以及对批量化、标准化的追求在包豪斯的进一步发展中具有了重要的现实意义。格罗庇乌斯也开始对机器和工业生产予以更多的强调。这种转变其实早在 1922 年 2 月 3 日向"形式大师"散发的一份备忘录中就有所体现，在备忘录中他提出"形式的世界肇始于机器，并且与机器相始终"③。在 1923 年 8—9 月的包豪斯第一次展览会期间，格罗庇乌斯发表了"艺术与技术：新的统一"的演讲，标志着包豪斯教育方针的正式转变。这篇演讲的大致内容是："艺术与技术，新的统一！技术不需要艺术，而艺术却大大地需要技术——譬如建筑。由于两者有着本质的不同，因此，不可能将它们囊括在一起。但是，它们共同的创造根据必须由想要树立新建筑思想的人们去探索，去重新辨明。两者统一的手段，是这些人们在手工和技术方面的基础预备教育。此时的手工劳动，不过是为达到目的不可缺少的手段。预备教育结束后即开始专业化。为了按照正确的功能构成某些事物，我们必须追求那些事物的本质，追求本质的原理。其中不仅包括机械学、静力学、光学、声学的法则，还有比例的法则。后者是精神世界的重要条件。为了达到精确无误，我们还必须经常有意识地努力使个人的机遇客观化。然而，艺术作品却将会留下创造

---

　　①　王建柱编著：《包浩斯——现代设计教育的根源》，大陆书店 1982 年版，第 124 页。杜斯伯格在魏玛期间成功地收服了四名包豪斯学生，并批评包豪斯的其他成员"都是些浪漫主义者"。

　　②　Elaine S Hochman：*Bauhaus：Crucible of Modernism*. New York：Fromm International，1997，pp. 135—136.

　　③　［英］弗兰克·惠特福德：《包豪斯》，林鹤译，生活·读书·新知三联书店 2001 年版，第 127 页。

者的手迹。在解决经济方面的问题的过程中，创造者要服从个人的感觉和趣味，选择自己的解决方法……"①

在格罗庇乌斯著的另一篇文章《包豪斯的构想与组织》中进一步明确了包豪斯的发展方向，即为培养适应和满足工业社会学要的新型设计人才，艺术与技术的结合应由手工艺转向机器生产。格罗庇乌斯称："包豪斯将机器作为现代的造型手段，追求与机器的协调一致"，"包豪斯绝不希望是一座手工艺学校，它有意识地寻求与大工业的联系。之所以如此，是因为往日的手工艺已经不复存在了。……今天的手工艺正在不断地与大工业接近，理应逐渐在新的工作统一中互相渗透与溶解。这个工作统一意味着每个人对于全体的共同劳动，并由此使其回复到共同劳动时发自内心的激情。对于共同的建筑作业，这是无条件的前提。在这个工作统一中，未来的手工艺意味着是工业生产的试验部门，进行思辨的实验作业，也就是说，要创造工业生产的标准。"②

基于此，格罗庇乌斯一方面重申手工技艺训练的必要性，认为包豪斯的学生要理解设计活动的全过程，首先必须复兴真正的手工技艺，手工艺教学是为批量生产设计的必要准备，因为手工艺训练有助于操作和支配作为工具的机器；另一方面提醒学生不能把机器和工业拒之门外，否则包豪斯将会失去与外部世界的机器工作方式的联系。至于功能和形式，此时的格罗庇乌斯更加关注大多数人普遍性的、相似的需求和生活秩序，倾向于以标准化的模式构筑合理而经济的住宅设计。格罗庇乌斯认为标准化设计不会限制文化的发展，反而是文化发展的前提，"因为这是社会有序化和更高文明开始的标记……"③

1925 年包豪斯迁离魏玛，选择了更接近政治、经济、文化中心柏林的德绍，而德绍是安哈特（Anhalt）州的工业中心，处于柏林等城市形成的工业带中，应该说也为包豪斯发展适应工业化批量生产的功能主义设计提供了环境之便。

对应于教学思想的转变和地址的变更，关于教师的配置，格罗庇乌斯

---

① ［日］利光功：《包豪斯——现代工业设计运动的摇篮》，刘树信译，轻工业出版社 1988年版，第 67—68 页。

② 同上。

③ 钱竹编著：《包豪斯——大师和学生们》，陈江峰、李晓隽译，艺术与设计杂志社，2003年，第 221 页。

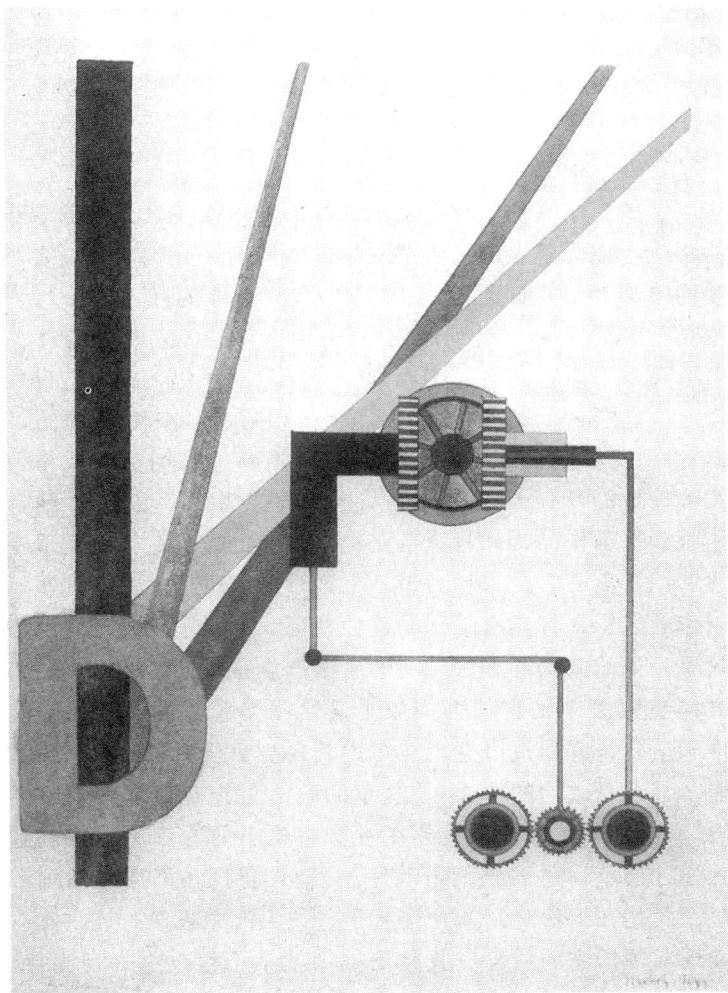

图 3.25　《构成》，莫霍里·纳吉，1921 年。

在 1922 年 10 月以委婉的方式促使伊顿辞职，并着手引进新的教员。在新引进的教员中包括匈牙利抽象主义画家拉兹洛·莫霍里·纳吉（Laszlo Moholy - Nagy, 1895—1946），以及包豪斯毕业生约瑟夫·阿尔伯斯（Josef Albers, 1888—1976）、赫伯特·拜尔（Herbert Bayer, 1900—1987）、马歇尔·布鲁尔（Marcel Breuer, 1902—1981）、欣纳克·谢帕（Hinnerk

Scheper，1897—1957）。其中，拉兹洛·莫霍里·纳吉和约瑟夫·阿尔伯斯在包豪斯的理性主义时期发挥了尤为重要的作用，并集中体现在基础课程的完善和"包豪斯风格"的确立两个方面。

一 基础课程的完善

莫霍里·纳吉受马列维奇至上主义绘画的启发，在德国表现主义和康定斯基的影响下成为坚定的抽象主义画家，同时又是构成主义者塔特林和利希茨基的追随者，并自称为"构成主义者"。他的许多作品与"构成主义者"嘉博、利希茨基、马列维奇十分接近，尤其信奉塔特林关于标准的艺术家应该是一名生产者、工程师，以至于莫霍里·纳吉曾经用电话订制绘画作品，他要做的只是通过电话给工厂制造者一个详细的口头指示（见图3.26）。莫霍里·纳吉的绘画"坚定不移地采用抽象风格，合理运用少数几种简单的几何元素，完全是构成主义者的手法"[1]。纳吉创作了大量的绘画和平面作品，而且全部是绝对抽象的作品，他相信简单结构的力量，并利用平面来表达这种力量。他设计的包豪斯丛书、海报，拍摄的照片和制作的电影，都具有强烈的理性特征，并显示了理性化对设计造成的积极效果。他的立场和方法，在学生中产生很大的影响。

一方面莫霍里·纳吉认为抽象主义绘画是感官的磨石，它能敏锐眼睛、思维和情感，并通过潜意识地运用其自身手段来实现其教育和形成思想的功能，甚至是政治的功能："这里的政治是指有益于某一群体的思想表现方法"，"艺术或许迫切需要用社会生物学的方法去解决问题，其迫切程度犹如社会革命急需整治行动一样。""当我在创作拼贴画和我的抽象作品时，我是在把信息封入一个瓶子，往大海中投送。或许在几十年之后有人发现和领悟它的意思。我相信抽象艺术不仅仅是表现当代的问题，而且还反映出一种合乎需要的、纯粹的未来秩序"，"抽象艺术创造的是新的空间关系、新的形式、新的视觉规律，是基础和根本，与之相对应的是更具有目的性、协作程度更高的人类社会。"[2] 莫霍里·纳吉把构成、

---

① ［英］弗兰克·惠特福德：《包豪斯》，林鹤译，生活·读书·新知三联书店2001年版，第132页。

② ［美］多尔·阿西顿：《二十世纪艺术家论艺术》，米永亮、谷奇译，上海书画出版社1989年版，第6页。

图 3.26　莫霍里·纳吉电话订制的绘画，1922 年。

平衡、经济性等"构成主义"和"风格派"绘画的原则应用和贯彻到教学实践中，拓展了抽象主义绘画在包豪斯基础课程以及在设计实践中的意义。而且与康定斯基、克利、伊顿等人相比，莫霍里·纳吉对抽象主义绘画中"明确的形式关系"在设计造型中的价值有了更为深刻的洞见，而他科学试验性的理性艺术精神也逐渐取代了自 19 世纪以来弥漫在包豪斯中超凡的浪漫主义精神，把带有社会主义倾向的民主思想与功能主义的技术美学相互结合起来。等到伊顿离开包豪斯后，莫霍里·纳吉接手负责基础课程，清除了基础课程教学中的神秘主义、冥思静想以及深呼吸的训练内容，转而强化学生对材料、机器技术的训练和应用。

图 3.27　《A19》，莫霍里·纳吉，1927 年。

　　另一方面，关于抽象主义绘画与设计，莫霍里·纳吉与构成主义中的"生产艺术"者和风格派中的"基本要素主义"者一样，认为绘画并不是他最终的目的，他的绘画更类似于视觉设计造型的创造性试验，通过绘画创作探索新时代的造型语言，并把他们应用到设计实践中才是最终的目的。经历过战争的莫霍里·纳吉强调艺术的社会责任，对处于社会动荡时期作为一位画家的正当性表示怀疑，认为这种艺术创作对个人的满足、对大众的幸福毫无贡献。他曾称自己在大战期间（指第一次世界大战）开始对社会责任有所觉悟，检讨自己在整个社会处于混乱之中跑去画画到底对还是不对。莫霍里·纳吉认为在过去的一百多年当中艺术和生活一直是没有关系的，艺术家放纵自己于艺术创作之中并没有能够对人民大众的幸福带来任何帮助。

莫霍里·纳吉强调自律或独立的绘画艺术已经不再是现代社会的需要，他更多地关注于实践领域的艺术造型探索，包括工业设计、建筑设计、摄影、广告等技能的训练。莫霍里·纳吉认为"绘画这个主体适用某一工具的形式正在消失，换来的则是不断明确的形式关系，他几乎可以超越材料的局限而将课题内容展示得一清二楚"①。正因为如此，莫霍里·纳吉常常将他自己的画作以"反绘画"（Anti‑painting）为题。机器在莫霍里·纳吉的艺术中被当作一种"理性的'现代'形式的比喻"②，而这个世纪的精神就是成为机器的使用者。莫霍里·纳吉认为工业的方法可以用来为艺术的需要服务，他在1923年宣称："我们这个世纪的真实是科技：是机器的发明、建造与维修。作为机器的使用者就应具有这个世纪的精神"。莫霍里·纳吉所谓的这个世纪的精神，基于一个重要的社会原则，即"每个人在机器面前都是平等的，这儿没有阶级意识，每个人都可以是机器的主人或奴隶"③。正因为如此，与伊顿身穿修士一样长袍的装束不同，一身工装的莫霍里·纳吉几乎成为包豪斯风格转变的一个象征（见图3.28）。

莫霍里·纳吉于1923年加盟包豪斯，负责基础课程和金属工艺作坊。在教学实践中，他对材料、肌理、形式、线条、空间的分析，逐渐把包豪斯教学模式引向探索创造力和为现实生活必需服务的试验室模式，其领域涉及所有机器制造的生活用具和大规模的建筑规划。莫霍里·纳吉主张一种"纯理性的艺术"，将"构成主义"的方法和观念带进包豪斯基础课程的训练，强调形式和色彩的客观分析，希望通过这种训练使学生了解如何客观地分析两度空间的构成，进而推广到三度空间的构成上。为此，莫霍里·纳吉与1925年加入包豪斯教师队伍的包豪斯毕业生约瑟夫·阿尔伯斯在知觉方面进行科学试验（其中包括广泛地使用摄影），并极力推崇自

①　［美］多尔·阿西顿：《二十世纪艺术家论艺术》，米永亮、谷奇译，上海书画出版社1989年版，第64页。

②　［英］卡梅尔·亚瑟：《包豪斯》，颜芳译，中国轻工业出版社2002年版，第16页。

③　Anna Moszynska：《抽象艺术》，黄丽娟译，远流出版事业股份有限公司1999年版，第93—94页。

图 3. 28　穿着工装的莫霍里·纳吉，1925 年。

公元前 3 世纪开始发展起来的"静力学"① 理论，认为这是一种比美学原则更能创造出经济节省的工作方式。在他们的努力下，包豪斯基础课教学具有一种更为标准化的特征，逐渐摆脱了表现主义艺术家对个人直觉的依赖，走向了建立在共同认识之上的方法论，对包豪斯的理性主义设计教育的发展起到了至关重要的作用，包豪斯也逐渐变成了发展工业设计并为批量化生产提供标准的试验室，实现了包豪斯教学方法由"经验型"向

---

① 潘永祥、王绵光：《物理学简史》，武汉：湖北教育出版社 1990 年版，第 151—152 页。静力学是力学的一个分支，它主要研究物体在力的作用下处于平衡的规律，以及如何建立各种力系的平衡条件。被誉为"力学之父"的阿基米德是使静力学成为一门真正科学的奠基者，在他的关于平面图形的平衡和重心的著作中，创立了杠杆理论，并且奠定了静力学的主要原理。静力学的研究方法有两种：一种是几何的方法，称为几何静力学或称初等静力学；另一种是分析方法，称为分析静力学。

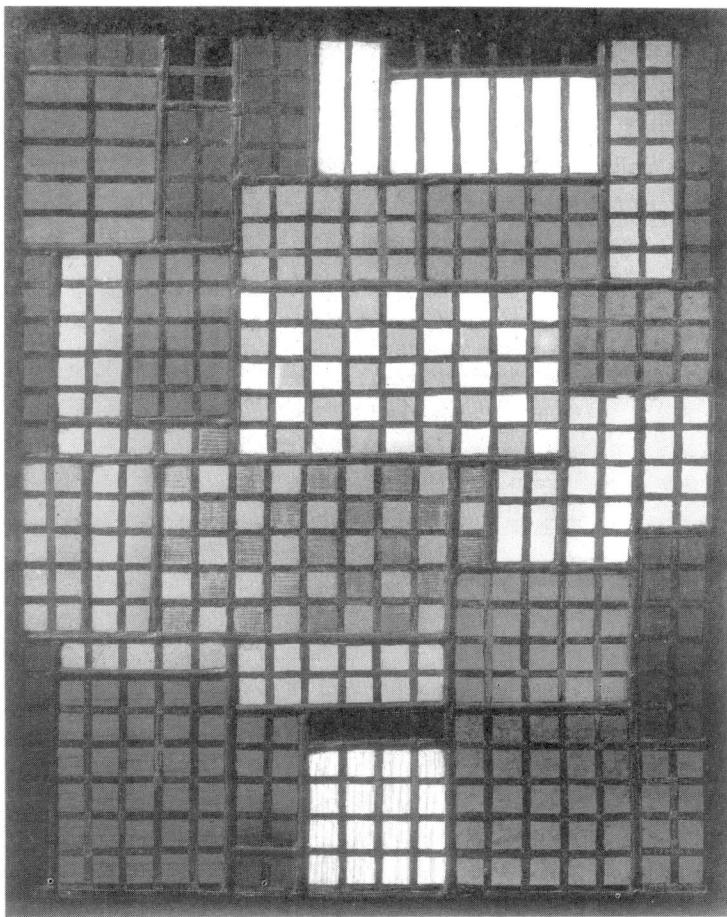

图 3.29　《莱茵河》，约瑟夫·阿尔伯斯，1921 年。

"试验型"的转变①。

　　莫霍里·纳吉的助手约瑟夫·阿尔伯斯 1920 年开始修习伊顿开的基础课程，并痴迷于对材料特性的研究。1925 年留校担任教学工作以来，约瑟夫·阿尔伯斯关注于材料成型时的潜在能力，强化材料研究在

① Gillian Naylor：*The Bauhaus Reassessed*. London：The Herbert Press Limited，1985，p. 144.

基础课程中的作用，并成为抽象主义画家中唯一作为技术大师的包豪斯教师，即包豪斯彩色玻璃作坊的技术大师。在阿尔伯斯的抽象主义绘画作品中，可以看出他对由几种颜色和基本几何形状互相作用及其错觉创造所产生的丰富艺术表现力坚信不疑，并以毕生精力探索颜色的视觉心理和精神的作用。阿尔伯斯认为"艺术就是精神，只有高尚的精神才能赋予艺术在生活中的重要地位"[①]。阿尔伯斯的抽象主义绘画"以极其平静和纯净的手法来追求令人惊异的效果，他的艺术成功地运用了直线几何学的原理，显示了绘画主题的千变万化"[②]。阿尔伯斯的这种抽象主义绘画带有鲜明的试验性特征，旨在探索色彩、空间、造型的过程中通过材料的合理利用，最大限度地减少人力与物力的情况下实现最有效的结果。另外，阿尔伯斯也赋予这种绘画试验在设计教学基础训练中的特殊意义：

> 实验比生产更有价值。实验的初期无拘无束地摆弄会激发人的创造勇气。因此，我们的教学课程不是从理论入门开始学习的，而是直接从材料开始学起的……
>
> 关于材料使用的最常见手段已被很好地总结，因为人经常使用这些材料，这些材料的使用过程也就形成了某些禁忌。举例说，纸张在手工业中使用时，它总是平躺着的，边缘很少被利用。因此，我们试着让纸张立起来，甚至把它变成建筑性的材料——通过纸张反复折叠加固，利用纸张的两边，强调了它的边缘。纸张在常规意义上是被粘贴的，但是我们避免了粘贴的陈旧套路，而是试着拿绳子来绑，用钉子来钉，用线来缝，用铆钉来铆……我们的目标是：与其说要想与众不同，倒不如说我们不想复制或因袭他人。我们就是要试验，训练自己"建设性的思维"……
>
> ……我们的基本出发点是从经济上考虑的。所谓经济就是指用最少的人力与物力，最有效地利用它们，以达到预期的效果。[③]

---

① ［美］米兰达·麦克柯林迪克：《现代主义和抽象艺术》，周光尚、王惠译，广西师范大学出版社 2003 年版，第 4 页。

② ［法］米歇尔·瑟福：《克瑙尔抽象绘画辞典》，王昭仁译，人民美术出版社 1991 年版，第 177 页。

③ Josef Albers：*Concerning Fundamental Design*，Dessau：Bauhaus，1928，pp. 3—7.

图 3.30　《公园》，约瑟夫·阿尔伯斯，1924 年。

　　阿尔伯斯和莫霍里·纳吉希望通过对色彩、空间、结构等造型元素的反复试验，以作为学生进行设计专业学习之前的训练内容。阿尔伯斯和莫霍里·纳吉一样都是理想主义的艺术家，反对艺术高高在上的观念，倡导艺术服务于现实世界，体现时代精神，并相信现代艺术和工业技术能够拯救被第一次世界大战摧毁的社会。阿尔伯斯 1928 年接替莫霍里·纳吉掌管包豪斯基础课程。他通过用玻璃碎片等材料制作的抽象主义绘画，强化、凸显出材料本身的表现力（见图 3.29、3.30）。受莫霍里·纳吉的影响，阿尔伯斯同样把绘画艺术当作是造型研究的途径，探索设计创作的

图 3.31　阿尔伯斯的基础课程教学，1928—1929 年。

"经济性"原则①以及色彩对比的物理学和心理学关系，试图通过最简洁的形式、色彩构成，实现视觉感知和功能绩效的最大化。

莫霍里·纳吉和阿尔伯斯领导下的基础课程（见图 3.33）包括：理论、基础设计和实践工作。其中，担任理论教学的是康定斯基和克利，担任基础设计教学的是莫霍里·纳吉，实践工作是由阿尔伯斯监督负责。即按照 1924 年格罗庇乌斯在《包豪斯的理念与组织》中调整的课程内容，包豪斯的抽象主义画家主要担任的课程以及教学内容是：

康定斯基的色彩理论课：

1. 自然的分析与研究；2. 绘图分析。

保罗·克利的图形理论课：

1. 自然现象的分析；2. 造型、空间、运动和透视的研究。

莫霍里·纳吉的空间构成和构成练习课：

1. 悬体练习；2. 体积空间练习；3. 不同材料结合的平衡练习；

---

① ［德］保尔·福格特：《20 世纪德国艺术》，刘玉民译，上海人民美术出版社 2001 年版，第 244 页。

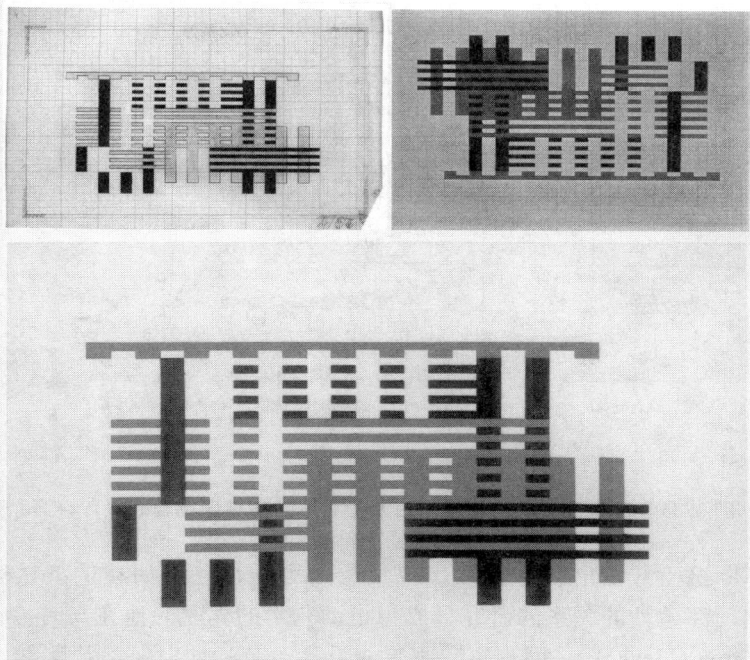

图 3.32　《绿廊》，约瑟夫·阿尔伯斯，1929 年。

4. 结构练习；5. 质感练习；6. 铁丝、木材结合的练习；7. 构成及绘
画。

　　阿尔伯斯的材料分析课：

　　1. 结合练习；2. 纸造型练习；3. 纸切割造型练习；4. 铁板造型
练习；5. 铁丝造型练习；6. 错视练习；7. 玻璃造型练习。

　　在时间安排上，上午的课程大部分是莫霍里·纳吉和阿尔伯斯的基础
设计教学、实践练习，只有每周四和周五由克利讲授图形理论，康定斯基
讲授色彩理论；下午的课程大部分是格罗庇乌斯和其他人的技术绘图课
程。其中，莫霍里·纳吉和阿尔伯斯的课程对所有作坊的学生开放。

　　除了基础课程教学，莫霍里·纳吉在工业设计、印刷设计、摄影、绘
画和雕塑等领域中表现出的创造性在包豪斯也非常引人注目。在基础课程
教学和金工作坊教学之余，莫霍里·纳吉潜心研究各种机器的结构和功

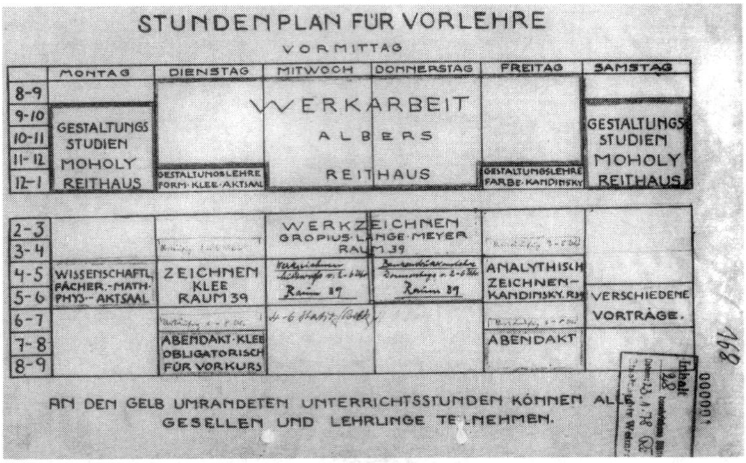

图 3.33　莫霍里·纳吉和阿尔伯斯领导下的基础课课程表，1924 年。

能，不断试验开发出新材料和表现技法的可能性。例如在造型试验中对
光、空间和运动的关系的研究，成为机动艺术的先驱。他在与赫伯特·拜
尔（Herbert Bayer）一同进行印刷版式设计改革的同时，将摄影艺术引入
印刷版面设计，形成了 20 世纪初新的具有丰富表现力的印刷设计风格，
尤其是他对物影照片等视觉传达技法的发明和创造极大地丰富和拓展了平
面设计的语言（见图 3.34）。在金属工艺作坊的教学，纳吉也研究出金属
与玻璃等新型材料之间的结合在工业生产中的可能性，包豪斯许多的经典
工业产品设计都与莫霍里·纳吉的创新试验密不可分。

　　总之，通过莫霍里·纳吉和约瑟夫·阿尔伯斯的努力，改造、完善了
伊顿以来的基础课程，为包豪斯的设计教学奠定了理性主义思想和方法论
的基础，他们所追求的科学理性方法对包豪斯所有的生产领域都产生了深
远的影响，并逐渐在包豪斯的发展中占据了主导地位，尤其是莫霍里·纳
吉，他不但成为包豪斯当时最受爱戴的教师之一，格罗庇乌斯也曾评价莫
霍里·纳吉是"我在建立包豪斯教育阶段中最活跃的同事之一。包豪斯
的许多建树都是他的功绩。"① 包豪斯研究者王建柱在《包浩斯——现代
设计教育的根源》一书中称莫霍里·纳吉"为包豪斯教育理想树立起新

---

① 王建柱编著：《包浩斯——现代设计教育的根源》，大陆书店 1982 年版，第 71 页。

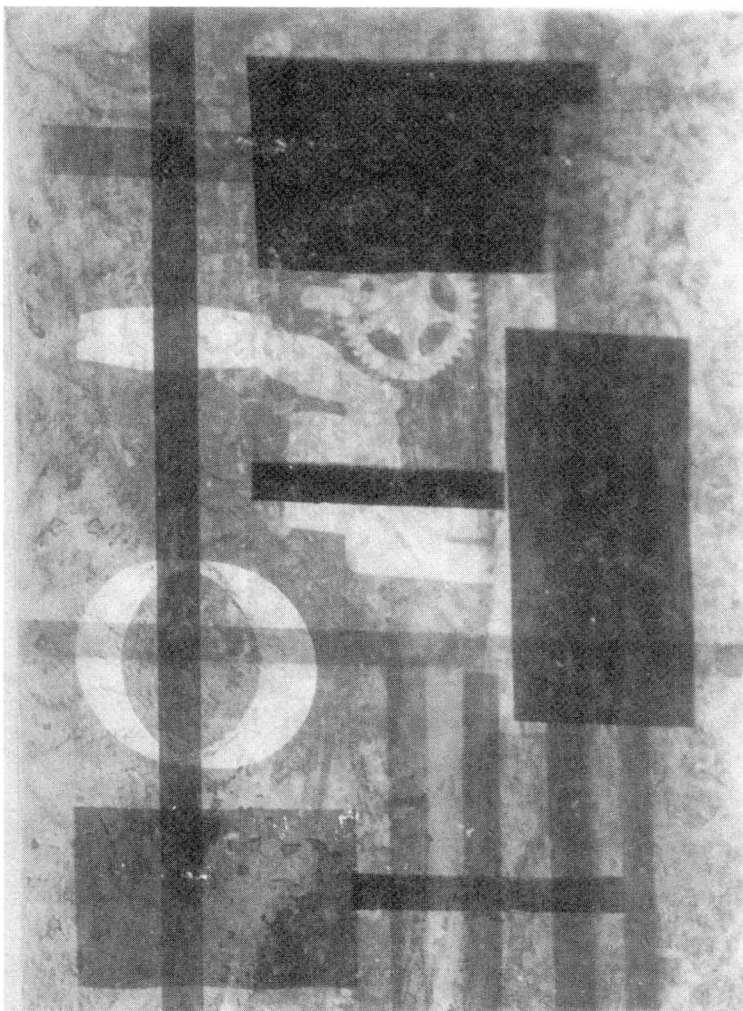

图 3.34　莫霍里·纳吉的物影照片，1922 年。

的里程碑"。①

———————————

① 王建柱编著：《包浩斯——现代设计教育的根源》，大陆书店 1982 年版，第 69 页。

二　"包豪斯风格"的确立

1928 年格罗庇乌斯主动辞去校长职务，先是推荐米斯·凡·德·罗接任校长，但被拒绝，转而推荐了汉斯·迈耶（Hannes Meyer, 1889—1954）。新校长汉斯·迈耶的上任，带来了包豪斯硬边的"生产主义"观念，包豪斯的教学重点进一步向理性和科学技术迈进，强调设计教育依托科学技术为大工业生产服务的性质。

图 3.35　汉斯·迈耶，1924 年。

汉斯·迈耶是一个坚定的马克思主义者，一个德国共产党党员，他对于设计的认识，是基于设计为广大人民服务的基础上的，具有激进的社会主义思想和无产阶级文化立场。不仅如此，汉斯·迈耶在包豪斯活动的初期，就以支持"造型文化的科学方法和生活的标准化"著称，1926 年他在瑞士杂志《工作》发表的《新世界》一文中宣称："我们需要的标准化可以从圆顶硬礼帽盒、卷发、探戈、爵士乐、合作社产品、DIN 标准尺寸等反映出来……工会、合作社、有限公司、企业、卡特尔、托拉斯以及国际联盟都是当今社会集团表现自己的形式，而无线电及轮转印刷机成了通

图 3.36　米斯·凡·德·罗，1933 年。

信的媒介。合作支配了世界。社会支配了个人。"[①] 对于汉斯·迈耶来说，艺术中的种种理论阻碍了设计向着有利于生活的角度发展，甚至"时时处处，艺术都让生活变得让人窒息"[②]。他的设计哲学是："生活不过是氧气＋碳水化合物＋糖＋淀粉＋蛋白质，一切形式都应当以此为标准，建筑是一个生物学的过程而不是审美学的过程。"作为功能主义建筑师的汉斯·迈耶认为建筑体现的是生活理念，设计师不能耽于不切实际的幻想和理想，与设计教学中的直觉训练不同，科学调查是我们能够控制、能够丈量和能够利用的现实，因为"地球上的一切都是具有公式的产品（如功能、时间、经济性等）……由艺术家设计的建筑没有权利和理由存在……"即"设计中不涉及美学因素"，而"造型乃算术之产品"[③]。迈耶

---

① ［美］肯尼斯·弗兰姆普敦：《现代建筑——一部批判的历史》，张钦楠等译，三联书店2004 年版，第 144 页。

② 钱竹编著：《包豪斯——大师和学生们》，陈江峰、李晓隽译，艺术与设计杂志社，2003年，第 245 页。

③ Anna Moszynska：《抽象艺术》，黄丽娟译，远流出版事业股份有限公司 1999 年版，第105 页。

完全站在经济的功能主义立场，反对一切装饰和艺术的作用。汉斯·迈耶强调以经济的方式为大众提供提供低廉的设计产品，进而推崇绝对化的功能效用，抹杀设计造型形式的美学或精神价值，把艺术家的造型与功能对立起来，否定两者之间的任何联系，形成了汉斯·迈耶基本的"反艺术"的功能主义设计立场。为此，汉斯·迈耶进行了教学内容上的改革，把数学、物理、化学等课程作为必修课，一切教学活动的展开都以科学技术和工业生产为目的。

这种改革不但激起了康定斯基和保罗·克利、约瑟夫·阿尔伯斯的敌意，也致使汉斯·迈耶与莫霍里·纳吉之间发生了争执。尽管莫霍里·纳吉追求一种客观、理性的方法从事教学研究，但同时也坚持"构成之精神"，即一种构成主义和功能主义相结合的设计风格，反对极端的功能主义或单纯的机能性设计。莫霍里·纳吉称："我不能继续承受这种专门化、纯客观的及效率性的教学基础——无论是生产性的或者人文性的……在技术课程日渐增多的形式下，只有在我拥有一位技术专家作为助手的条件下我才能续任，但从经济考虑，这是永远不可能的。"[1] 莫霍里·纳吉"把设计当成一种社会活动，一种劳动的过程"[2]，他所追求的理性主义设计，包含了设计中的艺术性规律和精神价值，以及设计活动的社会价值，强调设计的目的是人而不是产品。正因为如此，就在汉斯·迈耶上任的同年，莫霍里·纳吉辞职离开了包豪斯。

1930 年，包豪斯第三任校长米斯·凡·德·罗（Ludwig Mies van der Rohe，1886—1969）上任。米斯·凡·德·罗 1886 年 3 月 27 日出生于德国亚琛（Aachen），1897—1900 年在亚琛读教会学校，1900—1902 年在亚琛的职业学校学习，1902—1907 年在柏林布鲁诺·保罗事务所当学徒，1907 年离开保罗事务所后完成了他的第一个设计工程任务。1908—1911年在彼得·贝伦斯事务所当绘图员，1912 年在海牙为克吕勒住宅进行设计，1912—1914 年在柏林作为独立的建筑设计师开展设计业务。1914—1918 年在军队中服役，1921—1925 年担任"十一月会社"建筑展览会的主持人，1925 年建立"十环学社"（Zehner Ring），1926—1932 年担任德

---

[1]　Anna Moszynska：《抽象艺术》，黄丽娟译，远流出版事业股份有限公司 1999 年版，第 137 页。

[2]　王受之：《世界现代平面设计史》，深圳：新世纪出版社 2000 年版，第 223 页。

意志制造联盟第一副主席，1927 年担任德意志制造联盟在斯图加特魏森霍夫区住宅设计展览会的负责人，1929 年担任西班牙巴塞罗那国际博览会德国馆设计负责人，1930—1933 年担任德绍和柏林包豪斯学校的校长。

在担任包豪斯校长之前，米斯·凡·德·罗一直运用钢和玻璃在设计着外观简洁单纯的功能主义建筑，因此，米斯拒绝把天马行空的玄思和个人化的表达作为创作性建筑的基础，坚持在一种由理性指导的、基于现实的环境下创作。关于形式，米斯一方面强调功能的重要性，例如在 1923 年的一篇文章中曾经说过："我们不考虑形式问题，只管建造问题。形式不是我们工作的目的，它只是结果。形式本身并不成立。"[①] 另一方面也不完全否定形式的意义，他曾就此反问学生："如果你遇到两个孪生姊妹，她们几乎一模一样，同样聪明，同样富有，同样健康，但是一个丑陋，另一个美丽，你会娶哪一个为妻子呢?"[②] 这表现出他对于良好功能和优秀外形同等忠实的立场，或者说，米斯是在满足了功能的前提下，提倡均衡形式与功能的作用。另外，关于时代精神，米斯在一篇名为《建造》的论文中认为：

> 新时代是一个事实：它存在，不论我们承认与否。但与其他任何时代相比，它既不更好，也不更坏。它纯粹是组数据，本身并无价值内容。因此，我们既不尝试给它以定义，也无意图阐明其基本结构。
>
> 让我们不要赋予机械化和标准化它们所不相称的重要性。
>
> 让我们接受经济和社会条件的变更为事实。
>
> 所有这些都将盲目地、命运支配地行动。
>
> 只有一点是决定性的：我们要在环境面前确立自己。
>
> 从这里开始了精神问题，重要的不是问"什么"而是"如何"。我们生产什么产品以及使用什么工具等都是一些并无精神价值的问题。
>
> 从精神角度来看，建摩天楼还是低层建筑，用玻璃还是钢，都无关紧要。
>
> 城市规划是集中还是分散好，这是个实际问题，不是价值问题。

①　奚传绩：《设计艺术经典论著选读》，南京：东南大学出版社 2002 年版，第 217 页。
②　王受之：《世界现代设计史》，中国青年出版社 2002 年版，第 168 页。

然而价值问题是决定的。

我们必须建立新的价值，确定最终目标，这样我们才能制定标准。

对于任何时代——包括新时代——正确而重要的是，给精神以存在的机会。①

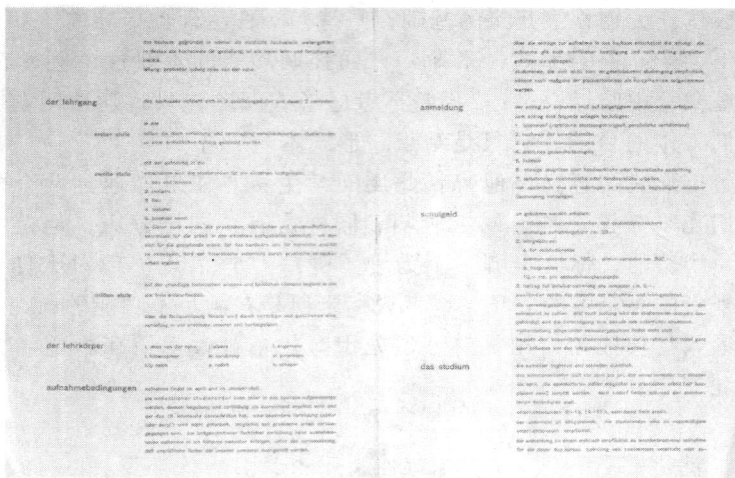

图 3.37   柏林包豪斯教学大纲，1932 年 10 月。

正因为这种精神价值观，很大程度上决定了米斯的功能主义思想融合了对形式意义的关照。当然，他的这种折中思想并没有得到包豪斯学生的理解，相反，当米斯来到包豪斯的时候，学生们对他表现出的是很不友好的态度，甚至要求米斯展示他的作品，以便确定他是否有资格出任包豪斯的新校长。一位学生回忆道："我对于他夸大其词的功能主义早已心生厌烦……我问了他另外一个问题，该问题是在迈耶物质至上的教旨下产生的，我对米斯说，'在建筑中寻找美是否是错误的？'他很迅速地向我保证说我们仍然可以在建筑中努力追求美的事物……"② 应该说，米斯·

---

① ［英］肯尼斯·弗兰姆普敦：《现代建筑——一部批判的历史》，原山等译，中国建筑工业出版社 1988 年版，第 199 页。

② 钱竹编：《包豪斯——大师和学生们》，陈江峰等译，艺术与设计杂志社，2003 年，第 249 页。

凡·德·罗的设计思想和对艺术的态度与汉斯·迈耶相比相对中庸、温和，而且担任校长后尽可能试图恢复包豪斯昔日整体艺术的综合理念。然而，这也许仅仅是表面现象或者是作为新校长的策略，因为他在接替迈耶任校长后致力于学校的非政治化和非意识形态化的同时，也逐步地、最大限度地压缩教学大纲中以抽象艺术为代表的人文主义课程，把建筑的地位凌驾于一切作坊之上，学校也由此划分为两个主要领域：建筑外形的设计和室内设计。包豪斯开始趋向于构建一个单纯的建筑学院，并集中体现在1932年迁往柏林后的包豪斯教学大纲中（见图3.37）。

这种变化的结果之一是保罗·克利于1931年离开包豪斯前往杜塞尔多夫艺术学院，而仍旧留在学校的康定斯基虽然仍担任教职，但几乎无所事事，并与约瑟夫·阿尔伯斯一直坚持到1933年包豪斯的结束。1932年9月米斯告诉康定斯基，他想限制——如果不是完全取消的话——学校里的艺术课，康定斯基的回应是，现代艺术所要求的以及他试图提供的是那些精神因素，"不是壳，而是果仁"[1]。最终，米斯把抽象主义画家在包豪斯教学的主要阵地——基础课程由必修课改为选修课。

1932年受国家社会党控制的德绍市议会决定关闭包豪斯，米斯为了维持学院的存在把学院机构迁往柏林市郊一家废弃的电话制造厂。1933年1月，包豪斯被警察和纳粹特遣队占领，7月20日米斯宣布包豪斯关闭。

从魏玛包豪斯1922年开始的理性主义教学风格随着1925年迁到德绍后的进一步发展，到了1928年，格罗庇乌斯认为包豪斯的"稳定性和发展前途已经有保证了，我就将学校管理工作移交给我的继任……"[2]但包豪斯后来的发展并没有格罗庇乌斯所期望的那样乐观，事实上1928年上任的新校长汉斯·迈耶，不仅强调科学技术和工业生产在包豪斯教学中的重要性，也把激进的社会意识形态带进了包豪斯，由此激起了包豪斯部分师生的不满，并使包豪斯成为了德国右翼势力攻击的目标。而1930年继任的米斯，在学校推行带有集权性质的纯粹功能主义设计，与包豪斯最初

---

① ［美］约翰·拉塞尔：《现代艺术的意义》，常宁生等译，中国人民大学出版社2003年版，第205页。

② ［德］华尔特·格罗比斯：《新建筑与包豪斯》，张似赞译，中国建筑工业出版社1979年版，第44页。

图 3.38　伊顿影响下（推测）的包豪斯纺织设计作品，1923 年。

设想的办学目标"南辕北辙"[1]。因此，1928 年包豪斯的人事变动被看做是"代表着一个黄金时期的结束。年轻杰出的天才布鲁耶（Marcel Breuer，本文中译为马歇尔·布鲁尔）、那基（Laszlo Moholy – Nagy，本文中译为拉兹洛·莫霍里·纳吉）和巴耶（Herbert Bayer，本文中译为赫伯特·拜尔）等人与格罗佩斯（本文中译为格罗庇乌斯）一起离开了狄索（本文中译为德绍）。包豪斯的精英几乎丧失殆尽了……"[2]

---

[1]　[英] 弗兰克·惠特福德：《包豪斯》，林鹤译，生活·读书·新知三联书店 2001 年版，第 208 页。

[2]　王建柱编著：《包浩斯——现代设计教育的根源》，大陆书店 1982 年版，第 132 页。

总之，从 1928 年包豪斯新校长汉斯·迈耶的上任开始，包括 1930 年米斯的继任，包豪斯陷入了来自内部和外部的不满与混乱局面，相比之下，1922—1928 年是包豪斯发展的黄金时期，是包豪斯获得国际性声誉、确立其独特风格的重要时期。

在 1922—1928 年间，包豪斯早期所期待的各专业之间的互相渗透的过程已经初见成效，部分学生选留下来担任了包豪斯作坊的主任，学校的教学逐渐走向了成熟。其中，包豪斯基础课程所取得的成效也得到了包豪斯内外的认可，格罗庇乌斯在《新建筑与包豪斯》一书中称国内、外部分艺术学校和技术学校都采用了包豪斯的课程作为他们的样板①，这种基础课程作为"设计基础"，被看做是古典主义建筑教育向现代主义建筑教育转变的主要标志之一，是包豪斯对现代设计教育影响最大的课程②。尽管当时其他学校也有类似的课程，包豪斯的基础课程却能够脱颖而出，这是因为他的教学质量，"他运用了严格的理性思考，对视觉体验以及艺术创造性的本质进行检验。"③ 此外，这一时期包豪斯与社会企业界、艺术界的交流合作也进一步拓展，许多德国的工业企业"开始采用包豪斯设计的模型进行大规模生产，并争取与我们合作来设计新样品"，"简而言之，包豪斯的智育目标已经充分达到了。"④

在 1926 年，包豪斯在校名里增加了一个称呼以便和其他学校明确区分开来，成为"Hochschule fur Gestaltung"，即"设计学院"。设计学院的教师们改称"教授"，不再被称作"大师"；废除了形式大师、作坊大师双轨并行的体系，即原来每个作坊都采取由一个形式大师和一个作坊大师双重负责的方式改由一位教授负责；训练有素的工匠继续接受聘用，协助作坊里的教学，只是他们不再与教授们享有同等的待遇；包豪斯作坊的形式其实就是我们今天的工作室形式的雏形，它是一种完全开放式的，具备

　　① ［德］华尔特·格罗比斯：《新建筑与包豪斯》，张似赞译，中国建筑工业出版社 1979 年版，第 41 页。
　　② ［美］阿瑟·艾夫兰：《西方艺术教育史》，邢莉、常宁生译，成都：四川人民出版社 2000 年版，第 280 页。
　　③ ［英］弗兰克·惠特福德：《包豪斯》，林鹤译，生活·读书·新知三联书店 2001 年版，第 99—100 页。
　　④ ［德］华尔特·格罗比斯：《新建筑与包豪斯》，张似赞译，中国建筑工业出版社 1979 年版，第 43—44 页。

企业的某种特征和设计公司的基本特征，在硬件设备和环境上符合生产需求，不同的是它又是一个教育的场所，肩负着人才培养的责任。从经济角度上来说，作坊直接服务于大众和工业界，"接触外部世界，防止它变成一座象牙塔，而且还能让学生们充分做好准备去面对现实生活"。[①] 包豪斯作坊里所生产的产品如墙纸、灯具等曾经是当时流行一时的畅销产品，但作坊的设置，明显带有手工艺的色彩。包豪斯的作坊真正走向社会与大工业生产接轨是在德绍时期，作坊逐步摆脱了手工艺的特点走向大工业生产方式。

对于此时包豪斯设计教育的目标，我们或许可以通过1926年格罗庇乌斯撰写的文章作进一步的了解。1926年格罗庇乌斯撰写了《德绍的包豪斯——包豪斯的生产原理》一文，文章称：

> 包豪斯的理想是，以一种融合时代精神的方式，为住宅的发展作出贡献——从最简单的用品直到整个居住建筑。
>
> 包豪斯深信，在家居用品及家具之间，一定有着理性的联系，因此，我们试图通过在形式、技术以及经济领域里进行系统化的理论研究与实践探索，从物品的自然功能与限制因素出发，创造出他们的形式。

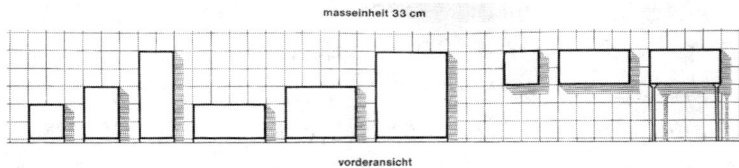

图 3.39　马歇尔·布鲁尔采用模数设计的标准化家具方案，1925 年。

> 现代人身上穿着现代的衣服而不是古装，同样，为了与他本人、与他生活的时代协调一致，他也要住在现代的住宅里，还得配上所有现代的日常用品。
>
> 一件物品的性质是由它的功能所决定的。一个容器、一把椅

---

① [英] 弗兰克·惠特福德：《包豪斯》，林鹤译，生活·读书·新知三联书店 2001 年版，第 12 页。

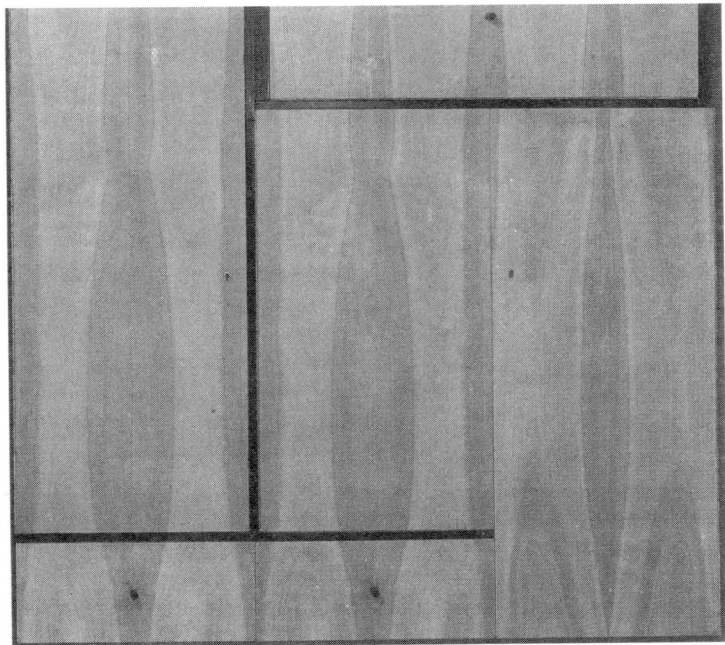

图 3.40　《妇女衣橱》，马歇尔·布鲁尔，1927 年。

子、一幢住宅，要想让它的功能发挥得当，就必须去研究它的本性，因为必须充分满足它的使用目的。换句话说，它必须要有实际的功能。必须廉价、耐用而且"美丽"。深入地研究物品的性质，给我们带来了这样的结论：只有执著地进行思考，专注于利用现代材料，运用现代的所有制造手段和建筑手段，才能创造出好的形式。这些形式与现有的模式完全不同，经常会显得陌生而怪异（比如说，让我们来看看，在采暖设备和照明设备的设计领域里已经发生了怎样的变化）。

　　只有不断地接触先进的技术，接触多种多样的新材料，接触新的建筑方法，个人在进行创作的时候才有可能在物品与历史之间建立起真实的联系，并且从中形成对待设计的一种全新的态度，比如：坚决接受这个充斥着机器和交通工具的生活环境。遵循物品的自身法则，遵循时代的特质，进行有机的设计，避免罗曼蒂克的美化与技巧。只运用老妪能解的基本形式与色彩。在多样性中寻求简洁性，经济地运

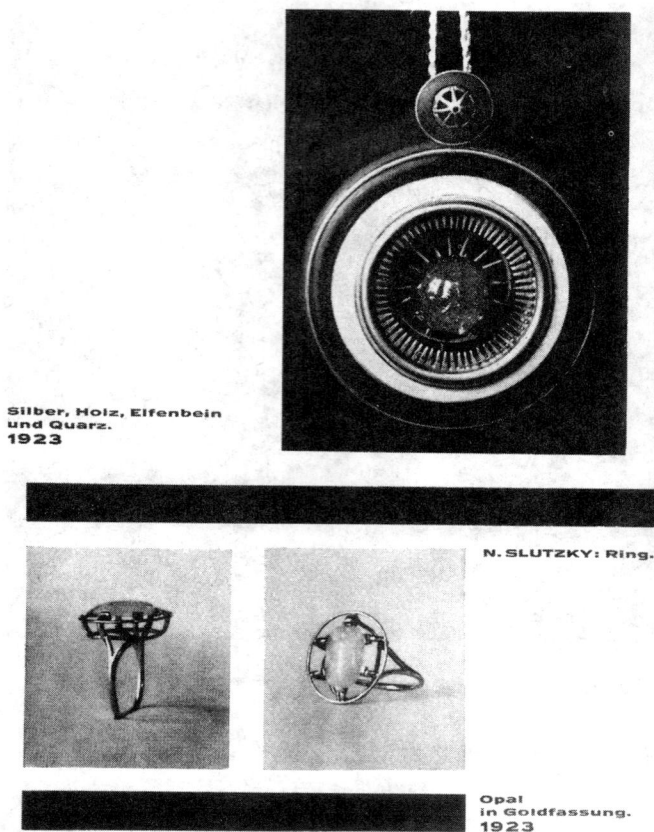

Silber, Holz, Elfenbein
und Quarz.
1923

N. SLUTZKY: Ring.

Opal
in Goldfassung.
1923

图 3.41　在伊顿和莫霍里·纳吉影响下的学生首饰设计作品，1923
　　　　年。

用空间、材料、时间与金钱。为一切日常生活用品创造出标准类型，
这是社会的必要需求。

　　对于大多数人来说，生活的必需要求都是一样的。家、家具和设
备，每个人都需要这些东西，它们的设计更多地牵涉到理智，而比较
不会用激情。机器创造了标准化的类型，借助于机器这种高效手
段——蒸汽机与电机——把人们从体力劳动中解放出来，并且为他们
提供了大批量生产出来的产品，比手工制造出来的产品更为物美价
廉。标准化并不会剥夺人们进行个人选择的机会，因为竞争自然会导

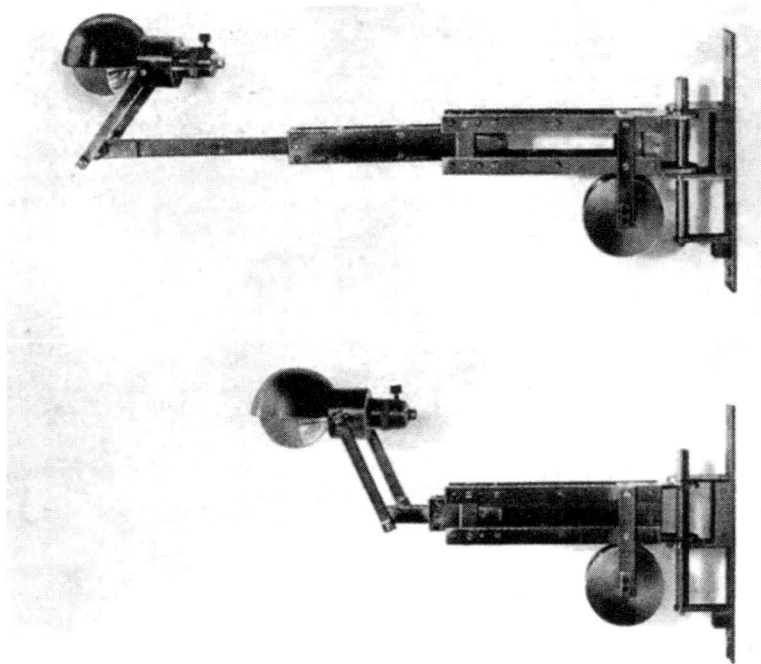

图3.42　莫霍里·纳吉负责金工作坊时的学生的可推拉壁灯设计，1923年。

致许许多多的可替代产品让每个人都能从中自主地选择那些对自己最适合的模式。

　　包豪斯的作坊本质上是一些试验室，在这里，我们研究着适于大批量生产的、具备时代典型特征的设计原型，并且进行着仔细的、不断的改进。包豪斯的意图是，从这些试验室里培养出一代新型的、前所未有的协作者类型来，他们将在工业界和工艺界施展身手，这些领域要求人们，必须了解技术知识和图形知识。

　　要想创造出那种能够满足一切经济需求与形式需求的原型，就要最严格地选择最好的、经过最复杂的训练的头脑，他们要在基本的工作方法上训练有素，对形式设计与机器设计的元素及其构成法则都了如指掌。

　　包豪斯相信，工业与工艺之间的差异，主要并不取决于它们各自

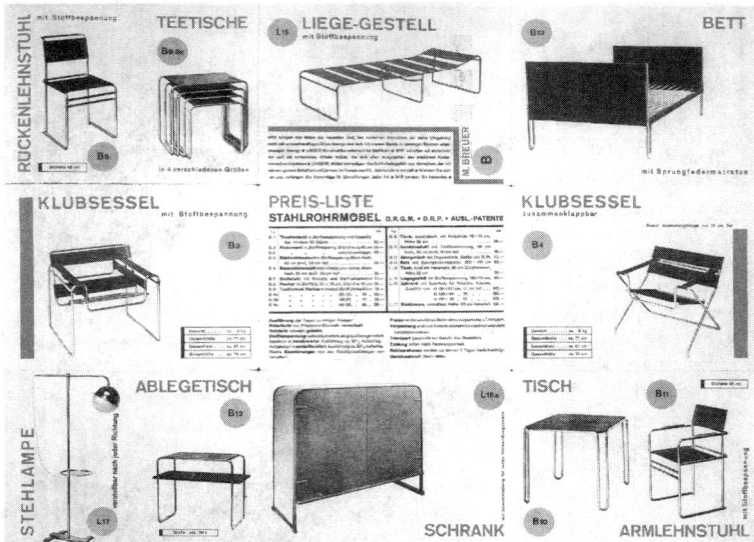

图 3.43　由 Kalman Lengyel 设计的包豪斯标准化家具折页广告传单，1928 年。

使用的工具之间的差异，更主要的原因是，工业中的劳动分工与工艺中的劳动合作就不是一回事。但是，工艺与工业在不断地互相靠拢着。传统的工艺已经发生了变化；未来的工艺将会进行劳动合作，以这种工艺手段，将为工业生产先行制作出试验性的作品。在试验室——作坊里进行试验的结果，将会获得一些模型——为工业生产而设计的模型。

确定的模型将在作坊的协助之下，由外面的工业界进行再生产。

这样一来，包豪斯的产品就不会再和工业界或者工匠们一较长短，它更为它们提供了生长发展的新机遇……①

包豪斯教学培养的目标，也可以用一句话明确概括，即：训练"一种新型的、前所未有的类型，是工业、工艺和建筑业的合作者，能够同时

---

① ［英］弗兰克·惠特福德：《包豪斯》，林鹤译，生活·读书·新知三联书店 2001 年版，第 223—224 页。

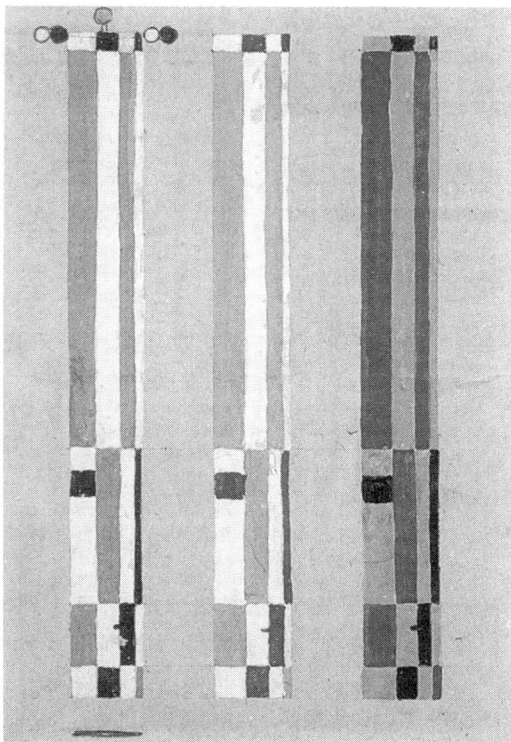

图 3.44 阿尔伯斯设计的包豪斯旗帜，1923 年。

掌握技术以及形式"①。其中所谓"工艺"是指掌握特殊材料的技能，所谓"形式"，主要是指艺术家的造型创造，包豪斯坚信"如果以此作为基础，人们不仅能创造出具有多种用途的形式，而且还能创造出富有表现力的形式。"② 在这一时期中，莫霍里·纳吉、阿尔伯斯和赫伯特·拜尔等年轻的包豪斯教员通过各自的教育实践、理论著作和设计实践，对包豪斯风格的确立、推广发挥了重要的作用，他们不但与伊顿、康定斯基、克利

---

① ［英］弗兰克·惠特福德：《包豪斯》，林鹤译，生活·读书·新知三联书店 2001 年版，第 167 页。

② ［美］阿瑟·艾夫兰：《西方艺术教育史》，邢莉、常宁生译，成都：四川人民出版社 2000 年版，第 283 页。

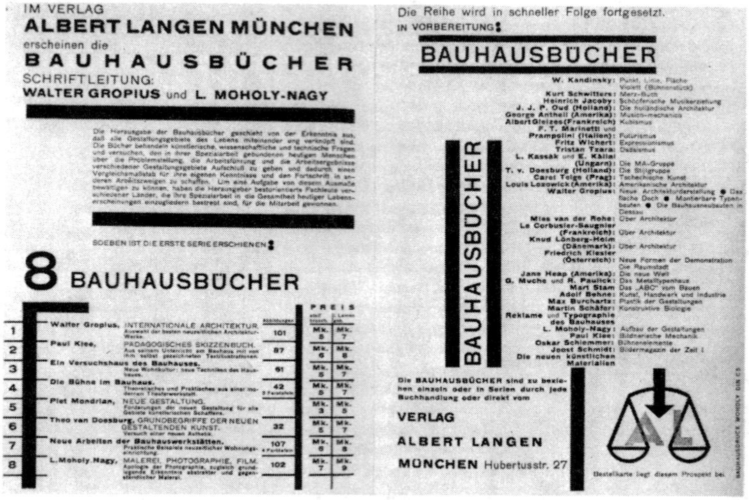

图 3.45　莫霍里·纳吉设计的包豪斯丛书公告，1927 年。

等人共同使得"包豪斯成为了探究依据抽象的造型处理之构图原则的重要国际中心"①。也使得包豪斯自 1923 年起"逐渐成为抽象美术和建筑的一个发展中心"②。"在德绍包豪斯的早年间，是这些青年大师们作出了最大的贡献，创作出了包豪斯的个性以及作品"③，是包豪斯的鼎盛时期。

　　包豪斯的这种个性特征，不仅体现在包豪斯理性的设计教育理念和集体主义精神，以及典范性的课程设置、教学方法上，也体现在包豪斯产品设计中的抽象观念和造型方法上。包豪斯产品的流通及展示扮演了对包豪斯视觉形象进行宣传的角色，也是外界对包豪斯独特个性的视觉识别媒介，并最终在公众心目中形成了所谓的"包豪斯风格"——尽管这并非包豪斯的主观愿望。媒体和公众所谓的"包豪斯风格"让格罗庇乌斯很是沮丧，格罗庇乌斯一直毫不退让地否认所谓的包豪斯风格的存在，并且

---

①　Anna Moszynska：《抽象艺术》，黄丽娟译，远流出版事业股份有限公司 1999 年版，第 93页。

②　[美] 萨拉·柯耐尔：《西方美术风格演变史》，欧阳英、樊小明译，杭州：浙江美术学院出版社 1992 年版，第 211 页。

③　Anna Moszynska：《抽象艺术》，黄丽娟译，远流出版事业股份有限公司 1999 年版，第192 页。

图 3.46　《包豪斯》第一期封面设计，赫伯特·拜尔。

强调，包豪斯并不想发展出一种千人一面的形象特征，它所追求的是一种对创造力的态度，它的目的是要造就多元性。

　　包豪斯的产品包括了建筑设计、陶瓷设计、纺织品设计、家具设计、印刷品设计、首饰设计等不同内容。在 1922—1928 年的理性主义时期中，通过 1923 年 8—9 月间包豪斯第一次教学成果展览会和 1924 年的莱比锡博览会（Leipzig Exhibition），包豪斯教师和学生的设计作品得到了集中展示，并获得了世界性的关注，"显示出包豪斯试图通过艺术的意味（meaningfulness）和机器的效率（efficiency）之间的联合，创造一种全新的、真实的（truly）现代艺术。"[①] 而由全体师生共同参与设计的德绍新校舍及其设施，不但成为包豪斯设计教育理念和集体主义精神的物化呈

---

　　①　Elaine S Hochman：*Bauhaus*：*Crucible of Modernism*. New York：Fromm International，1997，p. 125.

图 3.47　　《报亭设计》，赫伯特·拜尔，1924 年。

现，而且对于格罗庇乌斯来说，昔日的梦想"现在已经成为现实了"。并
且，"这个实际例证，肯定要对外界产生影响。"① 事实也证明德绍包豪斯
的新校舍及其设施设计对于现代设计发展史来说具有里程碑式的意义，是
早期现代主义设计的经典范例。

---

① ［德］华尔特·格罗比斯：《新建筑与包豪斯》，张似赞译，中国建筑工业出版社1979 年
版，第41 页。

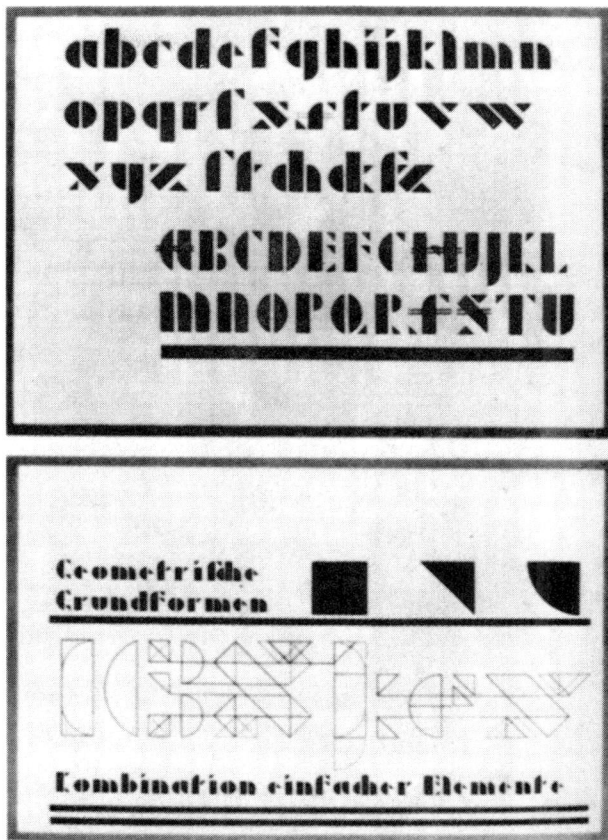

图 3.48　阿尔伯斯小写字体设计，1925 年。

　　与这些固定的建筑和设施以及临时的展览会相比，要是从视觉形象宣传的广泛性和持久性综合来说，包豪斯的各种印刷品设计无疑是最突出的。

　　自 1922—1928 年间，由莫霍里·纳吉、阿尔伯斯、赫伯特·拜尔等年轻的包豪斯教员作为设计者的各种招贴、旗帜广告（见图 3.44）、样品宣传册、书籍和刊物等印刷品的印发传播，不仅使这一时期成为整个包豪斯发展历程中印刷出版最为活跃的时期，也是包豪斯之外的世界了解包豪斯的一个重要窗口。其中，被看做是设计界"20 世纪出版领

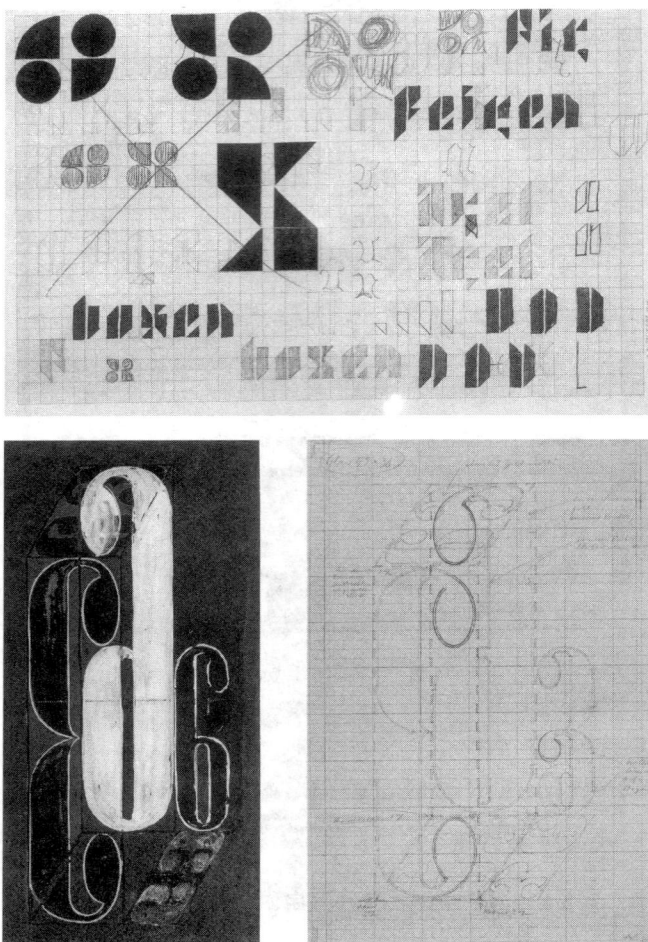

图 3.49　约瑟夫·阿尔伯斯字体研究，1926 年。

域重大成果"① 的《包豪斯丛书》从 1925 年 6 月开始出版，由格罗庇乌斯主编，莫霍里·纳吉设计；1926 年《包豪斯》季刊杂志第一期（见图

---

① Achim Borchardt Hume，ed.：*Albers and Moholy Nagy – From the Bauhaus to the New World*. London：Tate Publishing，2006，p. 70.

图 3.50　赫伯特·拜尔字体设计试验，1926 年。

3.46）出版，其设计工作大多是由赫伯特·拜尔承担，并以季刊的方式持续出版至 1929 年，1931 年又恢复出版。在这些印刷出版设计中，最突出的一个特征就是简洁的小写字体设计，以至于在今天看来，包豪斯"似乎已经变成了只用纯小写字体这个概念的化身。"① 对此，除了阿尔伯斯的小写字体设计（见图 3.48、3.49），赫伯特·拜尔的"字体设计实验"也功不可没。

　　1925 年毕业留校任教的奥地利人赫伯特·拜尔（Herbert Bayer，1900—1987）是一位画家、图形艺术家，也是摄影家、设计师兼印刷专家。他因为受到康定斯基《论艺术的精神》的影响和关于包豪斯传闻的吸引，1921 年来到魏玛包豪斯上学，并受教于康定斯基，着手研究形式与色彩的抽象世界，而他简洁、几何化的字体设计和直线、不对称的构图设计，显示出其受到莫霍里·纳吉和构成主义、风格派理念的深刻影响。赫伯特·拜尔在绘画、插图、广告、招贴、摄影等方面均有极高的造诣，是现代平面设计的奠基人之一，他的设计实践与教学对于包豪斯风格的形

---

① ［英］弗兰克·惠特福德：《包豪斯》，林鹤译，生活·读书·新知三联书店 2001 年版，第 181 页。

图 3.51　赫伯特·拜尔为图林根铸币厂设计的钞票，1923 年。

成也起到了重要的作用。

从 1925—1928 年间，拜尔负责掌管包豪斯的印刷作坊，并在设计教

图 3.52　包豪斯展览时部分德国报刊对包豪斯的报道，1923 年。

学和实践中开始对所有种类的广告技术深感兴趣，比如展台、宣传文案、公司或者产品的印刷广告的设计，以及个性化的形象识别的设计，同时与其他包豪斯教师的设计实践一样，起到了宣传和推广包豪斯个性形象的作用。赫伯特·拜尔在包豪斯印刷作坊改革的目的在于使印刷设计朝向工业化发展要求方向转变，主要包括三个方面：第一，将平面设计的方式由传统的手工艺操作方式转向机器工业方式，提升印刷的效率和质量。第二，

图 3.53 赫伯特·拜尔为美国纽约展览设计的目录册，1938 年。

在印刷的重要环节——文字设计和版式设计上进行革命性的创新试验，确立了包豪斯印刷风格。第三，他与莫霍里·纳吉一道探索摄影在平面设计中的应用，凸显出现代设计中注重明确性、客观性和强化视觉冲击力等特征。

赫伯特·拜尔在教学中与莫霍里·纳吉一样强调解决问题的直接性和

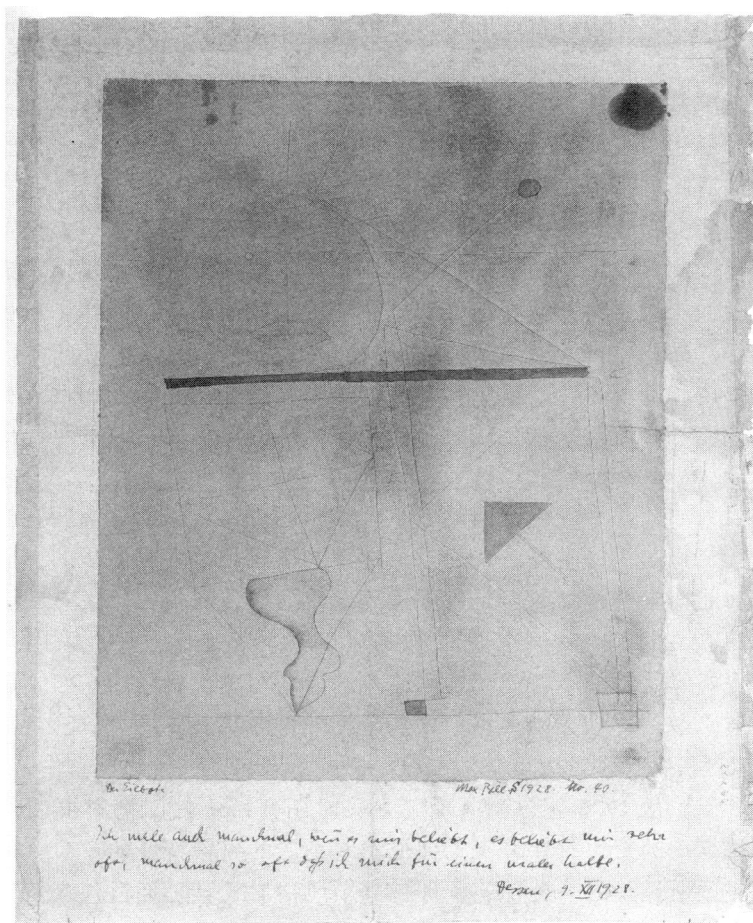

图 3.54　深受伊顿、克利等抽象艺术家的影响的包豪斯学生马克斯·比尔所作的绘画作品《信使》，1928 年。

经济性，并积极从事他所谓的"字体设计试验"（见图 3.50），旨在开创一种"国际风格"。当时许多的德文印刷品都还在用着带衬线的"哥特式"字体，而且德语的正确拼字法要求人们大量运用大写字母：不仅在专用名称上和句子的开头处得用大写，每个名词的第一个字母也得用大写。针对衬线和大写字母，赫伯特·拜尔坚持认为字体设计中的衬线纯属画蛇添足，大写字母也是多余的，理由正是解决问题的直接性和经济性。

例如他为图林根铸币厂设计的钞票（见图 3.51），可以看做是受莫霍里·纳吉理性设计风格影响的典范，也体现了赫伯特·拜尔"创造性和实用性之间寻求某种平衡"的追求目标①。这种印刷技术上的激进主义，一方面在当时遇到了强烈的抵制和批评，另一方面却帮助德绍的包豪斯塑造了一种更加清晰的形象个性。

　　毕业于金工作坊的另一位"青年大师"是毕根菲尔德，他的设计思想也明显受到莫霍里·纳吉的影响。毕根菲尔德在设计中不仅采用造价低廉、易于加工的材料，并在造型形式与实用功能的结合方面作了出色的探索，他将产品设计造型简化浓缩为最简单的立体造型元素：球体、圆柱体、立方体和圆锥体，并赋予其整体的动态美感和功能的实用性。特别是由他设计的各种台灯，被公认为是包豪斯风格的典范之一，甚至部分产品风行至今。

　　正因为如此，尽管包豪斯的教学大纲明确否定包豪斯之前所有的艺术风格，甚至反对风格本身，认为设计造型的形式是艺术家赋予的，而设计作品是功能要求的产物，但是各种报刊媒体的宣传（见图 3.52），往往把包豪斯的个性特征与一种特殊的视觉风格联系起来："凡是采用几何形的、显得好像是功能主义的、运用原色的、利用现代材料的东西，一股脑儿地都被叫做是'包豪斯风格'"，"在大众的想象中，包豪斯已经密切地联系着几乎一切现代的、时髦的东西……"②

　　应该说，从 1922 年包豪斯理性主义时期开始，试图把解决设计问题的方法规范化的努力，在客观上促成了一种新的风格特征的产生，成为大众识别包豪斯设计的一种标志，即包豪斯风格。尤其是通过包豪斯举办的各种展览和来到美国的部分包豪斯师生，包豪斯风格在美国获得了进一步的发展。其中包括 1938 年在美国纽约现代艺术博物馆展出的 *Bauhaus - 1919—1928* 展览（见图 3.53），成为美国了解包豪斯的一次重要展览，并借助美国雄厚的经济实力以及部分包豪斯师生在美国的设计实践和设计教育活动的推动，使得包豪斯风格最终演化、放大为 20 世纪现代主义设

---

　　①　钱竹编：《包豪斯大师和学生们》，陈江峰、李晓隽编译，艺术与设计杂志社，2003 年，第 213 页。

　　②　[英] 弗兰克·惠特福德：《包豪斯》，林鹤译，生活·读书·新知三联书店 2001 年版，第 216 页。

计中的 "国际风格"（International Style，或称 "国际主义风格"）。

美国的现代设计是基于工业文明与消费社会发展起来的，不存在类似欧洲的意识形态领域的革命，不同于包豪斯设计中民主主义倾向和社会主义特征的设计动机和社会背景，这种差异致使美国在吸收借鉴包豪斯设计思想和方法的同时，也逐渐发展出自己的特色，并形成了影响整个世界的"国际风格"。"国际风格"强调简洁、功能，反对装饰，具有高度的理性化、系统化特征。在设计形式上，由于受米斯·凡·德·罗 "少即多"（less is more）的影响，国际风格在 20 世纪 50 年代后期主要呈现为减少主义的特征，甚至为了达到减少主义的形式可以漠视功能的要求。总体来说，设计中的 "国际风格" 虽然源于以包豪斯为代表的欧洲现代设计，但却仅仅在形式上夸大了某些特征，从而带有了为形式而形式的形式主义倾向。或者说，国际风格虽然源于包豪斯但本质上已发生了变异，包豪斯设计中为大众服务的、民主的、带有社会工程意味的理想主义思想，在单纯形式主义的追求下被掩盖了；"少即多" 原来只是达到低造价的一种手段，在 "国际风格" 中却成为形式追求的中心和理论依据，不论是建筑还是工业产品设计，都明显带有简洁、趋同化的特征。借助美国强大的经济影响力，这种设计风格扩大并影响了西方的整个艺术设计领域，变成一场真正意义上的国际风格设计运动。

随着包豪斯的衰落以及最终关闭，包豪斯教师流散到了世界各地。康定斯基流亡到巴黎，加入法国国籍，1944 年去世；莫霍里·纳吉 1928 年离开包豪斯后，曾在柏林从事舞台道具设计和摄影、电影实验，1934 和 1935 年分别在荷兰和英国逗留，1937 年在芝加哥成立了 "新包豪斯"（The New Bauhaus），后来更名为 "芝加哥设计学院"（School of Design in Chicago）；赫伯特·拜尔 1928 年离开包豪斯后至 1938 年间在柏林从事绘画创作，1938 年前往美国纽约从事平面印刷设计和广告设计，并在纽约现代艺术博物馆 1938 年举办的包豪斯展览中发挥了重要的作用；阿尔伯斯 1933 年离开包豪斯后在美国北卡罗来纳州山中的黑山学院（Black Mountain College）创办了一个田园包豪斯（或称乡村包豪斯），并于 1950 年来到耶鲁大学担任艺术部主任，把包豪斯基础课程教学带到了美国；米斯·凡·德·罗于 1938 年到美国后被聘为芝加哥军工学院（Armour Institute in Chicago）建筑系主任，在该学院与莱伊斯学院合并为伊利诺理工学院时，他作为建筑系教授，成为整个新校园 20 幢建筑物的总设计师；

格罗庇乌斯 1928 年离开包豪斯后，先到了英国，然后于 1937 年到美国哈佛大学任建筑系主任，并组建了协和设计事务所。一直坚持艺术对设计的积极意义的格罗庇乌斯到了美国以后，开始对设计艺术在大工业生产、现代经济生活中的意义进行重新思考，对于设计艺术在政治和超越现实的乌托邦方面的理想逐渐淡化，转而更加强调设计与现实生活之间的关系。由于受到包豪斯的影响，美国许多著名的艺术院校一改过去传统的教学体系，以观念和形式训练为主来适应新的发展，一些过去没有设计课程的综合性大学，也开始新设设计课程，为社会提供所需人才。

　　除了以上包豪斯教师的努力外，包豪斯学生也积极推广宣传着包豪斯的教育思想和精神，其中最为典型的要数马克斯·比尔（Max Bill）。第二次世界大战后在德国城市乌尔姆（Ulm）创立的"乌尔姆造型学院"（Hochschule für Gestaltung Ulm），由毕业于包豪斯的学生马克斯·比尔 1954 年出任首位校长。马克斯·比尔深受伊顿、克利等抽象艺术家的影响，以至于乌尔姆最初聘请的许多教师都与包豪斯有密切联系。其中，包豪斯教师约瑟夫·阿尔伯斯在乌尔姆担任客座讲师，约翰尼斯·伊顿和克利的学生 Nonne – Schmidt 担当基础课程教学。尽管乌尔姆造型学院最主要的特征是致力于设计理性主义研究，它的最大贡献是完全把现代设计——包括工业产品设计、建筑设计、室内设计、平面设计等，从以前艺术与技术之间似是而非的摆动立场坚决地、完全地转移到科学技术的基础上来，坚定地从科学技术方向来培养设计人员，但在乌尔姆创建之初几乎全盘采用包豪斯的办学模式，除了教师的聘请，乌尔姆的课程设置和学制方面也与包豪斯保持了密切的联系。在学制方面，乌尔姆学院为四年制本科，第一年是预科，不分专业，所有学生都要在预科学习，类似包豪斯的基础课程，只是乌尔姆造型学院的预科课程是一个领域更宽广的大平台的基础课程，它的课程包括视觉文化导论（设计概念，平面、立体、色彩构成，空间概念，结构等），造型基础（素描、制图、字体、摄影等），包括手工艺技术、机器加工技术的制造技术（在工场中训练加工木材、金属、石膏、塑料、综合材料工艺等），人文教育课程（现代史、艺术、哲学、文化、人类学、形态学、心理学、社会学、政治学等）。二年级到四年级学生开始分专业学习，高年级学生要广泛地参与社会企业的设计项目，在老师的指导下，形成小组团队式的"工作班子"，去解决完成不同的设计项目。

乌尔姆的毕业生有一半去了欧美各国的工厂和设计公司工作，对第二次世界大战后的意大利、美国、英国、法国的建筑与产品设计产生了很大的影响，其他人在德国和欧洲各国的大学任教。在 20 世纪五六十年代，乌尔姆学院成为世界上影响最大的设计院校，成为德国功能主义、新理性主义和系统设计哲学的中心，乌尔姆学院所形成的教育体系至今为止仍然是现代设计教育体系的核心组成部分。

需要补充的一点是，包豪斯设计教育思想对中国设计教育的现代化发展也产生了积极的影响。1942 年在中国上海成立的圣约翰大学建筑系，一开始就引进包豪斯的现代设计教育体系，强调实用、技术、经济和现代美学思想，成为中国早期现代主义建筑的摇篮，开创了中国全面推行现代主义建筑教育的先河。当然，这种教学仍处于探索和试验阶段。之后中国内地一度中断了这种现代设计教育试验，直到 20 世纪 70 年代末 80 年代初，以包豪斯基础课程为原型的"三大构成"教学由香港传入内地，在中国内地的设计教学现代化中扮演了极为重要的角色，并且至今仍然在大多数设有设计专业的院校中作为主要的设计基础课程来学习。

其中，最早接触"三大构成"体系的是 1956 年 5 月 21 日由中华人民共和国国务院正式批准成立的中央工艺美术学院①。1979 年，香港大一艺术设计学院（1970 年成立）院长吕立勋应中央工艺美术学院院长张仃之邀，来到中央工艺美术学院讲授为期一个月的平面设计基础和立体设计基础，即从包豪斯基础课程中发展起来的平面构成和立体构成课程。当时中国内地的设计教育仍然以"工艺美术"教育为主体，起初吕立勋的讲学并没有获得专家们的认可，其中包括曾留学法国的郑可教授和副院长庞薰琹。庞薰琹是我国 1949 年以来工艺美术设计实践和教育的重要奠基人，对中国传统文化的热爱使得他对传统工艺美术——尤其是传统图案艺术的研究具有独到的见解。对于这次吕立勋的教学成果，庞薰琹提出了自己的意见："不要全展出模仿香港老师的作业，应该有我们自己的东西，同学

---

①　中央工艺美术学院是新中国成立后建立的一所中国内地唯一的、专门的设计艺术院校，学院的师资队伍由中央美术学院华东分院实用美术系、中央美术学院实用美术系、清华大学营建系等单位的专业教师及若干名海外归来的专家共同组成。1999 年 11 月 20 日，中央工艺美术学院并入清华大学，更名为清华大学美术学院。

自己创作的东西。"① 在此之后，一方面，通过政府组织的教学研讨会和
各个院校间的学术交流，以及相关著作、教材的出版等形式，基本奠定了
中国以"三大构成"为基础的设计基础教学构架；另一方面，与具有悠
久传统的英国的现代设计教育探索过程一样，在改革与创新的过程需要一
个理性分析和判断的过程，对于"三大构成"本身的质疑、传统工艺美
术的传承问题、"三大构成"的本土化发展，以及其在后工业时代设计教
育中的意义等，始终伴随着"三大构成"的引进、推广的过程。应该说，
尽管包豪斯的基础课程在现代设计教育史中具有重要的意义，但是对包豪
斯的学习和借鉴如果仅仅停留在基础课程教学内容的学习和借鉴上，忽略
了其师资配备、课程衔接、实践教学模式及其背后教育思想体系的研究，
难免会出现问题。尤其是师资配备、课程设置方面的借鉴和研究——基于
中国现实的独立研究，我们还有许多工作要做。

　　总而言之，尽管 1933 年之后曾不断有人尝试复兴或是延续包豪斯的
教育模式，但真正意义上的包豪斯已经成为了历史，并随着包豪斯的关闭
而宣告结束。

　　虽然包豪斯设计教育中的这种抽象造型语言的选择与工业生产技术条
件和功能主义设计观念有密切的联系，不完全是抽象主义画家的影响，但
对于格罗庇乌斯来说，这些画家——不管是表现性的抽象主义画家还是分
析性的构成主义、风格派画家，他们绘画创作中所蕴含的创造力是包豪斯
培养"全能艺术家"不可缺少的组成部分。事实也证明，抽象主义画家
的著作、教学笔记等成为了包豪斯教学思想的重要文献，而随着包豪斯的
发展，格罗庇乌斯所期待的"全能艺术家"不仅培养出来了，并且成为
了促使包豪斯进一步发展的生力军。例如印刷作坊的约瑟夫·阿尔伯斯、
赫伯特·拜尔，制柜作坊的马歇尔·布鲁尔，壁画作坊的欣纳克·谢帕
（Hinnerk Scheper，1897—1957），金工作坊的毕根菲尔德，以及后来担任
"乌尔姆造型学院"首位校长马克斯·比尔等。此外，在包豪斯的发展历
程中，根据《包豪斯宣言》以及格罗庇乌斯的教学指导原则，那些从事
抽象主义绘画的"形式大师"表面上与由工匠构成的"作坊大师"享有

---

① 罗真如：《忆庞先生》，载于《艺术赤子的求索——庞薰琹研究文集》，上海社会科学院
出版社 2003 年版，第 242 页。

平等的地位，但实际上前者的地位远远高于后者，在各个作坊中，"形式大师"的意见居于主导地位，从画家自己到包豪斯之外的艺术家也大都持保守的态度，坚决反对"作坊大师"与艺术家平起平坐，坚持艺术家至高无上的地位。由此，包豪斯的抽象主义画家作为"形式大师"在1928年之前的教学中，几乎是包豪斯教学局面的实际主宰者。他们的教学内容从技法训练到色彩、图形、构成等理论课程，构成了包豪斯教学方法和教学思想的重要组成部分。尤其是他们教授的理论课程，被格罗庇乌斯看做是包豪斯学生从事设计实践的先决条件，"虽然理论对艺术作品来说完全不是一种现成公式，但理论却显然是从事集体设计工作最重要的先决条件。因为自从理论体现了历史积累的非属于个人的经验以来，一个通力合作的坚强集体就能以它为稳固根基，去建树比单独的艺术家个人所能达到的创作上的协调性更为高超的艺术体现"①。

早期抽象主义画家具体对包豪斯的影响，由于画家各自艺术风格的差异，他们对包豪斯的影响也是不同的。其中，在包豪斯浪漫主义时期，伊顿、克利、康定斯基构建了基础课程，而设计院校的基础课至今都以包豪斯基础课为基础的事实，可以看出他们对包豪斯设计教育的积极影响；他们基于直觉判断和经验总结的创造力培养方法，以及对各自"个性化语言"或"地方性语言"的整理、归纳，朝向普适性的国际语法和世界语言的探索和努力，奠定了包豪斯设计教育思想和方法基础。至于抽象主义画家莫霍里·纳吉、阿尔伯斯等人对包豪斯的影响，主要是在包豪斯的理性主义时期，包括对包豪斯基础课程的完善和包豪斯风格的确立等方面的积极贡献。因此，虽然不同的画家对包豪斯设计教育的影响是不同的，但总体上来说，这些抽象主义画家对包豪斯发展的两个主要阶段（浪漫主义和理性主义）都产生积极的影响，而且在很大程度上正是因为这些抽象主义画家的努力，使得包豪斯把抽象造型研究作为"设计基础"的教学方法或设计语言"要素"研究的途径，并把抽象语言所寓含的朴素风格和时代精神、民主意识甚至伦理道德联系起来，使抽象主义绘画视觉语言及其背后的新思想都通过包豪斯的造型教育，转化为现代设计造型活动中对空间、材质等直觉方面新的认识，最终形成了包豪斯从建筑、产品设计到视觉传达设

① ［德］华尔特·格罗比斯：《新建筑与包豪斯》，张似赞译，中国建筑工业出版社1979年版，第31—32页。

计、纺织设计、戏剧设计等在内的新的设计造型观念和方法。

　　需要指出的是，基于设计教育思想的演变，把包豪斯的发展历程划分成"浪漫主义时期"和"理性主义时期"是相对而言的，并不是一个绝对的概念。首先因为对于可能出现的模式化、风格化，是包豪斯所警惕和排斥的，不论是设计教学还是设计实践，追求多样化，反对教条和固定模式始终是包豪斯的一个目标。其次，理性主义者莫霍里·纳吉强调的"构成之精神"相对于极端的功能主义者来说仍然具有浪漫主义倾向，而康定斯基和克利的教学方法及其视觉形态分析论著相对于他们之前的伊顿来说是理性主义的——尽管与莫霍里·纳吉相比还不够彻底。另外，在包豪斯强调机器生产标准化和批量化、精确性的理性主义时期，实际上大多数作坊仍保留着手工为基础的生产方式，而设计作品投入工业批量化生产、进入商业生产阶段的也还是少数①。

　　总之，一方面抽象主义画家的努力和创造性试验，不仅对包豪斯设计教育体系的发展和完善发挥了积极的作用，也通过抽象主义绘画对如何使艺术可教可学，如何使艺术创造实现精神化和物质化等方面作出了有益的探索。另一方面，这些早期抽象主义画家对包豪斯产生影响的过程，也是包豪斯逐渐淡化抽象主义画家作用的过程，其中既包含了类似"构成主义"、"风格派"运动中走向纯粹的抽象主义画家与走向实用的抽象主义画家之间的分歧和矛盾，也包含了画家与建筑师之间的分歧和矛盾。例如，以莫霍里·纳吉为代表的抽象主义画家与伊顿、康定斯基、克利之间不同的教学思想和艺术观念，相当于抽象主义画家中走向纯粹者与走向实用者之间的分歧与矛盾。不过，莫霍里·纳吉以理性主义代替浪漫主义，以及在包豪斯影响力的上升，给康定斯基、克利等人带来的仅仅是一种"危机"②；而汉斯·迈耶和米斯·凡·德·罗上任包豪斯校长后与抽象主义画家之间的对立，则是意在否定抽象主义画家在包豪斯教学中的作用，以至于包括莫霍里·纳吉在内的部分画家先后离开了包豪斯，结束了早期抽象主义画家对包豪斯的直接影响。

---

　　① ［英］卡梅尔·亚瑟：《包豪斯》，颜芳译，中国轻工业出版社 2002 年版，第 18 页。
　　② Anna Moszynska：《抽象艺术》，黄丽娟译，远流出版事业股份有限公司 1999 年版，第 137 页。

第四章　历史与释读

如前文所述，"构成主义"、"风格派"的抽象主义画家，以及包豪斯内部的抽象主义画家，共同构成了早期抽象主义画家对包豪斯的影响，其中不同的画家对包豪斯的影响虽然不同，但却都是包豪斯设计教育发展演变过程中不可缺少的组成部分。对于产生这种现象背后的原因，不同的出发点和角度可能会得出不同的结论，本章试从20世纪初欧洲的文化艺术环境和早期抽象主义画家的艺术理想及其与包豪斯之间的关系三个方面予以分析释读。

第一节　20世纪初欧洲的文化艺术环境

一　20世纪初欧洲先锋艺术中的理想主义思潮

19世纪至20世纪之初的欧洲，由于科学技术的重大发明和新文化思潮对社会生产和社会组织关系的影响，改变了传统的社会面貌，并引发了欧洲国家从社会政治、经济到文化艺术创作等领域的变革。

首先，由于工业革命引发的科学技术革新改变了传统的社会生产和社会组织关系，尽管自19世纪下半叶开始，大多数欧洲人不再受专制君主统治，而是服从立宪君主或共和国总统的权威，但是到了20世纪初的时候，欧洲各工业大国从自由资本主义向帝国主义阶段发展，政治和经济危机加剧，局部战争频繁，加之资本生产的迅猛发展引发西方世界严重的社会矛盾，资本家与工人的对立日趋尖锐。在这种背景下，各种形式的社会党在欧洲纷纷成立，各种新的学说也纷纷出现，而大众媒体的兴起又使得这些新学说的广泛传播成为可能。反映工人与普通大众利益的各种思潮蓬勃兴起，特别是俄国十月革命的成功，不但在1917年成立了世界上第一个无产阶级专政的苏维埃国家，也为谋求劳动者自身解放的各种理想、观念的广泛传播起到了推波助澜的作用。这些不同的理想、观念与民主解放运动共同构成了 20 世纪初期欧洲社会积极探寻变革的氛围。

图 4.1　弗利兹·朗格（Fritz Lang）的电影《大都会》（*Metropolis*）剧照，1925—1926 年。

　　其次，自 19 世纪开始，面对变幻不定的物质世界和各种新技术、新发明、新理论的冲击，科学家们致力于探索新的时空理论和认知方法，哲学家们则希望通过对人性与物质世界的重新审视，构建新的文化模式和生活方式，包括达尔文（Charles Darwin）对物种起源的新论、尼采（Friedrich Nietzsche）对基督教道德观的扬弃、弗洛伊德（Sigmund Freud）的精神分析学说，以及马克思（Karl Marx）唯物主义、科学共产主义理论的研究和传播，等等。在此背景下，20 世纪初欧洲文化艺术中的精英们也积极探寻对世界新的观察和聆听方式，希望通过艺术为人类的未来规划一个光明的前景，而追求"进步"的观念也促使艺术家以一种自觉或不自觉的方向感从事艺术的变革和创新，由此开创了 20 世纪初各种现代艺术形态纷纷登场的面貌。在各种现代艺术流派泛滥的欧洲各国，虽然也还有一部分艺术家继续努力从事着为广大民众所喜闻乐见的具象写实艺术，但也出现了"革命"的个人和团体，他们把自己打扮成反传统的英雄，在努力扬弃文艺复兴以来的艺术遗产的同时，不断发明和创造着种种令人瞠目结舌的"先锋艺术"，形成了 20 世纪初欧洲现代艺术中的各种理想主义思潮。

　　例如意大利的"未来主义"（Futurism）最初是一场文学运动，由意大利诗人马里内蒂（Filippo Tommaso Marinetti，1878—1944）于1909年发起，宣称否定一切传统的艺术规律，要创造一种能与机器时代的生活节奏相合拍的全新的未来艺术，并由文学界蔓延渗透至美术、音乐、戏剧、电影、摄影等各个领域。"未来主义"者热情讴歌的是现代机器、科技甚至战争和暴力，迷恋运动和速度，要求摧毁所有的博物馆、图书馆和科学院等，旨在断绝所有与传统艺术的联系，创造全新的艺术。而德国表现主义（German Exprisseonism）所涵盖的"桥社"（Die Brucke）、"青骑士"（Der Blaue Reiter）和"新客观派"（Die Neue Sachlichkeit）也包含了类似的理想主义的激情。

　　德国表现主义艺术中的"桥社"作为一个旨在开辟艺术与生活新途径的艺术社团的名称，其含义是"联结一切革命的和活跃的成分通向未来"①。"桥社"的艺术家对社会问题极为关注，其作品要么反映现实生活极端平淡的一面要么表现令人不安与绝望的一面——"该派画家均具有病态的敏感与不安，被宗教的、性的、政治和精神的烦扰所折磨。"② 而由康定斯基、克利发起的"青骑士"所关注的则是表现自然现象背后的精神世界，希望画家"像骑士那样让感情与想象力四处驰骋"，以期实现"理想中的艺术境界"③。"新客观派"艺术家多以揭示社会的腐朽阴暗为主题，关注隐藏在事物外在形式之下的客观精神实质，寻求人与自然在精神上的和谐："我们画家和诗人必须在神圣的团结中与穷苦大众保持密切联系。我们许多人懂得饥饿的痛苦和羞辱。我们觉得在一个无产阶级社会中更加安心。我们不想依靠资产阶段收藏家的怪念头……我们必须是真正的社会主义者，必须激起最高尚的社会主义美德——四海之内皆兄弟。"④

　　此外，第一次世界大战时期兴起于苏黎世，与风格派关系密切的"达达主义"艺术家则更为激进。"达达主义"艺术家对战争的憎恶和恐惧，使得他们对社会和人生产生了失望或虚无的情绪，从而拒绝所有约定俗成的艺术标准，追求偶然或即兴的、无目的、无思想的、不受任何法

---

　　① 邵大箴：《西方现代美术思潮》，成都：四川美术出版社1990年版，第105页。
　　② ［法］雷蒙·柯尼亚等：《现代绘画辞典》，徐庆平、卫衍贤译，人民美术出版社1991年版，第101页。
　　③ 许沛君：《走近大师——康定斯基》，人民美术出版社2002年版，第69页。
　　④ 《世界艺术百科全书选译》第1卷，上海人民美术出版社1987年版，第74页。

则约束的、否定一切的艺术创作或生活状态。发起人之一的让·阿尔普（Jean Arp，1887—1966）指出他们要探索的是一种"把人类从这些时代的疯狂中拯救出来"的开创性艺术，试图通过艺术语言秩序的改变，进而改变社会生活的状况，以艺术"拯救人类"①。达达派首领杜尚（Marcel Duchamp，1887—1968）说："不给人震击的绘画就犯不着画。"达达的口号是："打倒艺术！打倒资产阶级知识主义！""站在革命的无产阶级一边！"②与此类似的是"超现实主义"（Surrealism）艺术运动，"超现实主义"艺术家也在寻找对世界的改变，只是"超现实主义更希望通过梦想而不是实践性的建构"③。

与"达达主义"和"超现实主义"艺术思想和观念有所不同的是1918年在巴黎出现的"纯粹主义"（purism）艺术流派。"纯粹主义"是由建筑师兼画家的勒·柯布希耶（Le Corbusier）与画家阿米蒂·奥尚方（Amedee Ozenfant）所倡导的艺术观念，并以此反抗"达达主义"和"超现实主义"，批判他们的艺术语言是混乱的，界定不清的，仅仅是一种个人激情的释放，而这些方法并不适合新时代对艺术创造的需求。"纯粹主义"者受到机械形式结构的启发，相信"任何具有普遍价值的东西都比只有个人价值的东西更有价值"④，主张以建筑师的单纯性来表现物体，力图创造一种全新的没有惯例的艺术，一种利用造型常数、致力于感官和精神的普遍性艺术。"纯粹主义"者通过1920年创办的《新精神》（*L'Esprit Nou-veau*，1920—1925）杂志，传达出他们对未来艺术和未来世界充满激情的构想——一种由理想建筑所构成的未来艺术和未来世界。

二　"魏玛共和国"的兴衰与"魏玛文化"

除了当时欧洲先锋艺术中理想主义思潮的大背景，与早期抽象主义画家和包豪斯联系更为密切的是20世纪初德国的文化艺术环境。

---

①　[美] 罗伯特·休斯：《新艺术的震撼》，刘萍君、汪晴、张禾译，上海人民美术出版社1989年版，第52页。

②　河清：《现代与后现代》，中国美术学院出版社1994年版，第116—137页。

③　Joanne Greenspun, ed.：*Making Choices – 1929—1955*. New York：Department of publications of The Museum of Modern Art, 2000, p. 20.

④　Penny Sparke：《20世纪设计与文化导论》，何人可、吴雪松译，（2004—12—19）[2005—05—20]，Http：//www. okvi. com /design/ShowArticle. asp？ArticleID＝57。

图 4.2　《乌托邦》，鲁道夫·卢茨（Rudolf Lutz），1921—1922 年。

　　20 世纪初的德国，第一次世界大战的战败不但造成大量的失业人群和通货膨胀，致使德国经济面临崩溃的边缘，也使第二帝国（1871—1918）瓦解，社会民主党人以社会主义的名义掌握了德国的政权，由此形成了 20 世纪初期德国社会政治和经济的动荡局面。1919 年 1 月在魏玛召开的会议上通过了德意志联邦共和国宪法——《魏玛宪法》，由于新宪法是在魏玛城召开的国民议会上通过的，这个共和国因此也一般被称为"魏玛共和国"。

"魏玛共和国"成立之初，左翼和右翼政治势力之间的斗争不断，其中激进的左翼势力企图将革命继续朝社会主义方向推进，游行示威的人群遍布慕尼黑和柏林的大街小巷，甚至某些左翼政党还在乡村建立了各种具有传奇色彩的政府；另一极端的势力右翼政党也于1919年建立，他们宣扬积极的民族主义和打破权威、重建平等以及崇高的精神主义思想。到了1923年，成千上万的人起来支持右翼政党，从少年到老年的大批跟随者都沉浸在精神主义的幻想和民族主义的狂热激情中。1924年，右翼势力取得了议会的大多数席位，其文化政策明显倾向于鼓励滥情主义的通俗艺术风格和民族主义风格。之后，德国外交方面通过洛迦诺公约（Pact of Locarno，1925）和加入国际联盟（1926），使战败的德国重获政治上的平等权利，并出现了政治、经济上一定程度的平稳时期，魏玛共和国的文化艺术活动也在此期间经历了一个短暂而活跃的繁荣，并成为"魏玛文化"发展的黄金时期。随着1929年世界经济危机的发生，魏玛共和国开始每况愈下，尤其是从1930年起，右翼势力阿道夫·希特勒的国家社会主义运动愈演愈烈，1933年1月30日希特勒成为帝国总理，宣告了"魏玛共和国"的终结。

在20世纪初欧洲先锋艺术中理想主义思潮的大背景下，滋生于"魏玛共和国"的"魏玛文化"的是一种理想的人文主义精神，并把20世纪初的欧洲文化艺术运动推向了一个高峰。在短暂的魏玛共和时期，文学方面有托马斯·曼（Thomas Mann）、里尔克（Rainer Maria Rilke）、布莱希特（Bertolt Brecht）等杰出的小说家和诗人；电影和戏剧方面有弗利兹·朗格（Fritz Lang）、韦德金德（Wedekind）等人；音乐方面有勋伯格（Arnold Schoenberg）的十二音节的前卫音乐试验；绘画方面有康定斯基的抽象主义绘画及其抽象艺术理论；建筑方面有格罗庇乌斯创建的包豪斯；在思想和科学方面，有海德格尔（Martin Heidegger）的《存在与时间》、爱因斯坦（Albert Einstein）的"相对论"，以及马克斯·韦伯（Max Weber）的社会学思想，等等。一方面，这一切成就使得"魏玛文化"不仅延伸了西方传统的人文精神和理性观念，也对欧洲甚至整个世界的文化艺术产生了深远的影响；另一方面，"魏玛文化与魏玛共和一样，所代表的是一种难以实现的概念，这种概念乃是一种高水平人文主义精神的化身，其最大的特征无疑是惊人的活泼创造能力的大幅度展现。如果说魏玛共和所代表的是一种理性的政治运作方式的典范，是一种概念的实现，那么，魏玛文化无疑指的正是一种指向未来的充满创新精神的创造理念之抒发。"①

　　对于早期抽象主义绘画来说，20世纪初欧洲的文化艺术环境及其理想主义思潮不但对抽象主义绘画的产生具有积极的促进作用，而且许多早期抽象主义画家正是部分先锋艺术流派中的成员或继承、光大者，是当时欧洲文化艺术理想主义思潮中的一个重要组成部分。例如法国的"纯粹主义"者勒·柯布希耶是建筑师兼抽象主义画家，与阿米蒂·奥尚方共同探索类似机械关系的纯粹抽象造型；"未来主义"在俄国的传播，吸引了马列维奇、塔特林等画家，成为俄国未来主义艺术运动的重要成员，并在之后创立了至上主义和构成主义；抽象主义绘画的先驱康定斯基、克利等人一起组建的"青骑士"画会，是德国表现主义运动的一部分，不仅把德国表现主义"推向成熟和深入"②，而且康定斯基的第一幅抽象主义绘画也是产生于这一时期。这些早期抽象主义画家在工业化的世界中敏感地意识到现代生活与传统艺术之间的差距，他们以对抗、批判旧的传统秩序为己任。在当时，抽象主义绘画与"进步"和变革有关，代表了艺术发展中具有挑战性的新的可能性，它与"达达主义"、"新客观主义"、"德国表现主义"、"纯粹主义"等艺术运动共同汇聚成了20世纪初昭示新世纪精神的艺术思潮。

　　在欧洲先锋艺术中的理想主义思潮和德国"魏玛文化"理性主义和人文精神的背景下，包豪斯的创建者试图重新评估和调整艺术与技术之间的关系，探寻体现新时代精神的艺术形式，并以此推动德国社会文化的进步与发展。第一次世界大战的经历带给人们的恐惧和忧患意识促使人们对未来形成了一个特殊的观点：如果机械失控会屠杀人类自身。这是人类通过战争的苦难经历，对大规模工业化的消极结果所做的判断。当时的欧洲正处在一个很不安定的状况下，社会民主思想开始逐渐移入一批清醒的设计师的脑中，他们努力从建筑设计着手，试图以此改良社会，为普通大

---

　　①　[美]彼得·盖伊：《魏玛文化》，刘森尧译，合肥：安徽教育出版社2005年版，第2—5页。

　　②　奚静之：《俄罗斯美术十六讲》，清华大学出版社2005年版，第153页。

众的生产生活服务。德国包豪斯的设计立场正是基于这种社会工程的理想，不仅希望通过创造廉价的、可以批量生产的产品解决大众基本生活需要的问题，也希望汇聚一切从事创造性工作的知识分子、专家到改造德意志文化的队伍中来。其中的建筑师、产品设计师对此雄心勃勃，而包括雕塑家、画家在内的艺术家也从自身创造力的关注转向对社会贡献的关注，"正是在这个时期，成千种拯救世界的想法披上了成千种不同的外衣：宗教的、审美的、社会的，其中大多数与布尔什维克的红星有着密切的关系，而其信徒也同样如此。如果你去问问路人，这些年轻人想要干什么，多半你会听到这样的回答：'那是包豪斯的学生——你明白我的意思吧！'"① 到了包豪斯的后期，随着魏玛共和国政治气氛的日益恶化，许多优秀的德国知识分子、艺术家和科学家逃亡国外。1931年纳粹党控制了德绍，包豪斯被迫迁往柏林，并于 1933 年 8 月被迫关闭。包豪斯从创建到结束的时间仅仅比"魏玛共和国"存在的时间多出了半年。

　　总之，20 世纪初的欧洲，包括早期抽象主义绘画和包豪斯在内的欧洲许多先锋艺术背离了自文艺复兴以来确立的各种法则和理论，他们通过艺术创作和艺术教育的创新方法和观念，形成了对传统文化的反抗——从物态文化到制度文化的全面反抗；他们通过热情洋溢的宣言传达出这样一个统一或类似的信息，那就是他们对于永恒宇宙秩序、规律的揭示，对于人类精神、情感的解放，无形中承担起了上帝或造物主的角色，似乎只有他们掌握了艺术和建筑的精髓，只有他们懂得艺术和建筑甚至所有造物活动的应然状态，而他们各种充满激情的宣言和令人费解的理论实际上构成了 20 世纪初欧洲现代艺术史中的一个重要内容。正如艺术史学家沃尔夫（Tom. Wolfe）在《从包豪斯到现在》中带有戏谑色彩的描述："从 1910年意大利的未来主义者们发表了新世纪第一个宣言开始，各种运动和主义就没有停止过。他们开始不分昼夜地发表宣言。宣言其实就是集合体的'十戒'：'我们站在高山之巅。我们带回了上帝的旨意。现在我们宣布……'""这些艺术家带着他们的宣言从高山之巅上像普罗米修斯似的

---

　　① ［英］弗兰克·惠特福德：《包豪斯》，林鹤译，生活·读书·新知三联书店 2001 年版，第 225 页。

走下来时，是超然于这个现实的世界的。"①

三　20 世纪初关于艺术与设计的论战

理想归理想，激情归激情，如何具体操作，涉及另一个重要的背景，即 20 世纪初关于艺术与设计的论战。

设计是一门技术科学还是一种艺术创造形式，在早期的现代设计发展中并不是很明确，当设计的现代化运动到了 20 世纪初，艺术与设计之间关系的问题，成为探索新世纪设计发展方向和原则的首要问题。从实践操作的角度来说，艺术家的个体性创造与工业化生产的标准化设计之间的矛盾如何解决，艺术家在设计教育活动中可以发挥什么样的作用，以及传统的艺术教育能否培养出新时代的设计师等问题，汇聚成了 20 世纪初关于艺术和设计之间关系讨论的热潮。从 19 世纪末到 20 世纪初，随着社会的发展和艺术观念的变化，关于艺术与设计之间的关系也在发生转变，一方面，服务于社会生产的设计教育向职业教育靠拢，逐渐与传统的艺术教育相脱离；另一方面，传统艺术逐渐从局限于绘画、雕塑的纯艺术欣赏领域向设计、手工艺等内容较为宽泛的领域延伸，积极探寻大工业生产方式带来的产品粗制滥造、审美标准失落等问题的解决途径，成为当时设计实践和设计教育发展的主流，而且直接导致了早期现代设计发展过程中的唯美主义运动。唯美主义运动始于 19 世纪末的英国文学，认为艺术只为本身之美而存在，设计领域的唯美主义运动则体现在对传统手工艺的复兴，试图以恢复传统手工艺来对抗甚嚣尘上的物质主义和工业制品的粗制滥造——艺术性和审美价值的缺失。从传统手工艺作品的分析中，1851 年约翰·罗斯金称"不同色彩和线条的组织安排就像音乐的构成一样是一种艺术，……"② 并由此孕育了影响世界的"工艺美术运动"。这种"唯美主义"设计思潮尽管与现代主义设计的发展息息相关，但却与追求工业化批量生产、标准化、功能主义的现代主义设计不同，他们之间的矛盾随着现代设计的逐步发展而日益凸现，而且这种矛盾主要产生在对现代设

---

① T. 沃尔夫（Tom. Wolfe）：《从包豪斯到现在》，关肇邺译，清华大学出版社 1984 年版，第 14 页。

② Wylie Sypher：*Rococo to Cubism in Art and Literature*. New York：Vintage Books，1960，pp. 144—145.

计做出重要贡献的俄国、德国和英国，体现的方式则是持不同观点的设计家或设计理论家之间的论战。关于俄国的论战主要是指关于"生产艺术"的论战，在本书第二章第一节已作了相应的介绍，在此主要就德国"德意志制造联盟"的论战和英国关于"格烈尔报告"的论战作一介绍。

1."德意志制造联盟"的论战

19世纪下半叶至20世纪初，欧洲各国都兴起了形形色色的设计改革运动，努力探索在新的历史条件下设计发展的新方向。1907年在德国成立的德意志制造联盟（Deutscher Werkbund）及其探索试验是一个典型，而且因为德意志制造联盟关于标准化问题的争论，涉及优秀产品设计的品质标准，以及基于工业生产环境的艺术创作方式等问题而在设计史上具有了重要的地位。

19世纪下半叶，德国的工业发展迅速，到19世纪80年代时，德国工业已经超过英国。然而，相对于英国"工艺美术运动"在现代设计理论方面的探索及其国际影响力，德国的设计明显滞后于工业发展，艺术家和设计师们开始对工业生产中的审美问题投入更多的关注，德国政府出于提升工业制造水平和拓展市场的考虑，也大力支持设计活动。在此背景下，由于赫尔曼·穆特休斯（Herman Muthesius，1861—1927）、彼得·贝伦斯的大力倡导，1907年终于在慕尼黑成立了德国第一个设计组织——"德意志制造联盟"（或称德国工业同盟）。

"德意志制造联盟"是由一群当时著名的工业家、艺术家、建筑家、作家组成的设计联合体，其成员包括赫尔曼·穆特休斯、彼得·贝伦斯、凡·德·维尔德（Henry Vande Velde，1863—1957）、弗里德利克·鲁姆（Fiendich Naumann，1860—1919）、布鲁诺·陶特（Brano Taut，1880—1938），以及奥地利的霍夫曼（Joseph Hoffmann，1870—1956）、奥别列切（Joseph M. Olbrich，1867—1908）等人。其中弗里德利克·鲁姆起草了联盟的宣言，主要内容包括：结合艺术、工业、手工艺，通过教育、宣传提高德国设计水平，提高艺术家、工业家、手工艺匠人的合作水平；联盟走非官方道路，是设计艺术界的行业组织；在德国设计艺术界宣传和力主功能主义和接受现代工业，反对任何形式的装饰；主张标准化和批量化生产。在这种宣言的倡导下，德国工业联盟担负起了建立设计标准以及开创德国优质设计的使命。自联盟成立以后，发展非常迅速，成员遍及德国各艺术院校。

　　"德意志制造联盟"成立的初衷是希望探寻传统艺术、工艺技巧与机械化生产的协调问题，把机械与手工艺的矛盾问题通过设计师予以解决，把简洁和精确作为机械制造的功能性标志，作为20世纪工业效率和力量的象征。虽然德意志制造联盟的主旨是"结合艺术家、技师、专家和赞助者的力量，通过艺术、工业和工艺的合作方式，而谋求产品的改善"[①]，但是由于受到"新古典主义"（Neo-Classicism）、德国"青年风格派"（Jugendstil）、英国"工艺美术运动"的影响，"唯美主义"思想和传统艺术审美标准成为其主旨落实的巨大障碍，并引发了1914年关于设计标准化问题的论战。

　　"德意志制造联盟"的发起人和组织者赫尔曼·穆特休斯，曾担任驻英国使馆官员，他在深入研究了英国"工艺美术运动"的基础上，坚定地认为设计是工业化的技术学科，极力倡导规范化和标准化，相信"机械样式"必将成为20世纪设计运动的目标。此外，他也受桑珀（Gottried Semper）《科学，工业与艺术》（1852年出版）的影响，强调"规范"（Norm）与"典型"（Type）的普适性意义和价值，坚决反对任何艺术风格，追求没有风格的所谓明确的实用性，并将其看做是倡导设计民主化的一个强有力工具。1914年，德意志制造业同盟在科隆举行年会，穆特休斯提出他关于标准化的设计思想，主张"德意志制造业同盟"应该鼓励标准化产品的设计与制造，指出从个人主义走向创造典型是设计发展的必然道路。赫尔曼·穆特休斯认为设计是工业化的技术学科，要遵循技术和科学的原理以及自然法则的约束，并极力倡导规范化、标准化，认为规范化和标准化是造型艺术家为时代文明作出贡献的重要途径，是所有设计风格与趣味的基础，而且由于规范化和标准化的形式适应工业化批量生产技术，形式的简洁和功能的合理性凸显出机械美学的特征，并以此反对德国"新艺术运动"中"青年风格"的装饰性及其表现主义的非理性。穆特休斯关注客观事物的本质探究以及人类情感和理性精神的普遍性，反对个人化的抒情和表现主义。在具体设计实践中，要求具有生产性（可直接应用），对象为具体的物品，进入工厂做实验，与广大的民生结合（要求经济性）。赫尔曼·穆特休斯这种设计思想反映了当时德国知识分子渴望现代性，追求清醒与理性的心态，而对新思想、观念的开放态度，使得穆特

———————————

① 王建柱编著：《包浩斯——现代设计教育的根源》，大陆书店1982年版，第26页。

休斯对工业及都市大加赞扬，相信与此相应的设计必然是适合于社会大众消费的典型形式和规范标准。

对此，"德意志制造联盟"的另一成员、"新艺术运动"的传播者、比利时艺术家兼设计家亨利·凡·德·维尔德则持反对意见。亨利·凡·德·维尔德早年是一位画家，属于新表现主义风格，但是他明白要想实现他心目中的艺术理想——承担社会责任，绘画并不是最好的载体，因此做了设计师兼建筑师。亨利·凡·德·维尔德深受约翰·拉斯金与威廉·莫里斯的理论及作品的影响，相信艺术家的艺术实践可以为工匠和工业家们提供艺术灵感，并希望艺术家借助设计，不但可以改造物质世界，而且可以改造人类的思想意识。1898年，他仿照莫里斯的做法，在布鲁塞尔创办"凡·德·维尔德公司"，为自己的新居设计家具和陈设，后来到巴黎为新艺术画廊设计室内装饰，1899年到德国后长期在德国从事设计工作。1902年受魏玛大公的委托，担任魏玛艺术与工艺学校的校长，直到第一次世界大战爆发，比利时向德国宣战才回国。

在凡·德·维尔德看来，设计活动是属于艺术家的创造活动，艺术家决不会屈从于任何的规律与原则[①]。亨利·凡·德·维尔德认为在创造优质设计产品的过程中，艺术家个人化的创造力功不可没，而标准化必将抑制艺术家个人化的创造力，因此，不应该用标准化来要求艺术家的创作活动。此外，亨利·凡·德·维尔德认为优质设计不在于标准化的批量生产和市场销售，而在于其审美价值和情感、精神的感染力。亨利·凡·德·维尔德深受维也纳艺术史学家阿劳意斯·里格尔（Alois Riegl）和慕尼黑心理学家西奥多·里普斯（Theodor Lipps）的影响，前者强调个人"艺术意志"（Kunstwollen，或形式意志）在创作中的首要地位，后者则提出了用"移情"（Einfuhlung）使创作的自我"准神秘性"地深入艺术对象中去，体现在建筑中则是新浪漫主义的风格。亨利·凡·德·维尔德认为设计应以审美性、情感性为存在的目的，坚持只有里格尔提出的"形式意志"的自然过程才能逐步演进成一种文明的"规范"，鼓励独立设计中的自由和创造性的艺术表现。

这场论辩可以说是20世纪初期各种理想主义和现实主义之间、新艺术与旧艺术观念之间复杂矛盾的一种反映，而论战的结果因为赫尔曼·穆

---

① 　王受之：《世界现代设计史》，深圳：新世纪出版社2001年版，第109页。

特休斯顺应了工业社会的时代潮流和社会需求而逐渐获得了社会的认可，尤其是第一次世界大战的爆发，比任何学术的争论都更有效地促进了工业产品与技术的标准化，进而在 1916 年成立了德国标准化委员会（Deutsche Normen Ausschuss）。正是赫尔曼·穆特休斯的这种思想造成了几代德国设计师对于责任感的高度重视。设计中的理性原则、人体工学原则、功能原则对于他们而言是设计上天经地义的宗旨。这场论战的结果虽然以凡·德·维尔德的出走而告终，但他们共同的愿望是希望通过设计教育和宣传机构的建立，在工业生产的所有问题上使艺术家和设计家之间建立一种和谐，借助艺术家的影响提升工业产品的品质；"德意志制造联盟"致力于把新世纪的伟大技术成就转变为一种成熟的、高级的艺术，相信这种转变在人类的文化史中具有深远的意义。这种愿望不但得到了德国政府的支持，而且成为德国提升工业生产水平，扩大产品出口的国家经济策略。德意志制造联盟这种立足于工业生产技术，通过艺术家、手工艺人和工业企业的合作，把工业产品改造成艺术品并服务于社会大众的设计思想，成为德意志制造联盟区别于之前设计运动的主要贡献。

对于这场论战中的失败者，不能说亨利·凡·德·维尔德的设计思想就毫无可取之处，这种争论对于现代设计的发展也是有意义的，至少对于其后包豪斯的建立和发展具有重要的意义。首先，亨利·凡·德·维尔德 1906 年就考虑到设计改革应从教育着手，于是前往德国魏玛，被魏玛大公任命为艺术顾问，并在他的倡导下把魏玛市立美术学校改建成"魏玛的撒克森大公艺术与工艺学校"，由他担任校长。在此期间，他倡导积极发展个人直觉所蕴涵的创造力，对设计以审美性、情感性为目的，这种设计思想，实际上与部分包豪斯教师（主要是抽象艺术家）的设计教育观念相类似。其次，亨利·凡·德·维尔德也认同"技术第一性"，肯定技术革新在设计发展中的重要作用，并在学校中设立实习工厂，探索艺术家和工匠、工业企业家合作的新型设计教育模式，深刻影响了包豪斯的办学模式，事实上包豪斯也正是在他所创建的"魏玛的撒克森大公艺术与工艺学校"和撒克森大公美术学院合并的基础上发展起来的。"德意志制造联盟"辩论的双方在当时的环境下，应该说任何一方都不可能取得决定性的胜利，甚至这种辩论的意义也遭到质疑（见图 4.3）。关于优秀的设计是依靠精确的工业化技术，还是艺术家灵感迸发的创造，或者是工匠经验的自然呈现，在当时持不同观点的设计师与评论者同时存在，并在各自

图 4.3　针对赫尔曼·穆特休斯与凡·德·维尔德的论战，1914 年漫
画杂志 Simplicissimus 刊登的一幅讽刺画。图中左边是凡·
德·维尔德"个性化"的椅子，中间是赫尔曼·穆特休斯
"典型"（Type）的椅子，右边是木匠"现实的"椅子，即没
有草图、不用计算的自然创造。

不同的领域发挥着积极的影响。当然，也有一些设计师试图探索出一条折
中、综合的道路，其中就包括彼得·贝伦斯和沃尔特·格罗庇乌斯。

　　在"德意志制造联盟"内部的分歧和辩论中，作为"德意志制造联
盟"重要成员的彼得·贝伦斯和沃尔特·格罗庇乌斯，一方面对凡·
德·维尔德的观点持支持态度；另一方面，他们的设计思想和立场并不完
全相同。彼得·贝伦斯主张对造型规律进行理性分析，坚持理性主义美学
原则。贝伦斯认为在关于艺术与技术的关系中，与艺术家所坚持的传统相
比，技术更能够确定现代风格，同时通过批量生产符合审美要求的消费品
可以逐渐改善人们的趣味，技术和文化的结合是文化创新的动力源泉，与
其说它服务于生活的审美改造，不如说它服务于全民的社会利益。因此贝

伦斯在考察艺术形式时，力图表明视觉形式对于作为人类文化一部分的物质环境而形成的意义。彼得·贝伦斯不但是"德意志制造联盟"发展的重要推动者，他对于艺术与设计之间关系的理解同时也深刻地影响着现代主义设计的先驱们，包括沃尔特·格罗庇乌斯。

沃尔特·格罗庇乌斯，除在"德意志制造联盟"中与彼得·贝伦斯共同支持凡·德·维尔德外，还曾在1907—1910年间与米斯·凡·德·罗（Mies van de Rohe，1886—1969）、勒·柯布希耶（Le Corbusier，1887—1965）等共同在柏林贝伦斯的建筑事务所工作，深受彼得·贝伦斯的影响，他们不但成为20世纪伟大的现代主义建筑师和设计师，而且沃尔特·格罗庇乌斯和米斯·凡·德·罗后来都担任了包豪斯的校长，对包豪斯设计教育理念和方法的确立发挥了重要的作用，是连接"德意志制造联盟"与包豪斯的重要纽带。包豪斯校长格罗庇乌斯也曾在1924年称包豪斯应该感谢英国的拉斯金和莫里斯、比利时的凡·德·维尔德、德国的奥尔布里希等人，认为他们全都苦心探求，并且找到了一些方法，重新把劳作的世界与艺术家的创造结合起来。

在"德意志制造联盟"的论战中，彼得·贝伦斯、沃尔特·格罗庇乌斯、米斯·凡·德·罗和勒·柯布希耶等人总体上持折中立场，其中既包括各自阶段性主张的变化，也包括他们通过不断尝试和努力修正、调和论战中的对立观点，并把其成果带到了包豪斯。其中，沃尔特·格罗庇乌斯、米斯·凡·德·罗分别是包豪斯第一任和第三任校长。如果说包豪斯奠定了现代设计的理论基础，开创了现代设计教育体系，那么包豪斯采取德意志制造联盟内部争论双方的折中立场，促成了艺术与设计相统一的现代设计及其设计教育在20世纪初的德国诞生，并最终影响到全世界的现代设计发展。

与德国"德意志制造联盟"内部的论战类似的另一场论战是20世纪30年代英国关于"格烈尔报告"的论战，虽然这场论战并没有对同时期的包豪斯产生直接影响，但也是理解早期抽象主义画家对包豪斯产生影响的必不可少的一个学术背景。

2. 关于"格烈尔报告"的论战

相对于包豪斯设计教育对德国乃至欧洲大陆的影响力，20世纪初的英国由于威廉·莫里斯及其追随者对于机器工业生产的敌意，以及设计观念中强调艺术伦理价值的倾向，形成了阻碍英国现代设计发展的偏见和保守姿态，尽管英国在现代设计观念和方法方面的探索试验较其他国家都早，但在 20 世纪初，这个世界上最早工业化的国家在设计领域已经远远落后于欧洲大陆。

正如日本设计理论家胜见胜所言，在美术传统古老、美术家地位比较稳固的国家，无论怎样的设计现代化运动，都不可能得到决定性的胜利，而只能是，"迂回在向以画坛为中心的应用美术运动妥协与屈服的道路上"①。以英国的"水晶宫"和"工艺美术运动"为例，1851 年为首届世界博览会而设计的"水晶宫"及其展品试图把艺术与工业技术结合起来创造时代新的造物样式，但事实上这里的艺术仅仅是附庸于机器的美化、装饰工作。对于工业家来说，通过艺术家的美化工作来提高工业产品的身价或许是一个不错的商业策略；但对于艺术家来说，"水晶宫"和展品中各种各样的历史式样及其对装饰的热情几乎与艺术无关。之后的"工艺美术运动"正是从艺术家的角度重新阐释时代造物样式的又一次尝试，但遗憾的是，"唯美主义"思想指导下的"工艺美术运动"认为只有中世纪的、哥特式的、自然主义的设计才是"诚实"的设计。尽管其旗手威廉·莫里斯提倡为普通百姓提供物美价廉的设计产品，但由于艺术家个性化的设计方式和传统手工艺的制作方式，其产品既无法实现工业化批量生产，也无法满足普通民众对质优价廉产品的需求，并不具备现代设计所应具备的特征。实际上，自"水晶宫"以来，关于传统的造型艺术家是否应该以设计师的身份屈尊融入尘世（工业、商业世界），还是在高高的象牙塔上俯视尘世，或者仅仅施舍一点"美化的艺术"，以及这些艺术家能否转变为服务产业的现代设计师等问题，始终没有一个统一的答案，甚至在威廉·莫里斯的"工艺美术运动"之后的 20 世纪初，这一系列问题仍然困扰着英国的设计现代化进程。

为了解决上述问题，旨在分析研究国家设计政策的英国"格烈尔委员会"（gorell committee）于 1931 年成立。由英国贸易厅设立的"格烈尔委员会"主要目的在于解决外国进口增加的问题，在 1932 年"格烈尔委员会"提出了"格烈尔报告"，报告批判了"装饰艺术"、"应用美术"等美学思想对英国现代设计和工业产业的负面影响。由于该报告是全体

---

① ［日］胜见胜：《设计运动 100 年》，吴静芳译，西安：陕西人民美术出版社 1988 年版，第 87 页。

"格烈尔委员会"会员的集体成果，其中也包含一些折中和维护艺术家利益的内容，使得该报告造成了思想观念和指导方向上的混乱，并引发了赫伯特·里德（Herbert Read，1893—1968）与洛加·富来（Roger Frei，1866—1943）之间的论战。

"格烈尔报告"撰稿人之一的洛加·富来，作为当时知名的艺术评论家，与英国的现代艺术和艺术家保持着密切的联系。洛加·富来认为英国产品设计中存在的问题，完全可以由纯艺术家的介入而得到解决，产业界应该通过提供高额报酬吸纳有才华的艺术家从事产品设计，充分利用艺术家所拥有的才能，而不是在产业内部培养设计师。洛加·富来倡导艺术家和工艺美术家把他们的创造力投入到工业生产的领域中去，但是对于如何从纯艺术家转变为设计师、艺术教育中如何培养设计师等具体操作问题，洛加·富来似乎并不关心。事实上在当时的英国，从事纯艺术创作的艺术家游离于产业革命之外的现象比比皆是，他们的理想往往是渴望成为艺术大师而纷纷模仿毕加索，学习马蒂斯，大都不屑于尘世间的生产需求。另外，艺术教育领域也多以培养艺术家和美术教师为目标，根本无法满足产业界对设计人才的需求。对此，赫伯特·里德通过其著作《艺术与工业》（*Art and Lndustry*）对洛加·富来的观点进行反驳。赫伯特·里德对于把设计的各个领域当作既成艺术家"殖民地"的倾向深恶痛绝[①]，反对"唯美主义"艺术家的设计原则及其把功能的效用看做是美的原因的逻辑假设，主张由材料、使用功能来决定产品的形态。关于设计师的培养，赫伯特·里德认为，只有在产业的核心设计部门里才能造就出新型的设计家，而传统的美术教育体制中是不可能培养出设计家的，他认为现代设计的发展涉及现代社会文明构造的根本变革问题，单靠置身于工业生产之外的艺术家、应用美术家及其灵感和热情从事设计是行不通的，必须为现代设计人才的培养开创一种全新的教育方式，脱离美术与纯艺术的影响。赫伯特·里德的观点为英国的设计理论界注入了新的活力，得到了社会广泛的欢迎。

通过赫伯特·里德和洛加·富来之间的论战，不断地打开了人们的眼界，提高了设计运动在社会上的认知，这场论战虽然没有鲜明的胜负之

---

① ［日］胜见胜：《设计运动100年》，吴静芳译，西安：陕西人民美术出版社1988年版，第92页。

分，却大大推进了英国工业设计的思想发展，澄清了当时许多模糊的概念以及对现实存在的问题的判断，"为战后（第二次世界大战之后）英国工业设计的真正发展奠定坚实的思想基础"①。

　　"德意志工业同盟"和"格烈尔委员会"关于艺术与设计之间不同观点的论战，代表了19世纪以来欧洲设计领域典型的矛盾问题。在19世纪至20世纪初这个特殊的历史时期，相对于对传统艺术和艺术家来说，在建筑、工业产品设计社会化和功能化的浪潮中，对科学技术和工业技术的推崇致使工程师和设计师逐渐走上了前台，对此人们不免产生一种担心，即当工程师和设计师用时代精神为某种特殊的设计样式辩解时，我们也许就会失去感受艺术文化的机会。这个世纪是一个唯物主义的世纪和由此而来的科学技术的世纪，以往任何一个世纪都未曾见过这些领域所取得的进步，而这种进步是需要付出代价的，即对人文精神的淡漠、人性的异化——工具化不可避免。对物质财富的贪婪以及对功能绩效的追求，必然致使以工程技术为工具的设计师与艺术探索者分道扬镳。基于这种状况，设计界出现了两种相对的设计观，即一种观点认为由工业先驱们所带来的美学观念上的革命，与他们在生产组织和技术方面带来的革命一样深刻，是历史发展的必然，也必将开创新时代的造物样式；另一种观点则相信"唯美主义"美学的实用价值，即基于艺术上的等级观念，认为如果高级的、纯粹的艺术繁荣起来，较低级的实用艺术（设计）也就会随之发展起来。20世纪初关于艺术与设计之间的论战正是这种矛盾最为典型的例证，而德意志工业同盟的论战与包豪斯先后相继，"格烈尔委员会"关于"格烈尔报告"的论战与德国包豪斯的兴衰遥相呼应，这一切作为特定的时代背景，在一定程度上也印证了早期抽象主义画家对包豪斯产生影响的可能性，以及两者最终又各自分道扬镳的历史必然性。

　　另外，在欧洲由于艺术传统和艺术家社会地位的原因，对于艺术家"唯美主义"美学的实用价值及其在现代设计中可能产生的积极影响人们还是普遍是抱有信心的，这才使得"论战"出现并产生巨大的影响，问题是，艺术家采用什么样的造型样式才会具有实用价值，才会对现代设计造型样式和设计观念具有意义？中世纪的、哥特式的、自然主义的样式在"工艺美术运动"中已流于新的美化、装饰风格，"新艺术运动"中的

---

　　①　王受之：《世界现代设计史》，深圳：新世纪出版社2001年版，第188页。

"青年风格"在"德意志工业同盟"论战中已被看做是表现主义的非理性样式，抽象主义艺术如何呢？抽象主义画家能否实现从绘画到设计的衔接呢？

第二节　早期抽象主义画家的艺术理想

早期抽象画家所追求的艺术理想，具体来说主要体现在关于抽象主义绘画的精神价值和关于抽象主义绘画的时代使命两个方面。

一　关于抽象主义绘画的精神价值

早在 19 世纪上半叶，叔本华（Arthar Schopenhauer）就认为艺术创造的价值只有通过纯粹直觉的观照方式才能达到，艺术创造是艺术家天才和灵感的表现，并开启了 20 世纪西方现代艺术观念的先河。之后尼采（Nietzsche Friedrich）、克罗齐（Bendetto Croce）等哲学家们对于现代哲学、美学的观念都有进一步的发展，尤其是弗洛伊德（Sigmund Freud）的精神分析学说更深入到人们的精神领域，把人的内在意识活动与外在表现之间的关系作为精神现象研究的对象，对现代艺术精神美学产生了重要的启示作用。此外，哲学家亨利·伯格森（Henri Bergson）在其 1907 年著的《创造的进化》[1] 一书中，对创造性、直觉性认知在探求真理过程中的价值的肯定，以及马赫（Ernst Mach）《感觉的分析》中通过感性经验认识对象、把握世界可以作为"科学研究的新道路"[2]，沃林格（Wilhelm Worringer）《抽象与移情》[3] 中对抽象冲动在艺术创作中独立价值的分析等理论著作，共同成为第一次世界大战前欧洲艺术领域"精神革命"运动的学术背景，而他们的理论思想和观念对当时的艺术家也具有广泛的影响，包括早期抽象主义画家。其中，沃林格 1907 年出版的《抽象与移情》尤其对抽象主义绘画的产生具有了一种预告的效果，"对康定斯基那样的画家赋予了人们可能称之为本能的信心和勇气"[4]。沃林格认为相对

---

① ［法］亨利·伯格森：《创造的进化》，李永炽译，远景出版事业公司 1983 年版。
② ［奥地利］恩斯特·马赫：《感觉的分析》，商务印书馆 1986 年版，第 239—240 页。
③ ［德］W. 沃林格：《抽象与移情》，王才勇译，辽宁人民出版社 1987 年版。
④ ［英］赫伯特·里德：《现代绘画简史》，刘萍君译，上海人民美术出版社 1979 年版，第 106 页。

于解释古希腊和文艺复兴时期艺术的"移情"美学，一定有一种与移情本能恰恰相反的本能存在，这就是抽象冲动。"移情"美学只有和与它对应的另一个要素——抽象冲动相结合，才能成为包罗万象的美学体系，否则像古代东方艺术、晚期罗马艺术、早期基督教艺术和拜占庭艺术等都不能得到解释。沃林格的抽象与移情理论，不仅吸收了维也纳学者阿劳意斯·里格尔的"艺术意志"理论，也包含了叔本华关于艺术审美观照的"解救说"的思想，认为人的本能并不是对世界的虔敬，而是恐惧，是一种精神或心理上的恐惧。因此，沃林格把抽象艺术看做是艺术家面对现代社会的压力，由恐惧转入抽象艺术这个让心灵可以栖息的避难所①。

尽管沃林格抽象理论的提出先行于抽象主义绘画的产生，却明确地肯定了抽象主义艺术的独特价值和合理性，正因为如此，英国当代著名艺术评论家赫伯特·里德（Herbert Read）把沃林格的《抽象与移情》与康定斯基的《论艺术的精神》相提并论，称之为"现代运动中两个决定性的文件"②。

在早期抽象主义画家中，康定斯基撰写的《论艺术的精神》不但是20世纪抽象主义绘画的启示录，也是早期抽象主义画家艺术理想的典型范例。康定斯基认为抽象主义绘画是以"内在需要"为基础的精神性艺术，应该说任何艺术都是一种精神活动，绘画艺术是使精神形象化的领域之一，康定斯基所谓的抽象主义绘画中的"精神"到底是什么呢？对此康定斯基没有作出具体的解释，不过通过对其著作的分析可以得到他关于"精神"的隐喻。他在其著作《论艺术的精神》中指出，"物质主义的梦魇——它常常使生命变成罪恶和毫无意义的把戏……艺术家将努力唤起迄今尚未发现的种种更纯洁更高尚的感情。"③ 康定斯基反对"为艺术而艺术"，并希望通过教育观赏者来理解艺术家的观点；他反对忽视内容的形式创新，强调追求艺术的精神价值，并因此而认为艺术是拖动大众上升到精神生活金字塔顶层的力量；他认为只有用抽象的形式，才能获得人类共同的精神表现，实现艺术对人类灵魂的净化作用，带有明显"启示录

---

① ［德］W. 沃林格：《抽象与移情》，王才勇译，辽宁人民出版社1987年版，第136页。
② ［英］赫伯特·里德：《现代绘画简史》，刘萍君译，上海人民美术出版社1979年版，第21—22页。
③ ［俄］瓦西里·康定斯基：《论艺术的精神》，查立译，中国社会科学出版社1987年版，第13页。

和救世主的倾向"①。由此，可以把康定斯基所谓的"精神"理解为一种"拯救"或"净化"人类灵魂和情感的使命感。

至于这种"精神"的价值或意义，康定斯基希望它不仅仅体现在绘画领域，而且对其他造型艺术也是有意义的。他在"关于形式问题"一文中指出，"每一个精神世纪将它的内涵以一个形式表之，这个形式完全地符合内涵。这便是每个世纪真正的'面貌'，充满表情，充满力量，如此，它得以在各类精神领域里，从昨日转型到今日。但艺术还拥有它所特有的质——一种创造性、预言式的力量，以'今天'推测'明天'"②，也就是说，艺术的形式是艺术家精神的反映，不但体现时代的"面貌"，而且体现艺术家所在时代的特定任务。当然，"形式（物质存在）一般来说并不是最重要的，最重要的东西是内容（精神）"，因为在他看来"一个伟大精神时代的特征"已经显而易见，其中包括："1. 一种伟大的、几乎是无限的自由；2. 它使精神得以广泛传播；3. 我们在很多事物中都能看到这种精神以一种极其强大的力量显示出来；4. 这种精神将逐渐地——而且已经将所有的精神领域作为自己的工具；5. 它还在每一精神领域里——自然也包括造型艺术（尤其是绘画）里——创造出许多独立的和不同的艺术家集团所使用的表现手段（形式）。"其中对于第4点，康定斯基进一步解释道："考虑到所有其他的精神领域，我们还无法更精确地判定各种特定的作用。然而，在不久的将来，每一个人都必定清楚地认识到精神和自由的协同关系是无处不在的。"并且希望"观众能够并且必须跟随着艺术家，不用担忧会被领入迷途"，"只有凭藉感情，艺术家和观众才能沿着正确的方向前进"。③

尽管康定斯基抽象主义绘画的精神理想在早期抽象主义画家中具有典型意义，但是对抽象主义绘画中所蕴涵的"精神"意义，不同画家的理解却不尽相同。概括来说，康定斯基、克利、伊顿、马列维奇、蒙德里安等画家所意指的"精神"，与塔特林、利希茨基、杜斯伯格、莫霍里·纳吉等画家是不同的，前者更多地把新时代的艺术精神理解为基于直觉经验

① ［苏］N. C. 库列科娃：《哲学与现代派艺术》，井勤苏、王守仁译，文化艺术出版社1987年版，第115页。

② ［俄］康定斯基：《艺术与艺术家论》，吴玛悧译，艺术家出版社1995年版，第205页。

③ ［俄］瓦西里·康定斯基：《论艺术的精神》，查立译，中国社会科学出版社1987年版，第78—80页。

对普适性规律、秩序或"永恒真理"的揭示，最终实现对灵魂、感受或永恒秩序的自由表现；后者则更多地强调艺术创作要体现新时代民主意识和现代科学技术的特征，并服务于现实社会的生产和生活。

在 20 世纪初，这些抽象主义绘画先驱不同程度地受到关于直觉认知及其审美价值的哲学思想、抽象与移情理论的影响和启发，相信抽象主义绘画具有将人引入深层意识领域的力量，强调抽象主义绘画所蕴涵的精神价值；针对当时工业社会中弥漫的物质主义思想给人们精神生活带来的威胁，认为具象的物质形态"羁绊了创造的心灵"①，尽管不同的早期抽象主义画家对精神的具体所指有不同的理解，却都把抽象主义绘画和时代的问题联系起来，使得他们对精神价值的追求与时代使命感融为一体。

二 关于抽象主义绘画的时代使命

抽象主义道路，在康定斯基看来是"挽救还处于'物质主义世界观噩梦'中的人的道路。"② 康定斯基的这种"救世主"情结源于他对"通神学"的兴趣，坚信只有用抽象的形式，才能获得人类共同的精神表现，实现艺术的净化价值。康定斯基试图通过视觉的抽象造型思考精神性问题，当他自认为在变动的世界发现了现象背后的真实和永恒价值，就希望通过绘画来教化他身边的其他人，而且他认为这是作为一个天才发现者的使命。康定斯基的艺术理想类似于充当一个真正严肃、诚挚的传教者，他积极地使社会的其他成员共同拥有他所传播的东西，不管所传播的东西是因循守旧的还是高度抽象的。

康定斯基认为"每一个时代必须去寻找创造符合它的表达形式"③。但是"在这样的时代里，艺术只满足低级的需要，满足物质的需要"，并由此得出结论："凡人皆盲"，"尤其在今天，多数的人都不能认识宗教中和艺术中的精神，因此精神也几乎销声匿迹，这种现象已整整持续了几个

---

① Anna Moszynska：《抽象艺术》，黄丽娟译，远流出版事业股份有限公司 1999 年版，第 60 页。

② ［苏］N. C. 库列科娃：《哲学与现代派艺术》，井勤荪、王守仁译，文化艺术出版社 1987 年版，第 114 页。

③ ［俄］康定斯基：《艺术与艺术家论》，吴玛悧译，艺术家出版社 1995 年版，第 90 页。

世纪。十九世纪如此，今天依旧如此。"① 康定斯基认为基于内在感情需要的抽象主义绘画经过反复加工、检验的"构成"，将会把艺术引导到伟大的高度上去，而"我们正在迅速接近一个更富有理性、更有意识的构成的时代……绘画中的这种崭新的精神正与思维携手并进，迈向一个伟大精神的新纪元"②，即在这个新世纪中将由精神来统治一切，并将在艺术中找到它的表现方式，这就是抽象艺术。康定斯基认为"抽象艺术正是通过超越时代企图囚禁它而设置的界限，指出未来的内容"③，"今天，一件作品的内容必定要隶属于两种过程中的任何一个，在这种过程中所有次要的运动消失了。这两个过程是：1. 摧毁 19 世纪没有灵魂的物质生活；即推倒曾被认为是唯一的和牢不可破的物质支柱，并使其各独立部分分崩离析。2. 建设 20 世纪的精神生活；这是我们现在正经历着的生活，它以强烈而富有表现力的明确形式体现着自身。"总之，"我们奋斗的目的不是为了作茧自缚而是为了解放"④。在康定斯基的回忆录中也声称他的《论艺术的精神》一书与《青骑士》杂志的根本目的就是要唤醒人们对于抽象艺术带来的愉悦感的能力，"在物质现象和抽象现象中体验精神。这种能力在将来不可或缺，并产生无数种可能体验。在尚未具备此能力的人们中召唤这有益的才能，是我的愿望，也是我的两种出版物的主要目的。"⑤

　　康定斯基作为抽象主义绘画先驱之一，虽然其艺术思想具有鲜明的个人理想主义色彩，但当我们考察蒙德里安、嘉博、马列维奇、德劳内、库普卡等其他早期抽象主义画家时，就会发现实际上他们的艺术思想都具有类似的特征。

　　其中，蒙德里安认为绘画的全部表现过程，包含了平行和垂直两条直线的直角对抗的二元论，并坚信人类只能以这种二元论来进行建设，人类也只能以此来创造一切。为此，蒙德里安认为"作为纯粹表达人类

---

　　① ［俄］瓦西里·康定斯基：《论艺术的精神》，查立译，中国社会科学出版社 1987 年版，第 18、74 页。

　　② Anna Moszynska：《抽象艺术》，黄丽娟译，远流出版事业股份有限公司 1999 年版，第 73 页。

　　③ ［俄］瓦西里·康定斯基：《论艺术的精神》，查立译，中国社会科学出版社 1987 年版，第 189—190 页。

　　④ 同上书，第 93—94 页。

　　⑤ ［俄］瓦西里·康定斯基：《康定斯基回忆录》，杨振宇译，浙江文艺出版社 2005 年版，第 143 页。

精神的净化了的艺术，将必然通过一种纯净的、亦即抽象的美的形式来体现"，而且"绘画乃是造型艺术中最纯粹的一种艺术"。① 对于蒙德里安来说，艺术不是个人的，而是集体的、国际的，并竭力排除主观因素，因为主观的抒情、感伤都是骗局。他以数学般的精确结构、水平和垂直线，以及三原色作为抽象主义绘画的文法和语汇，希望通过"纯粹造型"达到"纯粹实在"，以至于强调客观性的绘画类似于在画布上展开的"绘画工程学"②。蒙德里安认为抽象主义艺术相对于自然主义艺术可以更明确地通过直觉来广泛表现客观实在性，而且"更符合当代意识"③。蒙德里安强调抽象主义艺术在精神进化和艺术进步中的地位，认为基于直觉的抽象表现揭示的是一种普遍性的美，而且这种普遍性的美在艺术家那里变得更具有意识性，艺术家从这种伟大的意识中自发地创造了一种完全和谐的均衡关系，由于这种均衡的"等量关系的概念是今天精神观念中特有的东西"，使得抽象艺术对现实生活具有了重要的意义，"只有通过这种途径，才能实现社会与经济的自由，才能实现和平，获得幸福。"④

　　蒙德里安的这种艺术理想甚至可以说超越了把艺术创作与社会文化、政治革命联系在一起的俄国"构成主义"。构成主义艺术家嘉博出于维护抽象主义艺术的独立性和精神价值，称抽象主义艺术"为仅能建构、协调与追求完美之心态作准备"，在此基础上，他与佩夫斯纳也曾一度支持艺术服务于社会的时代使命，并经过塔特林等构成主义者的发展，把艺术创作中使用的材料赋予意识形态的意味，即认为以朴素的、几何化的工业材料作为艺术表现的工具是社会和政治变革过程中的组成部分⑤。相比之下，蒙德里安则首先把抽象主义绘画构想为一种超越国家的论说形式，一种像世界语一样的"世界通用语言"，并相信抽象主义绘画能给两个领域

　　① ［法］米歇尔·瑟福：《克瑙尔抽象绘画辞典》，王昭仁译，人民美术出版社 1991 年版，第 92—94 页。

　　② ［美］威廉·弗莱明：《艺术与思想》，吴江译，上海人民美术出版社 2000 年版，第586 页。

　　③ ［美］多尔·阿西顿：《二十世纪艺术家论艺术》，米永亮、谷奇译，上海书画出版社1989 年版，第 11 页。

　　④ 徐沛君：《蒙德里安论艺》，人民美术出版社 2002 年版，第 31—35 页。

　　⑤ Peter Nisbet：*Bauhaus*，*Russian Constructivism. Design Issues*，1985，2（1），p. 80.

图 4.4　《正方形》，马列维奇，1913 年。

图 4.5　《茶壶设计》，马列维奇，1923 年。

以有益的影响，即他的绘画能"改变人类生活的客观环境"；其次，"他不把艺术看做是目的，而是看做达到目的——精神的净化的手段"，他的使命便是在临近一个新的精神化的世界秩序的边沿，通过抽象艺术逼近

图 4.6　《太阳，铁塔，飞机》，德劳内，1913 年。

"精神时代的黎明"①。

　　与蒙德里安"世界通用语言"类似的是俄国"至上主义"艺术代表人物马列维奇的"绝对秩序"。马列维奇希望通过几何的抽象艺术揭示超越功利的、流行的暂时秩序，展现"实际生活"的、宁静的绝对秩序，并希望欣赏者能够通过至上主义作品认识艺术真正持久的、绝对的价值。因此，马列维奇把至上主义理解为创作艺术中纯粹感觉的至高无上，蕴涵所有现象的普遍性。马列维奇相信纯粹的抽象主义绘画对提升当代社会中人们的意识与开展更高的觉察力有极大贡献，而且这种艺术将建立一个新的世界——感受性的世界。针对模仿自然事物外在表象的"虚假"艺术，马列维奇在其著作《非具象世界》一书中认为他的至上主义绘画所传达的是真正客观性和精神性的感受，并把他作品中的黑色方块（见图 4.4）看做是那个时代的象征性图像，一种革命的信号，"在该时代，它（至上主义艺术）似乎徒劳无功，但却从中产生出艺术的一个全新方面，而且，

---

　　① ［美］罗伯特·休斯：《新艺术的震撼》，刘萍君、汪晴、张禾译，上海人民美术出版社1989 年版，第 175—176 页。

图 4.7　《不定形，两个色彩的赋格曲，2》，库普卡，
1909—1912 年。

直至今日仍未枯竭"①，"任何社会理想，不论其伟大或重要的程度如何，
任何艺术，不论其渺小还是显赫，都源于视觉图像或造型的感觉。而此时

---

① ［法］雷蒙·柯尼亚等：《现代绘画辞典》，徐庆平、卫衍贤译，人民美术出版社 1991 年
版，第 307 页。

正是我们意识到这种问题的关键时刻，……所幸的是至上主义艺术正通过其纯粹的、非实用性的非具象感觉，试图建立一个真正的世界秩序、一个全新的生命哲学。"①

　　正因为如此，迈克尔·列维（Micllael Levey）在《西方艺术史》中对马列维奇至上主义艺术价值的评价甚至超过了康定斯基，认为"坚实的形状和经过思考而颇有节制的色彩，使得马列维奇的绘画与蒙德里安作品的共同之处，大大超过了与康定斯基的共同之处。一种完全是绘画式的建筑构造出来了，一种试图成为理想世界结构的支架出现了——像我们的世界所没有的、但却是应当有的和谐。理性、逻辑和严肃，它们标志着对于挖掘自然表面想象后面真实性所作的一切努力。"② 不仅如此，马列维奇把至上主义绘画看做是对传统的艺术标准和经典图式的反抗，认为非具象感觉是艺术的唯一源泉，并且是工业化时代艺术创造中充满活力的新元素，这种新的"附加的元素"（additional element）将取代传统艺术中逐渐丧失影响力的元素，构建一个新的造型艺术体系③。这使得马列维奇及其"至上主义"思想与风格派另一成员——希望通过艺术创造改造世界的凡·杜斯伯格及其"基本要素主义"理论具有了类似性。

　　此外，早期抽象主义绘画先驱德劳内（Robert Delaunay，1885—1941）和库普卡（Frank Kupka，1871—1951）、伊顿、克利的艺术思想也具有类似的观点。其中"俄耳甫斯主义"者德劳内将他的作品视作某种"宇宙精神"的象征，"他把宇宙万物的对照看做一个不断旋转的螺旋桨。他的作品中的那些离心的曲线从一个燃烧的太阳似的中心辐射出来，它们使自己的圆圈构成了对比，并引起了五光十色的色彩颤动。"④ 与德劳内艺术理想类似的库普卡则相信抽象艺术不但揭示"现实真谛"，也有着伦理的目的与使命，即反对为艺术而艺术："要么传达美感，激励爱国主义

---

①　Kasimir Malevich：*The Non - Objective World*. Chicago：Paul Theobald and Company，1959，p. 100.

②　[英] 迈克尔·列维：《西方艺术史》，孙津、王宁、顾明栋译，南京：江苏美术出版社1987年版，第207页。

③　Kasimir Malevich：*The Non - Objective World*. Chicago：Paul Theobald and Company，1959，p. 14.

④　[美] 阿尔森·波布尼：《抽象绘画》，尚莫宗译，南京：江苏美术出版社1993年版，第99页。

思想，要么冥想真理，昭示关于人类进化的真谛。新现实艺术注定会提升和丰富人类的心灵，而艺术家寻找形式真正的本质，会帮助我们找到生活的本质"①。伊顿认为"现代的科学技术与文明已经面临一紧要关头，单凭'回归于手工艺'或'艺术与技术的结合'之类的口号标语并不能够解决问题"，"我们改造自然的科学研究与技术必须同内省的东方精神文化取得平衡"②。

抽象主义绘画与其他艺术形式一样，是人的肉身欲望、人间生活、物质环境和理想追求的变现方式，从以上早期抽象主义画家的艺术理想我们不难看出，在他们个人化的差别之外也存在共通性的一面。也就是说，尽管早期抽象主义画家各自的艺术理想不尽相同，但他们不仅追求艺术的纯粹性，更是赋予了抽象主义绘画在现实社会和时代发展中精神性的价值和使命，使纯粹性与实用性在精神领域实现统一。

英国著名历史学家阿诺尔德·约瑟·汤因比（Arnold Joseph Toynbee，1889—1975）认为任何掀起一场革命性变革的艺术家都将面临一种抉择、一种挑战和考验：这个具有独特创造性的艺术家将是个传教士呢，还是个遁世者？"当艺术家仅仅为自己或为自己小圈子里的好友工作时，他们鄙视公众。反过来，公众则通过忽视这些艺术家的存在对之进行报复。由此造成的真空被走江湖的庸医一样的冒牌艺术家做了填充。"③ 早期抽象主义画家的艺术理想，以及他们与希望通过设计实践或教育改造社会的包豪斯之间的关系，无疑反映出一种共同的倾向，那就是他们并没有放弃艺术大众化、社会化的努力，他们关心人类的一切事物，造就和培养高水平的世俗公众，提高他们的文化艺术水准，扩大其数量，把他们的艺术创作活动纳入到旨在沟通与公众联系的重要的知识和社会运动中来，相信他们所窥之光对于整个人类具有不可估量的巨大价值，努力传播它是他们义不容辞的责任——尽管他们的艺术思想和艺术创作常常面临被批判、质疑和不理解。也就是说，从早期抽象主义画家的艺术理想以及对包豪斯的影响来

① 麦达·莫拉德克瓦：《通往新现实主义的道路》，载《清华美术》第 2 卷，清华大学出版社 2006 年版，第 172 页。
② ［瑞士］约翰·伊顿：《包豪斯基础课程及其发展——造型与形式构成》，曾雪梅、周至禹译，天津人民美术出版社 1990 年版，第 16 页。
③ ［英］阿诺尔德·约瑟·汤因比：《艺术的未来》，王治河译，广西师范大学出版社 2002年版，第 15—16 页。

看，他们并不是消极的遁世者或反沟通主义者，相反，早期抽象艺术家把"纯粹性"的精神价值和促进时代发展的"实用性"（主要意指社会学意义上的实用性，而非单纯技术科学和经济学意义上的功效性和功利性）使命融合为一体的艺术理想，体现出的正是抽象艺术积极的、建设性的一面。

由此，早期抽象主义画家所追求的纯粹性与实用性之间的差别，也可以用操作性和指示性之间的差别来类比。阿诺尔德·约瑟·汤因比在《艺术的未来》中认为："经验告诉我们，艺术家创造性的天赋在所有沟通方式中是最具特色的"。这种联系、沟通的目的有二，一是操作性的目的，即产生一种实践效果；二是指示性的，即传递信息，而且这两个目的往往是相互交叉渗透的①。但是，对于 20 世纪初的抽象主义画家以及公众对他们的艺术思想的质疑来说，无疑指示性是首要的。一般来说，我们会认为模仿自然的具象艺术在沟通、交流的过程中相对于抽象主义绘画具有明显的优势，事实上把二维的绘画与三维的自然现实对应起来同样需要一个改变公众观看方式的过程，"自然主义艺术刚刚兴起之时，往往是那一小部分训练有素的艺术家的产物，这些人常常被扣上秘密小宗派的帽子，直到自然主义艺术的倡导者成功地改变了广大公众，使他们也用自然主义艺术家的深邃眼光看世界为止。"② 因此，以反对自然主义具象写实艺术为出发点的抽象艺术尽管使同时代的人大吃一惊，对"传统的、墨守成规的心灵是一次巨大的震撼，但是它却不是不可沟通的。因为他们都努力表达一种对生命的态度，一种情感状态，一种他们以及大多数公众所共同具有的热望。在这一点上，艺术家是真正代表了他们的公众，只不过比公众先行了一步，他们的艺术家的天赋使他们成了公众的先驱和向导。他们之所以反叛自然主义，是因为他们深切地感到自然主义已不再能令他们满意，同样也不再能令他们的公众满意了。"③

总之，依据以上早期抽象主义画家的艺术理想以及阿诺尔德·约瑟·汤因比关于艺术发展规律的观点，我们不禁要问，早期抽象主义绘画果真

---

① ［英］阿诺尔德·约瑟·汤因比：《艺术的未来》，王治河译，广西师范大学出版社 2002 年版，第 3 页。
② 同上书，第 7 页。
③ 同上书，第 9 页。

是一种由于恐惧而带有被动心理倾向的、逃避现实的艺术吗？

　　从康德讨论崇高时对理性之主动性、超越性的分析中，我们也可以看到早期抽象主义画家实际上具有鲜明的理性主义倾向，以及主动从经验世界向超验世界越界发展的复杂性特征和超越性特征。康德认为"把纯粹理智限制到经验使用上去这并不是理性固有的全部目的，……理性概念是关于完整性的，即关于全部可能经验之集合的统一性的"，而且经验永远无法完全满足理性，特别是对于一些经验领域还无法解决的问题，如世界的本质与内在秩序，灵魂的存在与否，理性不可能因为经验世界的阻止而不去进一步追问。于是，理性将进入超验世界，去寻求超验的解释①。早期抽象主义画家对精神性价值的追求和对直觉的依赖，正是体现了艺术家对直觉理性地位的肯定，反映出人类理性的一种超验性企图：不断超越经验世界，在更高的层面上实现人类精神的全面推进，一步步向制约着目前人类生存的原因接近，认识它、追问它，并试图把握它。所以，与其把早期抽象主义画家精神价值的追求看做是否定现实、遁入超验世界的逃避艺术，不如说它是一种力图更深刻地揭示人与世界的本质，从而强化人类自我把握能力的理性思辨的艺术②。其中，早期抽象主义画家中最注重几何图形的蒙德里安正是这样界定一件艺术作品的："只有在它将生命建立在不可变更的方面之中，亦即纯粹的生命力之中时，它才是'艺术'"③。

　　由以上我们不难看出早期抽象主义画家的复杂性和超越性，并集中体现在他们艺术思想和实践的社会学意义方面。艺术社会学的目的在于揭示艺术的社会功能，艺术在社会中的地位及其与社会的相关性，艺术活动赖以进行的社会机制和设施方面的规律。早期抽象主义绘画与所有人类艺术活动一样与社会环境、意识形态、社会物质经济条件等密切关联。康定斯基不仅希望通过抽象主义绘画的"纯粹性"反抗制度化的审美观念，反抗那种把所有现实和外在表象的处理方法作为统一规则的必要条件，而且希望通过绘画作品的审美感染力，那种由作品诱发出的潜在意味，以新的

---

　　①　［德］康德：《未来形而上学导论》，庞景仁译，商务印书馆1997年版，第140页。

　　②　陈丽：《康德与沃林格：关于抽象艺术的启示》，载于《喀什师范学院学报》2002年第2期，第64—66页。

　　③　［美］阿恩海姆：《艺术心理学新论》，郭晓平、崔灿译，商务印书馆1996年版，第77页。

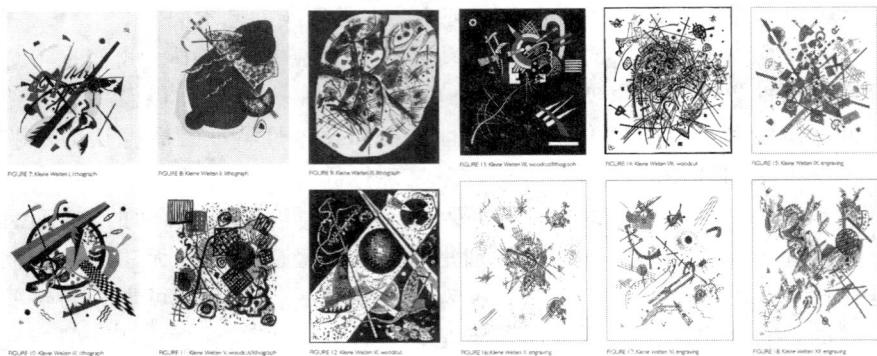

图 4.8　康定斯基创作的系列 *Kleine Welten*（微型世界）作品，1922 年。

看待人类的态度来激发观众。在康定斯基看来，抽象主义绘画是对当时社会环境的一种反映，是"对于物质主义的反抗"①。他以自己所谓的"内在需要"为价值标准批判当时社会的价值体系，认为传统的再现写实绘画只是希望观众能够识别给定的人或类型化的人的外在表象，而他的抽象主义绘画希望让观众明白新的人类精神的可能性。康定斯基希望完全脱离具象物质现实的抽象艺术，能够打破"物质主义"、"形式的专制"所造成的思想和知觉方式的惰性，坚信这种艺术对于意识形态的民主化进程，以及避免人性的异化，具有积极的意义。

　　康定斯基来到包豪斯之前，是俄国苏维埃人民教育委员会的成员，当时的委员会正着手研究讨论改造莫斯科城市的问题，希望把莫斯科规划设计成一座未来城市的典范。1918 年受文化部长的委托，塔特林邀请康定斯基加入人民教育委员会下属的"美术和艺术家协会"。从 1918—1921年间，康定斯基积极投身于苏维埃政府建设新社会的革命运动中，对新社会的未来充满希望，并活跃在教育、出版、博物馆领域从事改革运动。关于莫斯科市新的规划设计，一种思想是强调修饰美化的巴洛克和新古典主义的设计思想；另一种思想是基于花园城市的设想——发展小型社区并通过新的交通工具把郊区和市区连接起来。康定斯基创作的系列"微型世界"作品（见图 4.8），是花园城市设计规划中莫斯科与卫星城的抽象方

―――――――――――

　　① Tonald B Kuspit：*Utopian Protest in Early Abstract Art. Art Journal*，1970，29（4），p. 430.

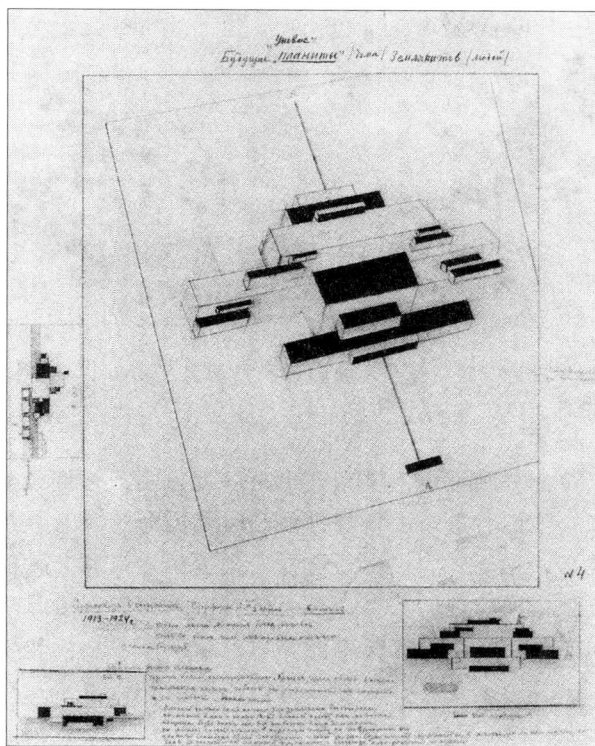

图 4.9 马列维奇创作的《未来平面体地球居民之家》，1924 年。

案，体现出康定斯基把抽象主义绘画与未来城市的规划设计、理想社会的预期设想联系起来的理想主义倾向，即"图像形式的乌托邦"。与此类似的还有马列维奇"未来平面体地球居民之家"的设计规划（见图 4.9），蒙德里安为德国德勒斯登（Dresden）艺术收藏家和赞助人（Bienert）夫人家所作的室内设计（见图 4.10）。

抽象主义画家的这种艺术理想，不但在俄国"构成主义"运动中部分地得以实现，在包豪斯也得到发展和弘扬，特别是构成主义者莫霍里·纳吉将简洁的几何结构造型与道德、民主甚至无产阶级革命等意识形态联系起来，使得早期抽象主义画家的艺术理论和实践具有了鲜明的意识形态锋芒和社会学意义。

早期抽象主义画家对色彩、点线面等造型艺术基本元素进行视觉心理

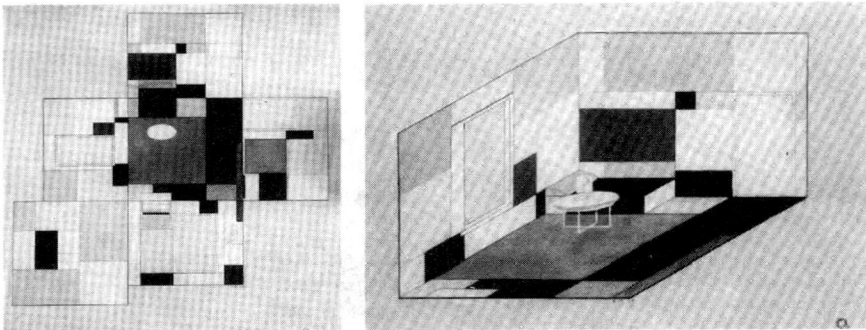

图 4.10　蒙德里安为德勒斯登艺术收藏家和赞助人（Bienert）夫人家所作的室
　　　　　内设计，1925 年。

分析试验，以及部分画家投入实用艺术——设计实践领域或参与到包豪斯
设计教育中来，他们所追求的精神价值和时代使命感，及其蕴含的理性倾
向和社会学意义，无疑都表现出了这样一种理想主义倾向，即：抽象主义
绘画是一种更具精神表现的艺术，是一种可以承担起促进时代发展使命的
艺术。而早期抽象主义画家之所以能够对包豪斯产生影响，事实上正是反
映了早期抽象主义画家在追求精神性价值的同时积极寻求实现抽象主义绘
画时代使命可能性途径的努力。

　　由以上可见，沃林格对抽象艺术的"预言"与早期抽象主义画家的
艺术理想和实践是不尽相同的。尽管马列维奇、康定斯基、蒙德里安等抽
象主义先驱对抽象主义绘画纯粹性地强调致使早期抽象主义画家形成走向
纯粹与走向实用的分化，但这些走向纯粹的抽象主义画家也积极尝试抽象
主义绘画在现实社会生活环境改造中的价值实现，体现出早期抽象主义画
家实践的复杂性特征，他们艺术理想中精神价值的追求和时代使命感也超
越了沃林格对抽象艺术提供"灵魂栖息的避难所"的"预言"。正是早期
抽象主义画家的这种特征，使得"构成主义"、"风格派"画家与包豪斯
中的抽象主义画家群体在早期抽象主义绘画运动中具有了典型性意义，即
抽象主义绘画"内省"的功能和"构建未来"的功能两者的重合。另外，
早期抽象主义画家对抽象主义绘画所赋予的精神价值及其时代使命，也可
以看做是对沃林格抽象艺术理论新的补充和阐释，是我们释读早期抽象主
义画家与包豪斯之间关系的一个重要线索。

第三节　早期抽象主义画家与包豪斯之间关系的释读

一　艺术造型语言的同构性与异质性

一方面，包豪斯设计教育中的抽象形式选择及其教学理念、方法的确立并不能完全归因于抽象主义画家的作用。包豪斯继承了 19 世纪以来艺术家试图通过艺术的美化装饰作用改变工业制品粗陋面貌的探索成果，追求的纯净、简约造型，把那种美化装饰技巧应用于建筑设计上的做法看做是虚伪和不诚实的表现，希望开创一种能反映时代精神的、有机和谐的造型形式；基于工业批量化生产的经济性、功能性、大众化需求，以及对纯净、真诚等的愿望和要求，采用抽象的造型形式语言从而具有了时代的必然性。也就是说，由于"机器作为试验科学的产物概括了大自然的抽象原则，那么，它的形式逻辑也应该是抽象的，形式的简洁、单纯、秩序只与直线、空间、比例和体积等有关。……此外从生产技术和经济效率的角度来看，企业家们也乐意于简洁的几何形式，至少它可以满足机械化、批量化和标准化的大工业生产法则"[1]。

另一方面，不论是建筑设计还是工业产品设计、视觉传达设计，包豪斯教学所涉及的实践领域究其本质都离不开造型形式语言的研究，为此，抽象主义绘画特定的视觉思维方式和视觉创造能力，无疑为提高设计教学和实践提供了一种新的可能性。不论是包豪斯校长格罗庇乌斯及其继任者，还是教员莫霍里·纳吉、伊顿等抽象艺术家，对学生创造力的培养是包豪斯教学中的一个重要内容，也是包豪斯教学在当时的一个重要特征。曾经批判攻击过包豪斯的杜斯伯格在图林根州政府企图强行关闭包豪斯时，也站在了包豪斯的一边，并抨击图林根州政府的错误选择，称："除了魏玛以外，世界上还有什么地方的人在为着自我表现和发展创造力的可能性而努力奋斗？无论在法国、英国以及其他任何国家，没有一个学术机关的学生是被鼓励去创造的；他们只是被动地去重复模仿一些早已创造好的东西。包豪斯在许多方面均是公开接受批评的。总之，他不会也不应该遭受到攻击。"[2] 格罗庇乌斯聘请抽象主义画家担任包豪斯教学工作，除

---

① 包林：《设计的视野》，石家庄：河北美术出版社 2003 年版，第 33 页。
② 王建柱编著：《包浩斯——现代设计教育的根源》，大陆书店 1982 年版，第 89 页。

了时代精神及其造型形式的选择之外，其中一个重要原因正是基于对创造力培养的重视，认为艺术创造是独立于并且优于其他所有方法论的，而且把抽象主义画家的教学认为是培养学生创造性才能的基础。

图 4.11　1924 年 5 月 11 日 *Vossische Zeitung* 报纸上刊登的一幅照片"时代的图像"（Image of Age）。

在抽象主义画家中，蒙德里安形式语言的几何特征以及所蕴含的精神价值及其对普遍、永恒真理和本质的追求、揭示，康定斯基的色彩韵律和塔特林源自生物启示的有机形态，罗德钦科、利希茨基的理想的比例和不断变化的几何图形，以及杜斯伯格具有模数比例特点的几何造型风格，等等，这些抽象主义画家把绘画所实现的自身纯粹性创造看做是引领其他造型活动实践领域的楷模——特别是建筑领域，相信绘画与建筑之间的结合能够开创一种现代建筑应然的、典型的形式，甚至可以代表一个风格统一的、未来社会的最高文化成就①。其中，"风格派"、"构成主义"建筑设

---

① Michael White：*De Stijl and Dutch Modernism*．Manchester University Press，2003，p. 12.

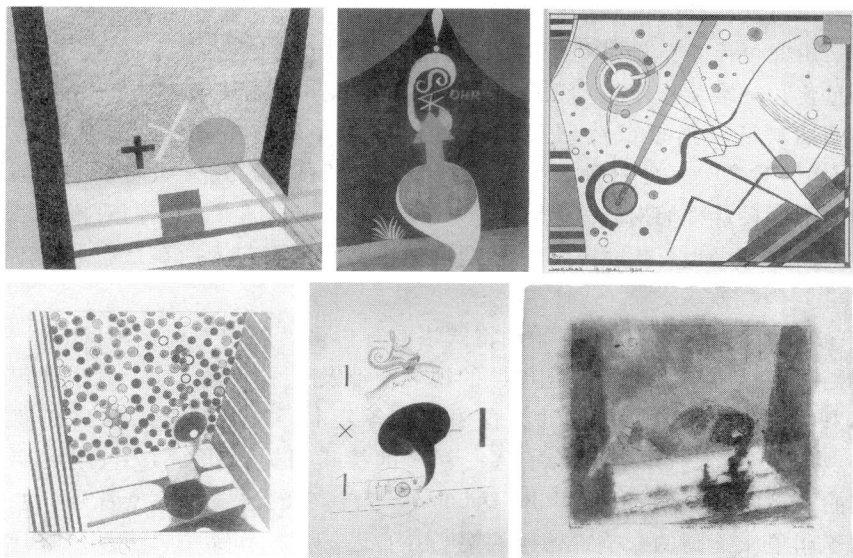

图 4.12　以"传达"为题的系列绘画作品。作者从左至右、从上至下分别是莫
　　　　霍里·纳吉、保罗·克利、康定斯基、乔治·穆希、奥斯卡·施赖默、
　　　　费宁格。

计和包豪斯设计一样对新材料、新技术投入极大的关注（例如玻璃、钢筋和混凝土的组合利用），使建筑中的墙体不再发挥承重的作用，其重量主要由钢筋和混凝土以及木框架承担，而逐渐薄化的建筑立面表皮也更像画家的画布一样，成为设计家探索空间构成的一个元素。

　　在此，除了对创造力的共同追求，被抽象主义画家赋予精神价值和时代使命的抽象主义绘画，与包豪斯所探寻的能够象征时代精神的设计形式，两者在造型语言方面也具有了一种默契，尤其是格罗庇乌斯领导下的包豪斯，显然把抽象主义画家的抽象造型语言与新时代的科学技术联系起来，看做是新时代精神的沟通或传达方式。例如 1924 年庆祝格罗庇乌斯 41 岁生日时，在莫霍里·纳吉的倡议下，包豪斯的六位"形式大师"分别就报纸中对首次通过无线电通告选举结果的报道，以"communication"（传达）为题创作了系列绘画作品（见图 4.12）。虽然不同的大师有不同的创作构思，但从作品中我们可以看到，六位大师都试图通过对视觉信息的抽象化来传达各自的意图，并不同程度地反映出包豪斯教师对抽象造型语言与时代精神之间联系的认同。

　　由此可见，不论是基于对设计造型形式诚实、经济方面的考虑，以及批量化、标准化生产技术条件的限制，还是对时代精神的传达，包豪斯与早期抽象主义画家在造型形式方面具有了外在的相似性，呈现出一种"同构"现象。对于这种"同构"现象的理解，离不开早期抽象主义画家与包豪斯设计师们对格式塔心理学共同的兴趣，或者说，他们对格式塔心理学共同的兴趣可以用来解释早期抽象主义画家与包豪斯在造型形式方面的"同构"现象。

　　在德国，从 1910 年开始的格式塔心理学虽然起始于视觉领域的研究，但是在实际应用上它却超越单纯的视觉而涉及整个感觉领域，其中就包括抽象主义绘画和包豪斯设计教育领域。各艺术门类之间本来就存在"同构现象"，前人很早就开始了这一领域的探索研究，比如 19 世纪后期以作曲家德彪西（Claude Achille Debussy）为代表的法国印象派音乐，就受惠于印象派绘画的影响，德彪西竭力在自己的音乐作品中，表现出朦胧的光影与色彩，甚至是颤动的空气。格式塔心理学家鲁道夫·阿恩海姆（Rudolf Arnheim）认为审美体验是，对象的表现及其力的结构（外在世界）与人的神经系统中相同的力的结构（内在世界）的同型契合，"对于艺术来说，所谓外部世界与内部世界、意识与下意识之间的区别，都是虚假的。"也就是说，物理世界运动的结构性质与精神世界情感活动的结构性质有着产生共鸣的一致性，而且"那推动我们自己的情感活动起来的力，与那些作用于整个宇宙的普遍性的力，实际上是同一种力"①。

　　这种在 20 世纪初逐渐发展起来的格式塔理论，对于旨在"联合所有创造活动于一体——建筑"的包豪斯设计师来说无疑具有巨大的吸引力，并通过邀请格式塔心理学家举办讲座的形式积极地从事格式塔理论在包豪斯的传播。其中，包豪斯于 1929 年邀请格式塔理论家苛勒（Kohler）举办格式塔心理学讲座（由于时间计划的冲突最后由他的学生（Karl Duncker）代替演讲）。在这次演讲的听众中，除包豪斯的设计师，也包括包豪斯的抽象主义画家保罗·克利，而康定斯基和阿尔伯斯也在 1930—

---

　　① ［美］鲁道夫·阿恩海姆：《艺术与视知觉》，滕守尧译，四川人民出版社 1998 年版，第 611—634 页。

1931 年间参加了格式塔理论家 Karlfriedvon Durckheim 的系列讲座①。除了这种讲座的形式之外，格式塔心理学家的理论著作也影响、启迪着早期抽象主义画家与包豪斯的设计师们积极探索格式塔理论在艺术创作和设计实践中应用的可能性。

　　心理学家马克斯·威特海默（Max Wertheimer）1923 年发表的论文《形式理论》（Theory of Form），探讨了视觉格式塔现象中的直觉问题及其在"完形"或"群集"方面的特点，认为直觉的倾向不是学习得来的，而是天生的。尽管这篇论文几乎没有人完全理解，但保罗·克利是个例外，"他从'形式理论'中获得了绘画创作中关于视觉组织的法则，即由于'同时对比'的影响，局部的表征是由整体决定的；对于视觉元素之间相似或接近的判断是相对而言的，并且在这些视觉元素的组织构成复杂性方面，绘画、招贴设计、版式设计是一样的，即每一个局部的目标都与整体的倾向相联系"②。

　　威特海默和苛勒（W. Kohler）的"心物同型论原理"（Principle of Isomorphism）把心理与自然、生活整合起来的观点，与康定斯基试图探寻个体自发性和自然自发性（色彩的共鸣）之间统一性的努力也体现出某种一致性。而莫霍里·纳吉与约瑟夫·阿尔伯斯在包豪斯基础课程中强调让学生创造性地应用普通材料"装配"出某种东西，一方面是继承了伊顿在实践或游戏中学习的教学方法，另一方面也体现出类似于格式塔心理学中的"功能性匹配"（Functional Fixedness）试验，其目的是要求学生通过使用表面看来不相宜的材料来提供多种问题的解决方案。至于克利和康定斯基则在包豪斯教学中积极从事的抽象形式构成的心理学实验、分析，以及视觉感知的调查，力图从中获得普遍的艺术法则，并"把这种视觉形式构成对心理或心灵的影响力归因于直觉的力量"③。这种由抽象形式构成的心理学实验品，既是实现了完形或视觉平衡的设计作品、绘画作品，也是格式塔观念的典型体现。

　　这些早期抽象主义画家和包豪斯设计家对格式塔理论的信奉，第一个

---

①　Roy R. Behrens：Art, Design and Gestalt Theory. Leonardo, 1998, 31 (4), p. 300.

②　Mary Henle, ed.：Vision and Artifact. New York：Springer, 1976, pp. 131—151.

③　Cretien Van Campen：Early Abstract Art and Experiment Gestalt Psychology. Leonardo, 1997, 30 (2), p. 135.

原因或许是基于对传统艺术作品和设计构成原则的规律总结，以及格式塔心理学在包豪斯的传播。格式塔心理学认为外在事物和人的内在心理之间存在"同形同构"和"异质同构"两种结构，两者通过大脑的思维活动达到碰撞和融合，物质与精神的界限变得模糊，客观事物因此具有了人的精神和情感特征，而且对于抽象主义艺术家来说，这种精神和情感是视觉表现可以直接把握的。由此我们不难看出包豪斯聘请那些鼓吹精神革命的抽象主义画家担任教学工作的合理性，不论是包豪斯的创建者还是抽象主义画家，至少他们对于设计创造与抽象主义绘画之间的"同形同构"是抱有期望的。

这些早期抽象主义画家和包豪斯设计家对格式塔理论的信奉，第二个原因是他们处在同一个历史背景：自 19 世纪末以来的"艺术科学"研究不断发展的背景。"艺术科学"奠基者之一的艺术理论家菲德勒（Konrad Fiedler）把康德哲学的、逻辑思辨的美学转变为经验的美学，认为艺术家可以通过纯视觉能力、以纯美学的形式感知世界，其"通过对视觉感知分析探索而得出的原则或规律与后来的格式塔原理非常接近"①。这种美学思想结合 20 世纪初部分艺术家、科学家对直觉认知价值的肯定，形成了早期抽象主义画家和包豪斯共同的艺术观念背景。

第三个原因是格式塔心理学不但相信人类视觉认知反应中完成完形的内在心理需求或规定性，也强调平面抽象的图式及其结构的经济性和高效率（即简洁律 Law of Pragnanz）。格式塔理论由此把当时追求纯净、内在情感需要的抽象主义绘画和简洁高效的功能设计联系起来，并相信"所有的艺术，就像音乐和建筑一样，本质上是抽象的设计"②。

当然，这种"同构"现象并不代表早期抽象主义画家艺术创作与包豪斯设计之间内在的一致性或同质性；相反，随着包豪斯在现代主义设计的探索过程中对科学理性和实证主义精神的逐渐强化，早期抽象主义画家与包豪斯设计师在造型形式方面的异质性也逐渐显露出来。

首先，包豪斯的现代主义设计是以恢复和光大手工艺为主的传统设计为起步，其造型形式带有传统与现代设计之间传承和发展的逻辑；同样，

---

① Cretien Van Campen：*Early Abstract Art and Experiment Gestalt Psychology*. Leonardo, 1997, 30（2），p. 135.

② Roy R. Behrens：*Art, Design and Gestalt Theory*. Leonardo, 1998, 31（4），p. 300.

现代艺术中的早期抽象主义绘画是从传统具象写实绘画艺术演变而来，也有其自身形式语言的演化逻辑，两者间谁也无法替代对方。抽象主义绘画中的形式语言不是指用于口头或书面交流的语言，而是一种视觉元素构成的符号系统，如果说关于符号研究的符号学发源于语言学，那么抽象主义绘画的造型形式语言是假定视觉符号能指和所指相互对应的系统，即对视觉符号与其指代内容之间对应关系的假设，其有效性或稳定性更多体现在画框之内、画面之中，或通过画家的自我解读作为验证的线索。例如抽象主义画家康定斯基尽管对抽象视觉语言进行经验总结和心理学分析，却也承认绘画中"正确的形式总是不期而至的"，甚至是神来之物①，而包豪斯的现代主义设计及其设计造型语言是否有效和合理直接受到应用实践的检验。正如《新艺术的震撼》的作者罗伯特·休斯（Robert Hughes）所说，绘画可以是画家理想的虚构，而且人们不能在绘画中行走，其中的形象也不会应用到现实生活中，所以"绘画是不会败坏的"②，而建筑和设计的每件事物都涉及身体和实际使用。早期抽象主义画家的造型原则显然与包豪斯设计中理性的、可操作性的、功能性设计造型原则无法通约。所以，早期抽象主义画家与包豪斯在造型形式上的"同构性"只是一种表象，从本质上来说，早期抽象主义画家的绘画造型与以包豪斯为代表的现代主义设计造型之间是异质性的，而且这种异质性在包豪斯从早期浪漫主义逐渐向理性主义的转变过程中体现得尤为明显。

随着包豪斯逐渐放弃早期对复兴手工艺传统的努力，摆脱了实际上只能被少数人接受的先锋设计风格，代之以对商业经济效益的依托，从机器大生产的批量化、标准化出发，设计方法和过程逐渐以任务或问题的解决为导向，抽象主义绘画与包豪斯设计间的异质性也逐渐明朗化。特别是到了汉斯·迈耶和米斯担任包豪斯校长的时期，建筑在包豪斯的地位得到强化，早期抽象主义画家与设计师之间的矛盾也直接以绘画和建筑之间的差异显示出来。这两位校长更关注于严格的功能性设计，对于绘画的认可也更多地带有功利主义的偏见，而不是出于绘画自身的价值，绘画在他们看

---

① ［俄］瓦西里·康定斯基：《论艺术的精神》，查立译，中国社会科学出版社 1987 年版，第 70 页。

② ［美］罗伯特·休斯：《新艺术的震撼》，刘萍君、汪晴、张禾译，上海人民美术出版社 1989 年版，第 179 页。

来仅仅是墙面上附加的、用于装饰的色彩斑点，其本身是无意义的。这种设计观念决定了汉斯·迈耶和米斯对抽象主义画家的态度不至于仇视，却显然无足轻重。正因为如此，汉斯·迈耶的教学思想不但让康定斯基、克利无法接受，莫霍里·纳吉、赫伯特·拜尔等倾向于功能主义设计的抽象主义画家也以辞职来表示不满。

　　其次，早期抽象主义画家的造型形式与包豪斯设计的造型形式之间异质性的深层原因，实质上是关于绘画创作方法和设计实践方法上的差异，即由"内在需要"决定的绘画创作方法与"形式由功能决定"的设计实践方法之间的差异。从早期抽象主义画家的角度来说，康定斯基和马列维奇等的绘画创作所依托的"情感"或"内在需要"是一种经验性的或不可名状的直觉洞察力，"一种基本的情感，以及所有组成'精神生活'的东西"①；克利、蒙德里安等画家的艺术创作所依托的"内在需要"是一种对自然世界秩序、规律的直觉体悟；构成主义者莫霍里·纳吉和阿尔伯斯的艺术创造所依托的"内在需要"也以人为基础，强调对机器时代人文、民主精神的关注。而从建筑设计师汉斯·迈耶和米斯·凡·德·罗的角度来说，他们所追求的功能主义设计，是由机器生产的工艺条件、经济和功能效率等"内在需要"决定的，是产品由内而外的功能性原则支配的。例如设计师设计一座建筑是从居住来考虑，一把椅子的造型是以坐的功能来决定；但对于抽象主义画家而言，椅子不仅仅是用来坐的，建筑也不仅仅是用来居住，它们同时将成为一种造物文化的整体环境而影响人的意识或内心感觉。

　　蒙德里安认为他所谓的"新造型主义绘画"有助于引导"人类内心的统一感觉朝着积极的和确定的方向成长"②。而马列维奇和康定斯基的城市规划设计也并不会考虑实用性的和机能性的问题。马列维奇在区分建筑设计与建筑空间设计时，称前者有实用的目的，而后者只是严格的艺术，建筑空间设计所产生的作品，只描述空间造型的艺术关系，并不考虑人住在造型中。在此，"格式塔"理论中的"同时对比"理论对于抽象主

---

　　① ［英］赫伯特·里德：《现代绘画简史》，刘萍君译，上海人民美术出版社1979年版，第112—113页。

　　② ［法］米歇尔·瑟福：《克瑙尔抽象绘画辞典》，王昭仁译，人民美术出版社1991年版，第95页。

义画家来说具有了特殊的意义，因为这种"同时对比"蕴涵了一种整全观，即我们的感性经验是整全性的，而不是局部分离的，是在对象与背景之间的动态关系中来感知对象的。

再次，随着包豪斯后期不断强化的科技理性观念和方法逐渐占据主导地位，其极端功能主义的设计思想不仅加深了对抽象主义画家的敌意，而且也暴露出早期抽象主义画家在设计实践中神秘主义倾向的致命弱点。在对包豪斯产生影响的早期抽象主义画家中，许多画家都有神秘主义的倾向，除伊顿对于古代波斯"拜火教"和"原始基督教"的兴趣，保罗·克利痴迷于一个德国理想主义玄学之外，康定斯基对神智学通灵论（或通神论）有着浓厚的兴趣，"积极从事包豪斯设计教学工作的康定斯基希望创造一个乌托邦新纪元的热情实际上离不开一战前弥漫整个欧洲组织团体的神秘主义和玄学思潮——特别是通灵论"[1]。康定斯基对通灵论的着迷，使他坚信基于神智学的新艺术革命将会对于改变一个精神的氛围起到直接作用，而抽象主义绘画也被看做是训练人们根据非具象形式思考、观看，为迎接即将到来的、"一切政治的和社会的势力都将被纳入精神上的沉思冥想"的"千禧年"做准备[2]。

至于蒙德里安，成长在一个严格信奉加尔文教家庭中的他于 1909 年对"通神论"产生浓厚的兴趣，并在该年 5 月正式加入"荷兰通灵论者协会"，该协会的神秘教义在对艺术的理解上充满神秘和象征的色彩。受通灵论的影响，蒙德里安的艺术逐渐脱离自然外形，转而追求某种深层的内在精神的表达。除了受通灵论的影响，蒙德里安也深受 20 世纪初荷兰强调节制、明晰、逻辑的理性传统及其唯心主义哲学的影响，特别是荷兰数学家兼哲学家荀梅克（M. H. L. Schoenmaekers）的理论对蒙德里安的抽象艺术具有重要的意义。荀梅克提出一个绝对神秘主义的体系，称"造型数学体系"（A System of Positive Mysticism, or Plastic Math），这一体系依据一些基本的对立关系（主动与被动，雄与雌，空间与时间，黑暗与光明）以垂直与水平交会的几何形式来象征。这种"造型数学体系"

---

① Rose - Carol Washton Long: *Kandinsky – The Development of an Abstract Style*. New York: Oxford University Press, 1980, pp. 13—14.

② ［美］罗伯特·休斯:《新艺术的震撼》，刘萍君、汪晴、张禾译，上海人民美术出版社 1989 年版，第 254—263 页。

使蒙德里安寻找到了一种赋予精神含义而无须外界指涉物的绘画方式，声称自己的这种绘画代表了表与里、个性与集体、自然与精神、物质与意识等基本观念间的平衡关系，达到了世界原秩序性的和谐，其最终目的"不是通过消除可辨别的主题，去创造抽象结构"，而是"表现他在人类和宇宙里所感觉到的高度神秘"①。

"至上主义"画家马列维奇是一位虔诚的基督教神秘主义者。马列维奇认为专注于科学技术的实用性艺术创造是具体的、暂时的，"至上主义"艺术则专注于人类内在的感受，追求的是人类内在感受对正确性和秩序性的永恒追求，这种追求体现的是"类似于光耀千秋的上帝意志"②。由于宗教信仰和对宇宙空间的好奇，马列维奇曾一度致力于对神秘的宇宙性语言的探索，并称"我已经打破了色彩极限的蓝色世界"，"我转向白色，除我之外，还有飞行员同志们，游弋于这个无限之中。我已经建立了至上主义的旗号。游弋吧，自由的白色之海，无限躺在你面前。"③

总之，这些早期抽象主义画家的神秘主义倾向和各自关于抽象主义绘画的超验理论与他们构建一个"超凡世界"④ 的构想是一致的，却与探寻实用功能旨在构建现实世界的科技理性设计方法格格不入。

与这种神秘主义理论相联系的，是早期抽象主义画家与包豪斯关系中另一个重要内容，即两者艺术理想的一致性和社会价值实现方式的矛盾性。

二　艺术理想的一致性和社会价值实现方式的矛盾性

包豪斯的创立者沃尔特·格罗庇乌斯希望通过所有创造活动的联合以及艺术与技术的统一，改革艺术教育，实现艺术的生活化。格罗庇乌斯强调造型艺术的综合，以及"艺术创造是独立于并且优于其他所有方

---

① ［英］赫伯特·里德：《现代绘画简史》，刘萍君译，上海人民美术出版社1979年版，第113页。

② Kasimir Malevich: *The Non - Objective World*. Chicago: Paul Theobald and Company, 1959, p. 84.

③ ［英］尼古斯·斯坦戈斯：《现代艺术观念》，侯瀚如译，四川美术出版社1988年版，第149页。

④ 曹意强：《艺术世界与超凡世界——康丁斯基早期艺术和理论中的玄学因素》，载于《新美术》1990年第4期，第10页。

法论的"①。为此，包豪斯聘用了许多抽象主义画家，与工匠、设计师一道对学生进行思想改造，提高学生对社会服务性的认识，增强他们艺术的社会责任感。

包豪斯早期聘请的基础课教师中，尽管莱昂纳尔·费宁格、奥斯卡·施赖默、康定斯基等画家与 20 世纪初出现于德国和奥地利抽象风格的表现主义有密切的联系，但是由于这些艺术家不但主张艺术的任务在于表现个人的主观感受和体验，而且鼓吹用艺术来改造世界，用新颖、独特的形态来表现时代精神，这种理想主义的艺术观念与包豪斯发现象征时代精神的形式和创造新的未来社会的目标是一致的，所以他们同样成为了包豪斯所需要的"形式大师"。在 Gillian Naylor 著的 *The Bau-haus Reassessed*《包豪斯再评价》中也把伊顿、康定斯基、克利，以及杜斯伯格和莫霍里·纳吉的设计思想都归结为一种艺术的主张，特别是包豪斯理性主义时期教师中的典型代表莫霍里·纳吉，不论是他的言论还是作品，"与先锋派艺术一样，他对于传统的挑战是对艺术变革的努力，而不是要毁灭艺术，……"②

包豪斯自 1922 年开始转向理性主义，但依然遵循着格罗庇乌斯的设计教育理念，即通过艺术和技术的结合而创造出"完全艺术的作品"③，而且把抽象主义画家的教学认为是培养学生"创造性才能"的基础④。一方面，新的建筑是为普通工人阶层创造的，其最神圣的目标就是提供廉价、功能实用性的建筑；另一方面，包豪斯拒绝装饰，追求纯粹、干净的抽象造型形式，并把这种形式与民主思想、功能实用、审美精神联系起来。格罗庇乌斯希望把设计提高到与传统视觉艺术平等的地位，削弱艺术中的等级划分，在这里，一个人是否是艺术家与他具体从事的职业无关，纯艺术和应用艺术之间已经没有区别，"艺术"与"设计"也成为同义语。

---

① 钱竹编著：《包豪斯——大师和学生们》，陈江峰、李晓隽译，艺术与设计杂志社，2003 年，第 36 页。

② Gillian Naylor：*The Bauhaus Reassessed*. London：The Herbert Press Limited，1985，p. 102.

③ ［英］卡梅尔·亚瑟：《包豪斯》，颜芳译，中国轻工业出版社 2002 年版，第 10 页。

④ ［德］华尔特·格罗比斯：《新建筑与包豪斯》，张似赞译，中国建筑工业出版社 1979 年版，第 27 页。

　　包豪斯希望通过"联合所有创造活动于一体"的教学理念，以及综合所有造型艺术服务于建筑的教学方法，实现其对艺术教育的改革，与抽象艺术中的"生产艺术"、"基本要素主义"，以及康定斯基的"综合艺术"观念在本质上是一致的，也与马列维奇的至上主义艺术理想类似。马列维奇把"至上主义"绘画看做是一种革新既定现实的、进步的"联合"活动，并区别于其他艺术家模仿现实的再现活动和工程师的发明活动，把工程师和"至上主义"画家创造的形式看做是积极革新的进步活动，而那些再现客观现实的艺术活动则代表了保守、消极的产生形式的活动；马列维奇相信至上主义画家创造的形式将会变成新的建筑形式，将二维的画面形式转移到空间构成中去，产生与物质世界和社会生活之间的联系①。

　　由此，包豪斯设计教育的理想更多地体现为一种艺术理想，而且把这种艺术理想与教书育人、反抗商业主义和极端功能主义以及改造社会的使命联系在一起，造就了包豪斯"文化的批判精神和社会的乌托邦精神"②，体现出包豪斯对人性完整的渴望和创造一个全新未来社会的艺术理想。也就是说，包豪斯反对"为艺术而艺术"，追求能够有助于社会生产、生活的实用化、人性化的大艺术。因此，对于包括抽象主义画家在内的艺术家，包豪斯不仅积极吸纳他们新的观念和方法，也希望"创造性的艺术家从那种脱离现实世界的境地中觉醒，重新取得和现实工作世界相关的联系，而且，同时萌发了要使实业家们的顽固和一味地追求实利主义的态度缓和，并使之人情化。"③

　　然而，从社会价值的实现方式来看，早期抽象主义画家与包豪斯之间是存在分歧和矛盾的。设计究竟是一种以基本形式呈现的应用艺术，还是一门由其任务设定，由其使用、制造与技术所规范的学科？进一步的问题是：世界是个别且具体的，还是普遍且抽象的？对于这些问题的回答，严格来说在包豪斯充满争论与矛盾的整个过程中并没有彻底解决，即使是米斯·凡·德·罗主持下的包豪斯倾向于"建筑科学"的意味，也强调建

---

　　① Kasimir Malevich：*The Non－Objective World*. Chicago：Paul Theobald and Company，1959，pp. 31，100.

　　② 同上书，第22页。

　　③ ［日］中川作一：《视觉艺术的社会心理学》，许平、贾晓梅、赵秀侠译，上海人民美术出版社1991年版，第206页。

筑的形式设计中审美观上的"正确性"①。因此，尽管包豪斯自1922年开始转向了功能性的理性主义时期，但仍然与包括康定斯基在内的浪漫的、自由主义的画家保持关系，而且这种矛盾的现象始终在不断变化的包豪斯中存在，至少"这个学校从来没能彻底解决这个矛盾"②。这种矛盾和分歧随着包豪斯的发展而逐渐显露出来，并最终导致早期抽象主义画家和包豪斯设计师各自分道扬镳。

其中，对于包豪斯来说，正如手工艺训练并不是目的——是为了创造一种良好的全面的手、眼训练条件，并作为掌握生产过程的初步实习，包豪斯汲取抽象主义绘画的思想观念和技法，接受抽象主义画家在包豪斯从事教学工作，并不意味着包豪斯以抽象艺术为目的或对抽象艺术抱有野心，即反对"为艺术而艺术"；对于早期抽象主义画家来说，尽管部分人鼓吹用艺术来改造世界，但他们把自己的社会角色看做是"仆人"或服务者，希望他们的艺术对于普通民众和社会发展是有益的，他们中的许多人也持守"联合"或"综合"的艺术发展观，甚至积极参与一些公共或团体的设计项目或设计教育的实践，但是总体而言，这些早期抽象主义画家始终对极端功能主义和纯粹功利性目的保持一定的距离和警惕，或者说，他们对于社会价值的实现有着与设计师不同的方式。

作为现代艺术的重要组成部分，不可否认，20世纪初的抽象艺术带有明显的形式创新和对形式的强调，但这种创新和强调不同于我们习惯意义上所谓的形式主义，即不同于康德意义上的形式本体论。事实上，形式在抽象主义绘画中，不全是一些人所误解的那样，是缺乏内容的无病呻吟，应该说，形式在整个现代艺术中的种种创新或逐新包含了复杂的含义，甚至带有某种文化意义和政治意义。早期抽象主义绘画与艺术史中的抽象表现形式之间的本质区别在于其艺术观念的不同，即抽象主义画家以艺术品为主体来看待抽象形式语言，并赋予其时代精神或科学、哲学等象征性的意义。抽象主义绘画先驱的理论和实践是基于对时代精神的体会和理解，通过升华和强化人类的感性世界，以对抗物质主义的理性世界，

---

① ［英］弗兰克·惠特福德：《包豪斯》，林鹤译，生活·读书·新知三联书店2001年版，第210页。

② Jeannine Fiedler, Peter Feierabend, eds.：*Bauhaus*. Cologne：Könemann Verlagsgesellschaft mbH, 2000, p. 256.

"能够赋予我们以现时精神的，只有强化和升华了的感性世界，而不是受排斥和压抑的感性世界。"① 以康定斯基为例，作为在包豪斯任教时间最长的抽象主义画家之一，他认为"当形式语言摆脱了符号意义，和实用目的的联想，当认识到线条、色彩有时具有完全纯粹的艺术意义时，就能够用心灵来体会这条线或色彩的纯粹的内在共鸣。这种内在的共鸣正是抽象主义和现实主义共同目的的依据。所以纯粹的抽象艺术的形式语言与物体的实用性之间并不冲突，关键看这种形式是否合乎艺术家的内在需要。唯有如此，即使是死亡了的物质也会具有精神的活力"②。可见，康定斯基为了实现艺术的共鸣，并不排除抽象形式背后的实用性，而且康定斯基相信绘画能够成为强有力的改变社会的工具，认为绘画拥有特殊的目标——促进人类灵魂的发展和完善，并补充道：没有其他力量可以代替艺术的力量促成这个目标的实现。但是康定斯基强调艺术是促使精神生活向前或向上运动的最有力量的动因，称艺术家为"预言家"和"看不见的摩西"。康定斯基与蓝骑士集团的弗朗兹·马尔克一样，认为艺术家在"即将来临的精神的信仰的时代"③中负有使命。

这种"无用"的抽象主义绘画的"有用性"，与包豪斯设计中的功能主义相比，更强调创造活动的精神价值和社会价值。正如康定斯基在1935 年出版的《两个方向》中提出的，所有国家都积极地实现对于物质财富的堆砌，朝向人类最大限度的福利前进。"这是一种激情的、英雄似的奋斗，任何方式都是神圣的，只要它能带来人类的'福祉'。这是一个值得感激的、高评价的工作，可惜确有阴影的一面"：一个阴影是"这种奋斗结果几乎是零，没有一个国家有足够的'面包'，'快乐'更罕有，而且有点欺人。另一个阴影是，人们越来越忘记对'非物质'财富的需要"。这种"'纯粹物质主义'逻辑的结果——物质使精神被遗忘，'实际'的现代人，则为机器、为武器和居住的机器而屈膝，他养成外在的目光，取笑内在的。这种单面性是宿命的。最后人类必然可以被咀嚼器和

---

① ［德］W. 沃林格：《抽象与移情》，王才勇译，辽宁人民出版社 1987 年版，第 164 页。
② ［俄］瓦西里·康定斯基：《论艺术的精神》，查立译，中国社会科学出版社 1987 年版，第 86—89 页。
③ Rose – Carol Washton Long: *Kandinsky – The Development of an Abstract Style*. New York：Oxford University Press，1980，pp. 13—14.

消化器取代"①。与其观点类似的还有在包豪斯任教的抽象主义画家保罗·克利和伊顿。伊顿认为"对人类的尊重是所有教育的开端和最终目标"②，艺术教育不应仅仅是对解决实际问题的能力、技巧的培训；克利则称："机器实现功能的方式是不错的，但是，生活的方式不止于此。生命能够繁衍并且养育后代。一架老旧的破机器几时才会生个孩子呢？"③

　　对于"至上主义"画家马列维奇来说，社会革命摧毁的只是昔日的社会关系，陈旧的文化传统并没有被摧毁，艺术家所要做的正是建立新的文化价值，并对抗陈腐的资产阶级文化。在这里，"美学革命与武装革命是分不开的理念：'一方面是高举经济、政治、权力及自由旗帜的前卫战斗部队，另一方面则是为实用及精神世界创造造型的创世军。'"④为此，马列维奇"坚持认为塑造全新的情感世界要依靠抽象的艺术创作，而不是具体的、实际的工业产品设计"⑤。

　　与马列维奇的"美学革命"相比，康定斯基的实现方式显得相对较为温和，康定斯基认为绘画形式的创新是用来建立一个"新的精神世界"的工具，而抽象主义画家实现社会价值的途径主要是对公众的教育和精神、情感的影响。为此，康定斯基在《论艺术的精神》一文中建立了抽象主义画家与欣赏者之间交流的理想模式："灵魂与肉体密切相连，它通过各种感觉的媒介（感受）产生印象，被感受的东西能唤起和振奋感情。因而，感受到的东西是一座桥梁，是非物质的（艺术家的感情）和物质之间的物理联系，它最后导致了一件艺术品的产生。另外，被感受到的东西又是物质（艺术家及其作品）通向非物质（观赏者心灵中的感情）的桥梁。他们之间的程序是：感情（艺术家的）→感受→艺术作品→感受→感情（观赏者的）。这两种感情在成功的艺术作品中是相似的和等同的。在这一点上，一幅画无异于一首歌曲——二者都表达和沟通感情。成

---

① ［俄］康定斯基：《艺术与艺术家论》，吴玛悧译，艺术家出版社 1995 年版，第 60—63 页。

② ［瑞士］约翰·伊顿：《包豪斯基础课程及其发展——造型与形式构成》，曾雪梅、周至禹译，天津人民美术出版社 1990 年版，第 10 页。

③ Anna Moszynska：《抽象艺术》，黄丽娟译，远流出版事业股份有限公司 1999 年版，第 137 页。

④ 何政广主编，曾长生著：《马列维奇》，石家庄：河北教育出版社 2005 年版，第 80 页。

⑤ 陈瑞林、吕富珣：《俄罗斯先锋派艺术》，广西美术出版社 2001 年版，第 393 页。

功的歌手能引起听众的共鸣，成功的画家丝毫也不比他逊色。"①

当然，这种把观众置于他所希望的状态中的理想化模式，在具体实践中是充满不确定性的，因为即使是一个简单的矩形，尽管物理性质和外形上来说可能完全相同，不同抽象主义画家或观众的各自解读却无法实现完全一致，而不同的创作意图更有可能超越矩形本身而具有丰富的含义。例如"新造型主义"者蒙德里安的矩形是完美平衡的象征，是对于混乱世界进行重组的理想载体；"至上主义"者马列维奇的矩形置于当时社会政治革命的背景下就意味着自由和活力，甚至是"暴力"，象征的是动态不平衡的英雄主义理想。由此，不同画家、不同时期、不同意图的抽象主义绘画，仅仅用简单的点、线、面，却创造了不同意味的、历史的形式，而且其中没有解读的局限性。

正因为如此，包豪斯中对现代主义设计作出积极贡献的画家莫霍里·纳吉、阿尔伯斯和俄国"构成主义"、荷兰"风格派"设计师一样，尽管他们没有放弃艺术的精神性价值，但这并不是他们追求的全部，他们希望将抽象艺术与实用艺术结合，试图通过类似科学实验研究的方法，"把抽象艺术和实用艺术共享的形式程式缩减至少的基本的形式，通过绘画和设计实践编织新的艺术与生活的关系。他们不仅仅在视觉中构想全新的世界，也在实践中实现对全新世界的建构。"②

对于设计师来说，特别是汉斯·迈耶和米斯·凡·德·罗担任包豪斯校长后，一味强调艺术精神价值的抽象主义画家越来越被看做是对社会实际事务的逃避，而科学调查、公式的计算，以及功能至上和最低成本的预算成为设计方法论的核心。在这种情况下，设计师与抽象主义画家之间的矛盾是无法调和的。正如美国学者斯蒂芬·贝利在《20世纪风格与设计》中所说："乌托邦式的理想主义者断定，'现代主义'是一种社会良心的表露……事实是，存在于民主主义的理想化关怀，与精英分子对完美结果及纯粹形式的追求之间的一种矛盾。"③ 问题出在哪里？我们往往会把矛

---

① ［俄］瓦西里·康定斯基：《论艺术的精神》，查立译，中国社会科学出版社1987年版，第12页。

② Joanne Greenspun, ed. : *Making Choices - 1929—1955*. New York：Department of publications of The Museum of Modern Art, 2000, p. 19.

③ ［美］斯蒂芬·贝利、菲利普·加纳：《20世纪风格与设计》，罗筠筠译，成都：四川人民出版社2000年版，第216页。

头对准那些抽象主义画家，正如 20 世纪 50 年代旨在"继承与批判"包豪斯的欧托·艾歇（Otl Aicher，1922—1991）所批评的，追求纯粹的造型艺术是一种"为了将现实交付给统治现实的人的一种托词，是一种资产阶级为了掩饰在日常生活中更能获得权利的假日心态"，认为康定斯基、蒙德里安、马列维奇、克利、费宁格等艺术家实际上是具有贵族精神气质的，他们"都在寻找精神性，寻找超越现实、超越个体的东西"。但对于设计家而言，"世界真正的样子不就是由各个个体、具体的事物构成的吗？心灵的与普遍的事物只是人类概念世界的一部分，目的仅仅是与世界对话。"因此，欧托·艾歇认为"在包豪斯的初期也许没有真正了解这些抽象艺术家的用心"[1]，因为在包豪斯纲领中首先提到的是回归传统手工艺，回归发自工坊精神的工作，强调的就是具体的事物，而且在 1919 年 4 月公布的《包豪斯宣言》中也强调设计师不是高人一等的艺术家，而是与学者、研究人员、商人、技师通力合作的普通工人。

　　这种对抽象主义画家的批评或许过于刻薄，因为尽管抽象主义绘画对于社会公众来说时至今日基本上还不能完全理解，但这些抽象主义画家与包豪斯早期的格罗庇乌斯的理想是一致的，都希望通过艺术改造这个现实社会，而这些抽象主义画家探索与包豪斯类似的设计实践，以及部分抽象主义画家来到包豪斯担任教学工作，也可以理解为他们在实现这一理想的过程中采取的一种无奈或折中的选择——尽管他们的艺术理想的确在一定程度上隐含了他们的精英意识和纯抽象艺术所具有的优越感。正如克利在 1924 年耶拿（Jena）艺术协会主办的展览会上的讲演中所说："……无论什么事都不能鲁莽，事物如不能成长，也就不可能向前。而且，假使伟大作品出现的时代已经来临，那当然是最好不过的事情。但我们无论如何都必须为这个时代的来临而不懈努力。我们虽看出了其中几个方面，但不是全部，我们还欠缺决定性的力量，因为还没有支持我们的文化基础。可我们必须追求一种文化，我们已经从包豪斯开始着手干了。我们把我们的一切都放到这里面，与一个共同体一起开始工作。除

---

　　① Herbert Lindinger、Egon Chemaitis、Michael Erhoff 等：《包豪斯的继承与批判——乌尔姆造型学院》，胡佑宗、游晓贞、陈人寿译，亚太图书出版社 2002 年版，第 134—136 页。

此之外，我们别无选择。"①

由于 20 世纪 20—30 年代欧洲政治、经济等环境的变化，"构成主义"逐渐趋于沉寂，荷兰"风格派"解散，以及部分抽象主义画家离开包豪斯，20 世纪 30 年代的巴黎成了抽象主义画家聚居的中心，但关于抽象主义绘画的价值及其社会价值实现方式的分歧与讨论仍旧没有停息。在巴黎，抽象主义画家要么"主张极端的社会主义立场，宣称抽象艺术是与人民隔离的艺术，因此不适合行动"；要么"相反地相信，每位艺术家应该拥有美学的自由，而共产主义社会的根本目的就是解放"②。在这种矛盾与对立的状态中，许多艺术家们开始在风格的形式问题上寻求庇护，关注的重点由寻求新的发展转向整合，并逐渐成为来自世界各地抽象主义艺术家的共识。30 年代末期，当战争的阴云再次笼罩在欧洲上空时，巴黎不再是艺术家安宁的聚居中心了，抽象主义绘画运动随着艺术家的逃离而分散到了其他国家，包括瑞士、英国、美国等国家。第二次世界大战的爆发虽然没有终止这些艺术家重新寻找他们归宿的努力，但是随着抽象主义绘画的合法性逐渐得到认可，他们分裂为各种不同的风格，直到战后在美国出现了"抽象表现主义"。

第二次世界大战以后，西方现代艺术的中心遂由欧洲的法国转移到了美国。在欧洲所形成的抽象主义艺术运动在美国的进一步发展以"抽象表现主义"的兴起为标志，相对于早期抽象主义画家以精神理想与社会使命感作为动力的艺术探索，以波洛克（Jackson Pollock）为代表的"抽象表现主义"绘画凸显出画家主观情绪的流露和画面形式创新，艺术家更多地关注于绘画行为本身而非其他，他们"要么以不同的方式讲究画笔的手势、动作以及颜料的质感"；要么"运用大片的、统一的色块，以表达一种个人自发的、抽象的符号或形象"③。"抽象表现主义"在 20 世纪 40 年代和 50 年代初占据着美国画坛，并影响到全世界。总之，第二次世界大战之后现代艺术的发展，使得早期抽象主义画家所追求的视觉性

---

① ［日］中川作一：《视觉艺术的社会心理学》，许平、贾晓梅、赵秀侠译，上海人民美术出版社 1991 年版，第 261 页。

② Anna Moszynska：《抽象艺术》，黄丽娟译，远流出版事业股份有限公司 1999 年版，第 117—118 页。

③ ［美］H. H. 阿纳森：《西方现代艺术史》，邹德侬、巴竹师、刘珽译，天津人民美术出版社 1994 年版，第 506 页。

不再成为与艺术本质相关的唯一方式，甚至艺术也"不再被我们看做是真理在其中以其存在来培育自身的最高方式。人们或许可以希望艺术还会继续发展并完善自己，但其形式已不再是精神的最高需求了"①。

此外，20 世纪中期开始由于消费社会中商业主义机制的渗透，支持艺术家创作活动的艺术评论家和画廊作用的日益凸显，艺术创作的主要动力也由第二次世界大战前来自于艺术家本身转向了市场："艺术创造从主体灵性的抒发转变为迎合大众消费口味的社会生产，现代艺术的形式营造只服从一条律令，即服务于既定秩序的要求并且具有现实的形式，消融到既定社会事实的同一维度之中，失去了与现实保持距离的张力，进入了'文化工业'的体系，而艺术品所宣称的通过使社会规范形式具有新貌从而创造真理的诺言既是必然的，也是虚伪的。"② 在此背景下，抽象主义绘画已经不再代表某一具体的流派，而是演化为超越流派的一种普遍的语言，旨在反抗传统的早期抽象主义绘画也成为了新的"传统"力量。

本章通过对 20 世纪初欧洲的文化艺术环境、早期抽象主义画家的艺术理想，及其与包豪斯之间的关系三个方面的分析，就早期抽象主义画家对包豪斯的影响这段历史予以释读。一方面说明了早期抽象主义画家对包豪斯的影响是早期抽象主义画家积极探寻艺术理想与社会理想实现融合统一的一种表现，是 20 世纪初欧洲先锋艺术中理想主义思潮、德国的"魏玛文化"精神、艺术与设计之间关系论战的组成部分；另一方面，由于早期抽象主义画家的造型形式语言与包豪斯设计造型语言的异质同构特征，以及早期抽象主义画家与包豪斯教育中艺术理想的统一性和社会价值实现方式的矛盾性，使得早期抽象主义画家对包豪斯的影响——不论是间接的影响，还是直接的影响，在产生积极影响的同时也体现出其局限性。

早期抽象主义画家的言论及其艺术实践，希望通过抽象主义绘画，提升人类的精神至一个新的高度，特别是其对于包豪斯设计教育的介入和影响，为我们描绘了即将到来的关于理想社会的蓝图。然而，"开始于 20世纪初的梦想在今天看来已经以噩梦的方式结束了，几乎所有现代艺术研究都证实了这种倾向。……从意大利的未来主义、俄国的至上主义、法国

---

① Arthur Dante: *The State of the Art*. New York: Prentice Hall press, 1987, p. 202.
② 赵宪章:《西方形式美学》，上海人民出版社 1996 年版，第 424 页。

的纯粹主义、荷兰的风格派、德国的表现主义到包豪斯的城市规划、图像、合成照片、影像都在劝导我们：这种理想有十足的把握让我们意识到这些理想社会和未来的蓝图必将实现……这种冷峻而提神的几何造型，或者是富有韵律的形象和色彩的构成超越了语言的阻隔，并提升人类精神至新的高度……"① 这种理想看起来似乎是合情合理，实际上现在看来常常是不切实际的。而由于现代主义设计在 20 世纪中期进一步将包豪斯设计方法风格化或形式主义化，这种几何风格的设计模式也被称为由理想主义的美梦变成了现实中的"噩梦"②。

至于包豪斯的"风格化"或"形式主义"倾向，应该说包豪斯设计中采用抽象几何造型是与当时设计领域对抽象几何造型所寓含的功能、效率、真诚等观念普遍的认同息息相关，而早期抽象主义画家从视觉造型的创造向功能实用的推衍方式无疑起到了推波助澜的作用。从塔特林、罗德钦科、杜斯伯格到格罗庇乌斯、汉斯·迈耶、米斯·凡·德·罗等貌似功能主义的方盒子建筑设计，实际上并非与实际功能需求完全对应，他们严格采用平屋顶、没有檐口、没有挑檐的设计，原因并不是因为建筑所在地区没有大的雨雪天气，事实上从俄国莫斯科到德国柏林、魏玛，以及荷兰的鹿特丹、阿姆斯特丹，都处在差不多北纬 52 度的地带，而这一地带并不缺乏暴雨和大雪天气。此外，莫霍里·纳吉的摄影也被认为"基本上只是形式唯美主义、为美而美的形式，顶多也只有语构层面的体验。现实被复述成信号"，"他的形式要求与传达作用相比正好相反"；康定斯基的抽象主义绘画，也只是"当前视觉流行现象的造型捐献者"③。

关于早期抽象主义画家对包豪斯影响的积极意义，除了对包豪斯探索艺术教育改革方法的影响，在包豪斯教学风格转变过程中的催化作用，以及对包豪斯基础课程的构建和完善、包豪斯风格的确立的影响，也体现出人类造物活动中不变的主题——对艺术和技术、物质和精神等因素之间统一和谐关系的追求。在包豪斯的大多数时间中，希望借助科学技术和艺术的结合，探索普适性、合理性的大众化设计，通过教书育人，最终实现人

---

① Kirill Sokolov: *Dreams and Nightmares: Utopian Vision in Modern Art.* Leonardo, 1985, 18 (2), p. 118.

② 同上。

③ 《包豪斯的继承与批判——乌尔姆造型学院》，亚太图书出版社 2002 年版，第 137—139 页。

性的解放与和谐，实现社会的民主和秩序，正因为如此，对于这些抽象主义画家来说，抽象主义绘画的功能性或实用性也主要意指社会学意义上的实用性，而不是单纯设计学或技术美学意义上的机能性。不论是"构成主义"画家、"风格派"画家，还是包豪斯教师中的抽象主义画家，尽管他们的艺术实践或教学实践不可避免地具有某种乌托邦的倾向，但他们与包豪斯设计教育理想存在一种共识，即画家的经验对设计师来说是有用的，问题只是这种经验如何实现在设计实践和设计教育中的转换。此外，随着包豪斯的发展和最终关闭，以及"二战"后"新包豪斯"、"乌尔姆"等旨在继承和发展包豪斯精神的设计院校的建立，画家对设计影响的内容、方式和层面也在不断充实和多样化，而应用画家式的创造方式也成为现代设计中探索解决设计问题的方法论之一。

　　总之，在包豪斯建立至关闭的 14 年时间中，抽象主义画家与包豪斯之间保持了一种对立统一的矛盾关系，即两者间既包含前者对后者产生积极影响——趋于综合的统一关系，也包含前者对后者形成阻碍——导致两者间趋于分离的对立关系；而抽象主义画家对包豪斯影响，既包含其局限性的一面，也有积极性的一面，并随着包豪斯在 1933 年被德国纳粹政权的强制解散，早期抽象主义画家与包豪斯之间的联系最终结束。

　　在经历了风靡世界的现代主义设计之后，由于技术进步和丰裕社会的到来，设计实践逐渐从普适性设计向个性化设计转变，设计消费逐渐从功效性消费向情感性消费、文化消费转变，后现代设计逐渐兴起。在此过程中，设计成为个人主义文化、民族文化自觉的先锋和民族文化策略的组成部分，加之信息时代创意产业的兴起，设计成为人文化新的重要途径，设计所负载的艺术使命对我们物质与精神生活的影响力正处在进一步的扩大和深化过程中。现在看来，如果把 20 世纪初包豪斯探索构建一种理想的社会、培养一种理想的人看做是一种乌托邦理想，把早期抽象主义画家对包豪斯的影响看做是早期抽象主义画家理想主义精神的体现，而且把"理想主义"作为消极、贬义的概念来理解的话，那么 20 世纪中后期"后现代设计"的产生和流行，以及极简主义设计、"新功能主义"设计等的兴起，包括我们今天对生态设计、人性化设计等理念的强调，也许会让我们对包豪斯和早期抽象主义画家的理想主义精神及其所蕴涵的生命力有一个新的诠释。

第五章　总结与评价

第一节　早期抽象主义画家的复杂性和超越性

　　抽象作为人类思维活动的一种特性，是"人类特有的一种高级认识活动和能力"，"它以抽象性、间接性为特点，揭示事物的本质和内部联系；从思维的抽象发展到思维的具体，在思维中再现事物的整体性和具体性。人的抽象思维是在社会实践过程中，应用归纳和演绎、分析和综合等辩证思维方法形成和发展的。"① 人类的认知活动从经验到科学的概念、范畴和一般原理，都是通过抽象和概括而形成的。抽象包括了感性直觉的抽象和理性科学的抽象两种不同的方式。尽管一般认为感性直觉的抽象更多倾向形而上学的特点，而且这种抽象被称为"空洞的抽象"，同科学逻辑的抽象相比，是一种"孤立地、片面地、脱离实际地观察事物的错误方法"②，但是，我们不能否认感性直觉的抽象借助"形象思维"抽取事物的特有属性或本质属性也是科学抽象实现思维运动的飞跃不可或缺的，即感性直觉的抽象思维不完全是孤立地、片面地、脱离实际地观察事物的错误方法，在科学抽象实现思维运动的飞跃过程中，感性直觉的抽象也可以实现"思维的自由创造"和经验总体的"共鸣"③，对真理、永恒规律的认知同样是有价值的，至少是科学抽象思维的一个有益补充。

　　人类的思维和认知活动是一个复杂的、不断超越的过程，感性直觉的抽象与科学逻辑的抽象共同构成了抽象思维和认知活动的主体，并在不同的领域发挥着各自不同的价值，一味夸大或放大任何一种思维方式都有可能造成思维或认知的偏差。尤其在人类认知和思维活动的组成部分——视

---

① 辞海编辑委员会：《辞海》，上海辞书出版社 1999 年版，第 288 页。
② 同上。
③ 范岱年：《爱因斯坦文集》第 1 卷，商务印书馆 1977 年版，第 222 页。

觉艺术中，由于涉及知觉产生的生理、心理等因素，感性直觉的抽象思维较之逻辑方法中的抽象思维具有更为充分的适应性和合理性，而且对于视觉艺术观念和形态进行客观的分析研究，同样离不开对人类思维和认知活动复杂性的认识，包括对早期抽象主义画家艺术观念和艺术形态的分析研究。

早在第一次世界大战前的四五年前后就有艺术家开始尝试从具体表象进行抽象总结，试图把握到表象之下的精神，或者通过这个抽象过程来表现艺术家的艺术理想，并形成了早期抽象主义画家群体。在 20 世纪初的西方现代视觉艺术中，尽管令人们惊奇的新艺术层出不穷，但抽象主义绘画无疑是最耀眼的。20 世纪的主要现代艺术流派大都在探讨关于艺术和自然形象之间关系的问题，由于抽象思维的复杂性和超越性，以及视觉艺术发展中艺术家对形式、观念的传承性和欣赏者的惯性观看思维，走向抽象的艺术创新或许算得上是一种最为勇敢、果断而有危险的冒险事业。首先，如果不能洞察艺术最内在的本质，没有艺术家与艺术之间那种深厚的、排除了其他一切的联系，那么即使这种艺术是深奥的和不可言状的，也不能说成是抽象艺术，因为抽象艺术不是哲学，而是洞察秋毫的眼力，而且这种眼力只有通过创作的过程才能表现出来。其次，抽象主义绘画代表了现代视觉艺术的新起点，它不像传统艺术那样需要从美丽或适于绘画的形式的外在表象世界来求得绘画的样式，而且这种新的艺术的发展倾向是多方面的，它不受任何既定方向的支配，从而推翻了人们由来已久所确信的许多价值。[①] 或许正是因为抽象主义绘画的这种复杂性，致使许多习惯于传统艺术欣赏、评论的人们把抽象主义绘画看做是一种持续的破坏，一种处于神智昏迷状态的恣意妄为，一种狂乱的、挑衅性的绘画方法，对于抽象主义绘画正面积极性的评价也不外乎是"成组的构图练习和巧妙的建筑设计蓝图而已"[②]。

在早期抽象主义画家这个群体中，奠定抽象主义绘画思想理论基础的主要是康定斯基、蒙德里安、马列维奇等人，德劳内、嘉博、佩夫斯纳、塔特林、凡·杜斯伯格、莫霍里·纳吉等的艺术观念和艺术创作实践也对

---

① ［法］米歇尔·瑟福：《克瑙尔抽象绘画词典》，王昭仁译，人民美术出版社 1991 年版，第 11 页。

② 同上。

20 世纪初期抽象艺术的发展壮大作出了积极的贡献，他们通过理论与实践两方面的探索开创了具有鲜明时代特征的早期抽象主义绘画。虽然这个群体中不同画家创作出的作品有不同的面貌，而且在抽象主义绘画理论方面也夹杂着相互矛盾的不同倾向，但是由于他们不同程度地受到当时科学技术变革和文化艺术思潮的影响，对情感或精神性价值的诉求以及时代使命感，使得他们在各自领域艰难探索的过程中具有了共同的倾向，即确信感性直觉的抽象对事物本质、真理认知的可靠性，及其在人性自由和艺术创造力开掘中的特殊意义。这些早期抽象主义画家的艺术实践，一方面拓展了视觉艺术创新的可能性空间，赋予艺术创造新的动力和评价标准；另一方面，这些早期抽象主义画家们在特定的历史时期，在他们艺术理想的探索实践中（包括对包豪斯的影响），不仅体现出其复杂性的特征，也实现了从理论到实践的历史性超越。

一　早期抽象主义画家的复杂性

早期抽象主义绘画的产生是西方艺术现代化发展的必然产物，它并没有脱离传统的脉络，但是早期抽象主义画家"走向实用"与"走向纯粹"的分化，以及他们直接或间接地对包豪斯的影响，使得早期抽象主义画家及其艺术理想与实践充满了复杂性。

首先，在传统艺术向现代艺术的转变过程中，由于价值领域的分化导致了艺术趋向于自主性，由此形成了艺术家与社会的复杂关联。早期抽象主义画家由于不同个体所处的具体社会环境，以及在艺术道路的选择和价值认知上的不同，要么诋毁走向实用功能性的抽象艺术，强调抽象主义绘画创作的纯粹性，要么表现出对创造实用性产品的努力的同情，甚至彻底脱离绘画的纯抽象创作，转而投身到他们认为更有意义的综合性艺术——设计，由此形成了早期抽象主义画家走向纯粹与走向实用的分化。

其次，虽然早期抽象主义画家试图放弃对与客观自然的模仿，否认绘画艺术中具象再现的重要性，但实际上许多早期抽象主义画家的探索试验始终处于"抽象"和"再现"之间的神秘领域——例如伊顿、克利、康定斯基，而部分画家在艺术实践过程中也不断调整、改变自己的风格——例如康定斯基由即兴的表现性绘画向几何抽象的转变，马列维奇晚年由几何抽象向具象写实的转变，加之包括塔特林、杜斯伯格、莫霍里·纳吉等人在内的部分抽象主义画家从架上绘画转向综合艺术——设计，也使得早期"抽象主义画家"自身的身份平添了复杂性因素。

这些画家把抽象主义绘画与精神价值、时代使命联系起来，通过探索静止事物的内在动力、无机物的有机化，不仅创造了人类抽象能力的奇迹，成为对抗虚无和变幻的物质世界的产物，而且他们的绘画创作、设计实践，以及部分画家在包豪斯的教学工作对包豪斯产生了直接或间接的影响。当然，这种影响又构成了早期抽象主义画家复杂性的另一层含义，即由于早期抽象主义画家与包豪斯设计之间在艺术造型语言方面的异质同构性、艺术理想的统一性和社会价值实现方式的矛盾性，使得早期抽象主义画家与包豪斯设计教育之间的结合具有合理性的一面，而最终走向分离却又是一种必然。这些早期抽象主义画家希望借助改革传统艺术教育的包豪斯实现他们的艺术理想和社会价值，然而面对包豪斯日益对科技理性的强调和极端功能主义的发展倾向，最终不得不与包豪斯分道扬镳。

二　早期抽象主义画家的超越性

虽然抽象主义画家的艺术理论与毕达哥拉斯、柏拉图、黑格尔等人的理性哲学和经验哲学有着一定的联系，承继了叔本华、尼采、克罗齐、弗洛伊德、亨利·伯格森等人的直觉或精神分析理论，也明显受到德国美学家沃林格抽象艺术思想的影响，但是由于早期抽象主义画家艺术理想中的精神追求和时代使命意识，使得他们的艺术创作也包含了积极的、建设性的倾向——抽象主义绘画并不全是逃避现实的、形式主义的艺术或"堕落的艺术"，特别是他们对包豪斯的影响，使得早期抽象主义画家的艺术追求具有了鲜明的超越性特征。

由于早期抽象主义画家在艺术本体论意义上对抽象主义绘画精神、情感价值的追求，脱离了再现或装饰的目的，与20世纪初各种理想主义和自由主义思潮相呼应，在各自重新定义艺术及其价值的过程中，充满了自由探索精神，使得20世纪初的抽象主义绘画不同于普通意义上的抽象绘画；又由于早期抽象主义画家的时代使命感和意识形态的锋芒，以及对包豪斯设计教育的影响，使得早期抽象主义绘画带有明显的时代烙印而不同于20世纪中后期诸如塔希主义（Tachisme）、抽象表现主义（Abstract Expressionism）、欧普艺术（Optical Art）、拼合艺术、后绘画性抽象、硬边艺术和极简主义抽象等进一步发展了的抽象主义绘画。这些画家试图寻找能够表达新世纪面貌的艺术形式，而抽象主义绘画中的自由精神也蕴涵了时代的精神，这种自由精神不仅表达了 20 世纪初现代艺术总体的内在本质特征，也概括了时代的精神面貌，他们不仅实现了对传统艺术陈腐的规则的超越，对"为艺术而艺术"的唯美主义观念的超越，也是对沃林格关于抽象艺术"预言"的超越。他们不仅追求抽象主义绘画精神价值的纯粹性，也积极探索、践行抽象主义绘画的时代使命和责任，把抽象主义绘画纳入到恢复人性、社会完整性的"实用性"领域，使得早期抽象主义画家的理想和追求实质上已经超越了艺术，关涉到人文科学、社会科学等更为宽广的领域，而他们之后近一个世纪的社会现实事实上还在回应着他们所期待实现的超越性意义。

第二节　早期抽象主义画家对包豪斯的影响及其意义

一　作为内在和外在影响因素的早期抽象主义画家

影响包豪斯发展演变的因素可以区分为外部因素和内部因素，外部因素主要包括 20 世纪初欧洲先锋艺术中的理想主义思潮、德国"魏玛文化"及其所依托的政治、经济环境的变化，以及"构成主义"和"风格派"画家的影响；内部因素主要包括格罗庇乌斯教学观念的转变，以及校长的更替和作为包豪斯教师的抽象主义画家对包豪斯的影响。在此过程中，尽管德国"魏玛共和国"的政治、经济、文化环境以及新校长的更替对包豪斯的影响无疑是决定性的，但是早期抽象主义画家对包豪斯的影响，对于包豪斯的发展演变的影响同样深刻，而且不可或缺。

首先，作为 20 世纪初欧洲现代艺术中的理想主义思潮的组成部分，"构成主义"画家和"风格派"画家在新艺术形式和艺术观念方面的探索性试验，虽然产生了走向纯粹和走向实用之间的分化，致使不同画家之间产生了分歧和矛盾，但他们赋予抽象主义绘画的精神价值和时代使命，最终形成他们对整体性的、广泛的社会功能的追求。这些早期抽象主义画家希望通过艺术实践更具体地参与、影响社会和时代的变革，相信"构成"、"造型艺术的综合"是未来艺术发展的方向，并逐渐成为 20 世纪初艺术教育改革的探索中一种与工业文明相互融合的重要途径。部分抽象主义画家投身设计领域，其探索性的实践活动实际已经具备了 20 世纪现代主义设计的雏形，也是包豪斯探索艺术教育改革过程中借鉴和吸收"风格派"、"构成主义"运动成功经验的内容之一，而部分"构成主义"、

"风格派"画家来到德国魏玛出版刊物、举办展览甚至来到包豪斯讲学，对包豪斯教学风格的转变则发挥了重要的催化作用。

其次，作为内部影响因素的抽象主义画家包括伊顿、康定斯基、克利、莫霍里·纳吉、阿尔伯斯等人，他们不同的艺术风格对包豪斯的影响体现在包豪斯的不同时期。其中，在包豪斯浪漫主义时期，伊顿对色彩与几何形态的训练，康定斯基对自然的分析与研究，克利对造型、空间、运动和透视的研究，从不同侧面对包豪斯基础课程的构建，对包豪斯设计造型普适性语言的探索都发挥了重要的作用，他们希望以直观的、富有想象力的抽象造型培养学生的创造力，提升设计产品的艺术性和精神、情感价值。他们的教学不但为早期包豪斯各种设计思想和方法的全面探索创造了活跃的研究气氛，解放了学生的创造力，而且对包豪斯潜在的职业化教育、商业主义和物质主义倾向也具有一定的制衡作用，或者说，他们希望"艺术不仅仅可以疗伤，艺术也可以提升整个世界"①。他们创建和充实的基础课程，对包豪斯的意义不仅仅是通过视觉形式语言的对比分析掌握视觉艺术中创造性活动的本质和普适性规律，提高学生对设计要素的认识，也为工作室的设计实践奠定从材料的理解、感受到设计创造技能、观念的基础，构建了包豪斯设计教育的基本模式。在包豪斯理性主义时期，抽象主义画家莫霍里·纳吉对材料构成和功效的研究，阿尔伯斯对空间构成和视错觉的研究，试图用理性科学试验的方式，通过事物基本结构和造型规律的推衍，实现抽象造型对事物内在本质和永恒规律、秩序的揭示。莫霍里·纳吉、阿尔伯斯等人还进一步发展完善了包豪斯基础课程，使其以"设计基础"的名义被当时或之后的许多建筑学校借鉴效仿，成为古典主义建筑教育向现代主义建筑教育转变的主要标志之一。他们对抽象造型所蕴涵的时代精神、民主观念的强调，扭转了包豪斯早期浪漫主义教学思想给包豪斯带来的内外交困局面，实现了包豪斯设计教育由浪漫主义向理性主义的转变，开启了包豪斯功能主义设计的风格特征，成为第二次世界大战结束后国际主义风格的重要来源。

总之，在包豪斯"联合所有创造活动于一体"的办学理念和方法的引导下，探索一种把艺术学院的理论课程与工艺学校的实践课程结合起来

---

① Anni Albers: *One Aspect of Art Work.* Selected Writings on *Design*, Middletown: Wesleyan University Press 2000, pp. 25—26.

的途径，积极探寻艺术教育与时代需要（物质需要、精神需要）之间的契合，都旨在培养出对艺术事业和大众物质、精神生活有贡献的、全能的、创造型的艺术家，而传统的学院教育评价标准及其艺术家"艺术沙龙"式的存在方式都遭到批判。包豪斯所创立的教育理论和教学方式影响了全世界的设计教育，并使所有的设计师意识到为大众设计和为工业化设计才是现代设计的真正目的；其最高目标是培养一批未来社会的建设者，一方面能够完全认清20世纪工业时代潮流的需要，另一方面又具备充分的能力去运用当代科学技术成果和美学原则，创造一个能够满足人类精神与物质双重需要的环境。为此，抽象主义画家与手工艺工匠、产品设计师、建筑师共同开创了在工业文明环境下用机器生产创造艺术化生活的探索之路，表现性的抽象主义画家与分析性的抽象主义画家通过不同的方式探索造型语言和结构功能的普适性，与包豪斯教育思想中强调真诚、简洁的设计和为普通大众服务的宗旨是一致的：他们都深信视觉艺术是所有设计门类的深层基础，是设计训练的重要内容，而探索以抽象视觉造型为基础的设计教育，其意义也在于通过对形式、结构、材料的研究掌握设计实践的造型规律，创造出富有表现力、具有多种用途的形式。

抽象主义绘画为19世纪以来艺术与工业生产技术之间如何实现统一的问题，以及20世纪初的现代设计造型样式的探索，提供了一个结合点或契机，而且对现代设计的观念和理论体系，以及形式技巧的发展产生了积极的影响，奠定了包豪斯设计教育的基本立场。20世纪初的抽象主义画家与包豪斯的现代设计开拓者都希望能寻找到一种能够体现时代精神的理想形式，并对现实社会的物质生活和精神生活产生积极的影响，追求艺术创造与设计科学之间的统一，创造现代文明条件下新的美学形式与功能。虽然早期抽象主义画家与包豪斯设计在造型语言方面的"异质同构"、在社会价值实现方式方面的矛盾性，致使包豪斯中、后期的发展过程逐渐演变成为淡化抽象主义画家影响力的过程，而抽象主义画家的教学思想和方法也成为包豪斯发展的某种"阻碍"，但其对于实现设计文化中精神价值的提升、构筑艺术教育的整全观等方面是具有的积极意义的，尤其是避免设计师走向单向度、工具化的极端功能主义或商业主义等，可以看做是包豪斯精神遗产的重要组成部分。

包豪斯已经成为了历史，但试图重建包豪斯的努力，以及继承和发展包豪斯精神的努力仍在继续。尽管包豪斯在现代艺术教育中的地位很大程度上归功于许多杰出个体的创造活动及其合作的综合，而且不同的历史时期必然产生不同的表现形式，观念和理想会随着时间的渐进而改变，但是，早期抽象主义画家对包豪斯的影响，对我们了解设计历史、思考当下设计问题仍然具有重要的意义和启示。

二　在设计方法论和设计教育现代化方面的意义

早期抽象主义画家对包豪斯的影响，有其积极的意义，也有其局限性的一面，并集中体现在设计方法论和艺术教育现代化的探索两个方面。

从设计方法论的角度看，早期抽象主义画家对包豪斯的影响超越了画家在设计中的"美化"、"装饰"意义，并且与包豪斯在时代使命方面具有艺术理想的一致性，在造型形式语言方面具有同构性特征，这使得早期抽象主义画家对包豪斯的影响，不仅开启了现代主义设计萌发和成长的历程，也通过包豪斯搭建的桥梁实现了艺术与机械这两个相去甚远的门类之间的融合，使得绘画艺术与现代社会生活之间的联系更加密切。尤其是早期抽象主义画家对包豪斯基础课程的构建和完善，使得包豪斯设计教育致力于探寻相对独立的工业技术、建筑、绘画、实用艺术之间共同的基础与规律，把当时现代艺术的方法与经验系统地吸收到了现代设计教育中。正因为如此，19世纪以来难登大雅之堂、只有用某种方式加以装饰之后才能露面的纯机器的形式，通过抽象主义造型形式和观念的介入赋予了合理性和美学价值，工业生产技术由此不再是一种必须加以控制的粗鲁力量，而是作为一个构筑理想世界的有效工具。其结果是拓展了传统设计美学的领域，并在20世纪初完成了机器美学的雏形——包豪斯机器美学。这种美学的独特性不仅仅在于抽象造型在审美层面上的独特意义，还包含有时代精神、社会伦理、人本主义等新时代文化价值观层面的意义。包豪斯的设计师和抽象主义画家把设计中的机器美学提升到了艺术方法论和普适性方法论的高度，甚至使其具有哲理意义。这种美学观，促进了设计方法论与工业化批量生产模式的融合，促进了企业家和工程师之间的沟通，也在科学技术方法论与自然规律之间实现了某种统一与和谐，即科学技术的简洁、精练原则和自然造物规律之间的统一性和谐，使得设计由封闭的艺术场走向开放。

除了机器美学，早期抽象主义画家的精神美学也是包豪斯设计方法论的来源之一，即通过抽象思维的方法在设计造型中实现艺术精神、情感价值的设计方法论。早期抽象主义画家始终试图以直觉的、经验的或试验、推衍的方式揭示事物客观性、"永恒性的本质规律"，使抽象的视觉语言呈现出物质世界与精神世界之间"共鸣"的构成性，而且相信这种构成性具有普适性，是设计教育与实践方法的重要组成部分。

　　这种结合机器美学与精神美学、把艺术创造行为和时代精神联系起来的方式，对于设计教育现代化的探索试验是有意义的。包豪斯的课程基本涵盖了现代设计教育所包含的造型基础、设计基础、技能基础三方面的知识，为现代设计教育奠定了重要基础。抽象主义画家对于包豪斯设计教育的影响不仅体现在课程设置、教学内容方面，也体现在设计教育观念方面，即艺术家的创造方式与工程师的创造方式在设计方法中常常具有互补的意义，亦如马列维奇所说，"艺术家创造的某些东西是精巧的、高效的技术永远创造不出的"①。这种方式也反映了包豪斯教育对人性和社会完整性的追求，至少对于包豪斯的创建者格罗庇乌斯来说，这种方式对于塑造人性化的生活环境，避免商业主义中唯物质至上的价值观和唯利是图的功利行为是必要的："我们的雄心就是要把有创造力的艺术家从超脱尘世的彼岸状态中唤醒过来，并使他们与现实世界的平凡工作重新结合起来；而同时，又要把生意人那种严峻的、几乎是极端实利主义的心理状态予以扩大和人性化。"②

　　从另一个角度来说，这种包含机器美学与精神美学的几何化抽象设计方法在实践操作过程中一旦固化为一种模式，成为规范，其局限性也就会显现出来。

　　包豪斯的设计中的抽象几何造型，在现代主义设计发展中被某些设计师固化为一种模式，并逐渐演化为一种"功能性"造型模式的象征，甚至沦为用同一种方法解决不同问题的形式主义，而早期抽象主义画家与包豪斯所追求的平民化、服务性的艺术理想也逐渐异化为精英化、教条化的八股，设计师倾向于扮演"上帝旨意"传达者的角色。抽象主义画家关于视觉艺术中比例、量体、排列、渗透及对比等的实验，对包豪斯设计教

---

　　①　Kasimir Malevich：*The Non – Objective World*. Chicago：Paul Theobald and Company，1959，p. 78.

　　②　［德］华尔特·格罗比斯：《新建筑与包豪斯》，张似赞译，中国建筑工业出版社1979年版，第37页。

育是有意义的，但它们并不能作为设计教育的目的本身，一项设计的结果必须符合任务，其判断准则是使用与制造，设计造型的逻辑更多地由商业市场逻辑、科学技术逻辑和工程系统逻辑所支配，而不完全是视觉逻辑或美学逻辑支配的。包豪斯后期的发展，虽然抽象主义画家逐渐失去了在包豪斯的影响力，但事实上从魏玛包豪斯开始，几何形态及其对功能主义的隐喻始终作为包豪斯追求简洁造型的基本方法和理论依据，这种以造型为出发点的设计方法不但促成了所谓的"包豪斯风格"，也被包豪斯的批判者批评为"精确的、假装技术的形式"①。随着丰裕社会和消费时代的来临，消费选择的多元化使得几何化的抽象设计方法只是设计方法论的一个组成部分，并不能满足所有设计领域的实际需求。

20世纪初逐渐全面展开的技术科学化和科学技术的社会化，不但改变着社会面貌，也改变着人们的观念，功能论、系统论、控制论、离散论等科学方法更具有现实意义，艺术家式的创造方法作为设计创新方法论的一种，只能是科学方法的有益的补充，如果过分强调或放大，认为艺术无所不能，自然就会陷入虚幻的乌托邦。应该说，设计的艺术论方法与科技论方法在人类造物史中都是不可或缺的重要方法，它们各自发挥着不同的影响力，而且常常因为不同历史时期造物文化价值观的不同而使得各自的重要性有所区别。从纯艺术性的作品到纯技能性的产品之间是一个互相关联、互动、渗透的关于造物的谱系，其间我们可以找到从美化、装饰到艺术性地构架、塑造，再到机能、功能性的建构，或从美学到艺术学到工程科学的关联性，设计因产品的不同，其工程技术和艺术创造的复杂程度也呈现不同的状态。正因为如此，设计也就具有了广义和狭义之分。广义设计学以造物为主要对象，是研究"人工物"的科学和学科。一般而言，所有的人造物都具有人类设计的特征，不过，其设计有的是自觉自发的，有的是非自觉的；有的出于简单的动机，有的出于高度的审美和文化的追求，或高度理性的科学技术的追求。艺术方法指导下的设计是广义设计学的一个分支，是人类造物的艺术方式，它创建艺术性质的人造物系列，主要解决产品的形态塑造问题和消费感受、情感、精神问题。

如果说在包豪斯辉煌的成就之中，在后世的艳羡赞美声中，需要我们

---

① Gillian Naylor: *The Bauhaus Reassessed*. London: The Herbert Press Limited, 1985, p. 166.

客观评价其历史局限性的话，那么把现代设计教育及其实践逐步引向以建筑为主的工程技术设计可以算作是最主要的一个问题，毕竟单纯的工程技术设计并不能实现包豪斯创建者格罗庇乌斯的艺术理想和社会理想，也不符合我们今天所谓的设计科学。

如今，作为一门独立的学科专业，设计在赫伯特·西蒙（Herbert Simon）的理论中被界定为研究人造物的科学，认为人造物的特有性质表现在它内部的自然法则与外部自然法则的薄薄的界面上："人工界恰恰集中在内部环境与外部环境的这一界面上，它关心的是通过使内部环境适应外部环境来达到目标。要想研究那些与人工物有关的人们，就要研究手段对环境的适应是怎么产生的——而对适应方式来说，最重要的就是设计过程。专业学院只有发现一门完整的设计科学，才能有充分的资格重新担负起专业责任。这样一门设计科学是关于设计过程的学说体系，它是知识上硬性的、分析的、部分可形式化的、部分经验的、可传授的。"① 赫伯特·西蒙把设计科学不仅作为技术教育的专业要素看待，而且作为人类知识的核心学科，通过研究设计科学来研究人，了解人。包豪斯发展演变过程中所体现出的设计艺术化和工程技术化之变，不仅对现代设计科学和艺术教育产生了深远的影响，也反映出现代艺术教育对艺术与科学技术之间对立统一关系的认知过程。科学技术不仅仅是人类用来改造世界的工具，科学技术也可能使人类丧失生命的本真；艺术所蕴涵的创造力可以使我们的社会成为诗意的栖居，也可能成为精英的玩物、普通民众的负累。融合艺术创造与科学技术的设计，不仅仅是单纯的造物活动，也是在塑造我们的社会，它既是物质性的创造，也是精神性的创造；它的成果不但是我们当代社会物质文明的组成部分，也体现我们时代精神文化价值观的取向。所以，可以这样说，除了早期抽象主义画家对包豪斯影响的局限性，包豪斯的成功离不开早期抽象主义画家的贡献，而包豪斯的局限性所在，恰恰是早期抽象主义画家试图有所作为的部分。

总之，一方面，早期抽象主义画家形式创新的艺术实践和教学实践不同程度地对包豪斯形式主义的倾向负有责任；另一方面，他们不完全赞同包豪斯后期工程技术化的设计思想，也体现出早期抽象主义画家对包豪斯的影响的积极一面，即对纯粹功能性技术化、工具化的现代设计的反抗，

① ［美］赫伯特·西蒙：《人工科学》，武夷山译，商务印书馆1987年版，第113页。

这也预示了现代主义设计的某些局限性。事实也证明，源于包豪斯，在美国发展起来的"国际主义"风格，尽管在第二次世界大战后的六七十年代影响了世界各国的建筑、产品、平面设计风格，几乎成为垄断性的风格，但因其单一、冷漠、非人性化、雷同化等原因而促使了包括后现代主义在内的一系列当代设计运动的产生。

从设计教育现代化的角度来说，包豪斯把"构成主义"、"风格派"等早期抽象主义绘画及其设计运动的基本原理纳入包豪斯教育的轨道，力图使这种抽象视觉语言具备世界语言的特征；并把抽象主义画家的教学视为培养学生"创造性"才能的基础，把学习新的艺术思想和造型语言与社会生产生活中的实用性实践融为一体，使抽象主义画家的艺术创造力和绘画形式语言背后的新观念、新思想，通过包豪斯教育转化为现代设计造型活动中对空间、材质等直觉方面新的认识，开创了现代设计的新局面。

包豪斯聘请画家、工匠、建筑师等各种造型艺术家加盟教师队伍，是包豪斯改革传统艺术教育、探索设计教育现代化的一种可能性尝试，即设计教育是否仅仅培养"沙龙艺术"中的新成员，是否只培养一种掌握了特殊技能的、为少数有支付能力阶层服务的艺术工作者？有没有融合所有创造活动为一体、为普通社会大众服务、开创一种新的艺术教育的可能性？设计教育现代化的问题包括很多内容，但从 20 世纪初的现代艺术发展和包豪斯教育改革的试验来看，"纯艺术"与实用艺术、艺术大众化等的矛盾问题显得尤为突出。

早期抽象主义画家对包豪斯的影响，关涉到绘画行为及其艺术本质的疑问，即绘画艺术作为一种精神产品，是否与实用无关？超出普通民众艺术欣赏习惯、对欣赏者视觉认知提出挑战的抽象主义绘画，是否与普通民众无关？尽管早期抽象主义画家包含了走向实用和走向纯粹的分歧和矛盾，但他们的艺术理想引导着他们在追求艺术精神价值的同时也赋予自身时代的使命，也就是说，他们在艺术创作实践、设计实践或教学实践中并没有完全排除抽象主义绘画的实用性价值，只是这种实用性不同于单纯的物质造型结构的机能性或极端的功能主义，而主要是指社会学意义上的实用性。这种实用性的观念和包豪斯灵魂人物格罗庇乌斯所追求的教学目标是一致的，即希望通过包豪斯教育实现对人性的完整和社会完整性的追求，所培养的设计师必须既是艺术家，又是位积极参与社会物质文化改造的社会工作者。

　　这些早期抽象主义画家与包豪斯其他教师一道，丰富、拓展了包豪斯教学思想的不同方面，他们各自不同角度的探索试验是构成包豪斯总体目标的一部分；他们对包豪斯基础课程教学的影响也得到更为深广的扩展，成为 20 世纪中期以来普遍采用的设计教育方法的基础。实际上，包豪斯的发展及其对后来设计教育的影响，没有了这些抽象主义画家几乎是不可想象的。这些抽象主义画家对包豪斯的影响，不论是有意还是无意，是直接还是间接，始终没有放弃抽象主义绘画对社会和时代发展的使命，而且相信他们的艺术对于大众的物质和精神生活都会产生积极的意义。他们并不是消极的遁世者或反沟通主义者，相反，他们所期待的"纯艺术"或实用艺术都没有放弃艺术大众化、社会化的努力。

　　当然，随着包豪斯后期极端功能主义的发展以及抽象主义画家影响力在包豪斯的淡出，早期抽象主义画家与包豪斯之间最终走向分离，这也体现了设计教育走向现代化的进程中面临的一个两难境地：既不能任由商业主义和物质主义价值观操控设计教育，使设计教育变成单纯的技能培训，也不能无视支付能力有限的大多数普通民众对艺术的需求。包豪斯设计教育的发展受到种种内外因素的影响，也不止一次地改变方向，但是"在它之前没有任何类似的艺术设计类学校，它的课程极具先进性和实验性，它的声望也大部分来自首先在那里发展的设计教学方法，而对于它的教学方法是否适合工业设计要求的众说纷纭，也是近年来对包豪斯重新定位的焦点"①。

　　总之，早期抽象主义画家对包豪斯的影响，以及包豪斯教学方法之所以在现代设计教育中具有重要的意义，应该说包含了两方面的原因。

　　其一，尽管早期抽象主义画家对包豪斯的影响非常重要，但包豪斯后期逐渐淡化画家的作用，削弱甚至取消抽象主义画家对设计教育产生影响的可能性，也有合乎逻辑的一面：在 20 世纪初，一切以实用和经济为目的，对蓝领工人、职员和工薪阶层而言具有重要的意义。除了为少数有支付能力的人服务之外，包豪斯更关注于为大多数人谋福利，目的是满足大多数人共同的、基本的需求，为此，包豪斯教育中对"美学"或"精神"等艺术观念的强调不但可能增加工业化批量生产的成本而无法投入生产，而且即使这种产品生产出来了，对于支付能力有限的大多数普通民众来说

_____

　　① ［英］卡梅尔·亚瑟：《包豪斯》，颜芳译，中国轻工业出版社 2002 年版，第 23 页。

仍然是一种奢侈品。因此，到了包豪斯的后期，画家们凭借艺术的感性直觉经验创造的形式或结构，以及早期抽象主义画家的神秘主义倾向，在设计方法论和解决设计教育现代化问题的过程中所能发挥的作用，越来越受到设计家的质疑，相对而言，基于科学技术条件和实用功能需求创造出的形式或结构，对于追求价格低廉、服务大众的设计家来说更符合设计现代化的原则。从这个角度来说，早期抽象主义画家对包豪斯的影响，对于包豪斯后期的发展无疑是一种"阻碍"的因素，而且也与包豪斯后来遭到批判的"形式主义"风格不无关系。

其二，早期抽象主义画家对包豪斯的影响及其所蕴涵的社会学意义，也预示了现代社会中除了自然环境之外，人造物构成的生活空间对于我们的影响越来越重要，特别是对于我们精神、情感意识、伦理道德观念和行为的影响。19世纪末20世纪初开始的现代设计，开启了设计现代化的观念和方法论研究，早期现代主义设计基于大众日常生活需要的民主化思想和实用主义设计逻辑，发展出了现代设计精神和价值观。但是伴随设计现代化进程的是以工业文明为基础的功利、绩效社会，是以各种专业分工为特征的文明，它要求每个人都成为精通一行的专家。在这种社会中，设计师唯一的使命似乎仅仅在于对技术的研究和熟练操控，甚至把设计的职业道德类比为只为客户负责的律师，而不是肩负价值判断和道德使命的法官①，也就是说，设计不是个人观点的展示，设计者更不是伦理道德的制定者，理性、客观地为客户提供服务成为设计者应有的职业本分。很显然，这种设计观念隐含着致使设计陷入工具化的危险，即在追求设计的实际功效和功利的现代化过程中，设计的理性会逐渐演化为单纯的工具理性，设计活动的本体性意义或价值理性将随之迷失在对现实功效的追逐之中，并塑造、操控着整个社会生活的面貌和方式。

也就是说，由于现代设计发展过程中功能主义、理性设计本体缺失所导致的设计认识论、方法论和价值论的分裂，以及设计现代性中启蒙现代性和审美现代性的本质悖论，使得现代设计进入到功能主义设计阶段后，

---

① Alex Cameron：《伦理道德设计：平面设计的终结?》，文章作者认为设计者作为中介者的角色，自认为设计者对所有社会问题的解决负有责任是一种危险的观点。作者认为对设计过分地看重和忽视都是对受众的不尊重，对设计者要求伦理道德设计，会使设计者失去作为中介的作用和价值，设计者要做的是调动所有的经验、技术和专业技能尽可能客观地解决问题。参见 Esther Dudley，Stuart Mealing，eds.：*Becoming Designer*. UK：Intellect Books Ltd.，2000.

现代设计也从为大众生活服务走向"设计控制的社会",设计日益成为控制大众日常生活的工具形式,它在本质上作为建构大众日常生活合理性需要的理性价值变成了关于大众日常生活统治的新的神话,而"设计受控制的社会"则使"消费意识形态和经济理性控制的设计现代性导致了大众日常生活的全面异化,设计成为一种消费意识形态和关于消费理性的修辞,这为工具理性对人类生活实施全面控制塑造了迷人的魅力形式。大众在异化的设计合理性中丧失了批判力和否定性,而设计理性本身也陷入深刻的社会、文化危机中"①。从包豪斯后期发展出来的现代主义设计,正是从科学技术理性发展出来的日益专业化的设计理性,是建立在工具理性价值观上的设计现代性,是工具理性的统治的反映,是一种技术性的极权主义形式。在消费社会中,消费主义设计则把设计变成一种刺激消费手段,从而瓦解了设计的基础合理性在人类日常生活中的重要价值。美国设计理论家维克多·巴巴纳克(Victor Papanek)在 20 世纪 70 年代以来通过对消费主义设计的批判,提出设计应该为广大人民服务,而不是为少数富裕国家服务,设计不但应该为健康人服务,还必须考虑为残疾人服务;设计应该认真考虑地球有限资源的使用问题,应该为保护我们居住的地球服务。事实上,设计的现代理性精神正是建立在大众日常生活中,把设计看做一种改良社会的力量,并引导社会、人类生活健康走向的价值本体和文化方向而表达出来的。列菲伏尔(Henri Lefebvre)在关于"日常生活批判"理论研究的结尾提出拯救现代性危机的命运只能通过一场以日常生活为平台的文化革命,他期望通过对于异化的日常生活完成超越而对现代性后果进行批判,他认为文化革命将改变存在,而不仅仅是改变国家和财产的分配,因为我们并不把这些当作目的。"我们的目标也可以表述为如下:'让日常生活成为艺术品!让每一种技术方式都被用来改变日常生活创造'!"②

　　由以上可以看出,在现代社会中,设计的新技术、伦理、全球化以及设计教育等问题,以及设计师在社会中的角色和社会职责等越来越引起人们的关注,经历了 20 世纪以来科技理性和物质主义的膨胀及其对人的工

---

　　① 海军:《现代设计的日常生活批判》(博士学位论文),中央美术学院,2007 年。

　　② Henri Lefebvre:*Everyday Life in the Modern World*. New Brunswick and London:Transaction Publishers,1994,p. 203.

具化、人性的"异化"现象，艺术可能承担的"解救功能"逐渐在今天的社会学中得到普遍的重视。艺术是人类自由精神和情感宣泄不可或缺的行为，尽管"艺术的终结"否定了艺术哲学化倾向后的存在意义，但艺术并不是概念性的存在，艺术创作的行为本身更像是生命的自为状态，探寻艺术魅力的根源不仅仅是艺术家孜孜以求的目标，也是一种对普通大众生命状态的反思行为。所以，正如我们今天所认知的，把貌似科学的几何造型作为设计教育的原则是形式主义设计滋生的温床，而企图用自然科学的方法实现设计的工具化，完全忽视价值理性、否定经验和直觉的创造价值，一味依赖工具理性和实证主义的普遍有效性原则是肤浅的。

如果说，现代艺术试图超越的是我们对物质主义的依赖，那么早期抽象主义画家对包豪斯的影响之所以值得我们研究和探讨，一个重要的原因是这些抽象主义画家志在揭示一种视觉艺术中蕴涵的功能性，尽管这种功能不同于建筑师或产品设计师的功能观念，但在他们看来，人造物所具有的简洁高效的实用性并不具有绝对的标准，也不是造物者创造工程以及人造物使用的核心价值。相反，人造物所呈现的视觉样貌可以提供比简洁高效的实用价值更有意义的价值，那就是一种昭示新时代人类情感的精神价值——民主性、创造性、自发性、和谐性。20世纪初的欧洲，特别是德国魏玛共和国时期，民主与集权是文化话语的主题，也是社会变革的重要选择，人们在短短的50年中，既感受到了民主的虚空，也饱受集权的压迫，而包豪斯中抽象主义画家所遭遇的离弃，一定程度上也反映了新世纪之初各种艺术理想的幻化过程。其中既包括艺术工作者对新秩序、新精神的追求，也包含了社会变革中探索民主、自由之路的艰辛。这些艺术家的艺术实践饱含理性主义精神，一方面与执著追求经济利益和功能实效的工程技术人员和企业保持一定的联系，以便充分实现自己艺术创造的社会影响力，另一方面又对人造物的文化意义苦心构建，他们对文化、价值、精神的追求不可避免地与工程技术人员和工商群体的工具理性相抵触，而这种矛盾直到今天仍然困扰着艺术家的真诚和创造性。

在当下中国，正经历着一个类似于西方世界20世纪初的社会大变革时期，作为个体的人在这种变革洪流的裹挟下犹如一粒沙尘微不足道，又如一台轰然运转前行中的机械的一个小螺丝，每个人都在工具化地履行自己的社会角色。如果设计实践出于种种"适应"或"解决问题"的理由而让我们迷惑设计的本质，或许至少应在设计教育领域保留一片纯净的天空，让科学技术和艺术创造得到交融和调和，也许理想的人类社会正是这两股力量的某种程度的平衡状态，其间没有孰是孰非，因为我们离不开任何一方。不论是格罗庇乌斯在《包豪斯宣言》中所倡导的综合所有造型艺术为一体的理想，还是汉斯·迈耶纯粹功能主义的设计思想，包豪斯的宗旨是为普通大众生活的服务而设计，为社会的理想而奋斗，强调设计对国家和社会的责任，抽象主义画家对时代精神和情感生活状况的关注无疑为包豪斯增添了人文主义的色彩，它既与格罗庇乌斯的精神革命理想相呼应，也是汉斯·迈耶改革失败的一个注脚，他们不但丰富了包豪斯教育的思想库，也成为包豪斯理念具有强大延伸能力的一个动力来源。

结　　语

　　在包豪斯的创建、发展过程中，抽象主义画家发挥了特殊而重要的作用，其特殊性和重要性不仅体现在抽象主义画家对包豪斯的独特贡献上，也体现在他们与包豪斯之间从融合到分离的必然性上。这一切使得抽象主义画家与现代设计之间的关系，成为抽象主义绘画史和现代设计发展史中不可或缺的一个重要组成部分。

　　如果说20世纪初美国的设计师所追求的目标是试图把客户愿意的东西和细节贡献给企业家们浪漫的幻想，那么早期抽象主义画家和包豪斯则面对战争带来的瓦砾堆和不断蔓延的物质主义价值观，以他们对历史负责的态度清醒地洞察到艺术商业化、工具化在塑造我们生活环境方面潜在的盲目性，并以他们伟大的艺术理想从事改造世界的工作。其间，早期抽象主义画家及其包豪斯所体现出的理想主义精神，对于今天设计师追逐现实功利、一味涌向利润丰厚的领域而忽视和逃避那些低利润——但却对维护社会和谐至关重要的设计领域，无疑具有重要的警示意义。设计作为一种实用性的创造活动，绝不意味着对理想主义精神的放弃，相反，作为人类造物文化的组成部分，作为一种艺术与科技、经济相结合的社会行为，设计教育和设计实践负有构建和谐社会不可推卸的责任，而理想主义精神正是支持这种社会使命感及其行为的内在驱动力。特别是面对商业主义和功利主义盛行的当下社会，"纯艺术"与实用艺术（设计）的结合更多体现为一种商业策略的考虑，旨在刺激人类无限的消费欲望。在这样的时候，对于我们来说，或许最需要的正是一种与早期抽象主义画家的追求相仿的理想主义精神。

　　正因为如此，早期抽象主义画家对包豪斯的影响，也可以从设计教育自律性与他律性之间的对立统一关系中予以理解。作为人类文化的一部分，任何视觉形式创造对我们所处的物质环境都具有独特的意义，设计实践既是造物的活动也是精神的创造，设计教育不仅仅是服务性的、技术性的，也对精神导向负有使命，我们既不能过分依恋于实用主义和商业逻辑，也不能沉湎于自我陶醉和个体感受的艺术创造。画家和设计师作为社会知识分子的组成部分，他们最神圣的价值在于他们是社会思维的神经，是一群在物质文化、精神文化领域中不懈地为社会进步和人类发展寻找可能性的人。早期抽象主义画家对包豪斯的影响，以及对新型设计教育的探索，其真正的价值也不在于它所体现的某种设计风格或样式，而是一种信念——对生活、对设计充满精神期许的信念，一种庄严而崇高的理想主义信念。如果说早期抽象主义画家对包豪斯的影响旨在将纯艺术与大众现实生活、时代发展融合在一起，那么对于今天中国的设计教育来说，我们还不能肯定这个问题已经彻底解决，而追求"当代艺术的人文关怀"① 则给我们提出了更为严峻的挑战。

　　本书就早期抽象主义画家对包豪斯的影响这一历史现象进行研究，尽管这是现代艺术史，特别是抽象主义绘画史和现代主义设计史中非常重要的一段历史，但一味强调早期抽象主义画家的主体性地位或片面的唯绘画至上论，并不是笔者的初衷和目的。早期抽象主义画家通过对艺术的重新审视，赋予了艺术创造新的动力，他们的睿智以及对包豪斯的影响，不但对 20 世纪初西方现代建筑、产品设计、视觉传达设计等领域新风格的形成具有开创性的意义，而且客观上也促成了抽象主义绘画更大范围的传播，奠定了抽象主义绘画及其美学思想大众化、生活化的基础。

---

　　① 　在 2005 年举办的第二届中国北京国际美术双年展中，展览的主题是"当代艺术的人文关怀"，"这一主题既延续了对当代精神的关注，又更有现实针对性"，"当代艺术的人文关怀"包括三个方面："就艺术的根本功能来说，当代艺术应该关心广大公众的现实生活和审美爱好，为广大公众所理解和接受，才能达到净化灵魂的美育作用；从人类自身的角度来看，当代艺术应该追求人类和平的理想，为构建和谐的人类社会而努力……从人与自然的角度来看，当代艺术应该体现对当代人与自然生态环境之间关系的深层思考，建立人与自然的和谐关系是涉及人类生存发展的切实问题。"参见《体验跨文化的美妙——第二届北京双年展新闻通稿》 ［EB/OL］. (2005—09—20). Http://cn. cl2000. com/subject/2005BIAB/。

参考文献

［1］内森·卡伯特·黑尔：《艺术与自然中的抽象》，胡知凡译，人民美术出版社 1988 年版。

［2］奥夫相尼柯夫，拉祖姆内依：《简明美学词典》，冯申译，知识出版社 1982 年版。

［3］王琦：《西方抽象主义艺术的破产》，载于《世界知识》1959 年第 24 期。

［4］G. G. 荣格：《人·艺术和文学中的精神》，卢晓晨译，工人出版社 1988 年版。

［5］王受之：《世界现代设计史》，深圳：新世纪出版社 2001 年版。

［6］王受之：《世界现代平面设计史》，深圳：新世纪出版社 2000 年版。

［7］斯蒂芬·贝利、菲利普·加纳：《20 世纪风格与设计》，罗筠筠译，成都：四川人民出版社 2000 年版。

［8］美国不列颠百科全书公司：《不列颠百科全书》国际中文版第 11 卷，中国大百科全书出版社不列颠百科全书编辑部译，中国大百科全书出版社 1999 年版。

［9］美国不列颠百科全书公司：《不列颠百科全书》国际中文版第 1 卷，中国大百科全书出版社不列颠百科全书编辑部译，中国大百科全书出版社 1999 年版。

［10］弗兰克·惠特福德：《包豪斯》，林鹤译，生活·读书·新知三联书店 2001 年版。

［11］庞蕾：《源流与误解》（硕士学位论文），南京艺术学院设计学院，2005 年。

［12］邵巍巍：《二十世纪早期的现代艺术对现代主义设计的影响》（硕士学位论文），苏州大学艺术学院，2004 年。

［13］王君：《现代科技运动中艺术与设计的对流与整合》（硕士学位论文），武汉：华中师范大学文学院，2003 年。

［14］杨天婴：《现代绘画对现代设计的引导——从古典情怀到机器之美》（硕士学位论文），南京师范大学美术学院，2003 年。

［15］中国社会科学院语言研究所词典编辑室：《现代汉语词典》，商务印书馆 1983 年版。

［16］冯作民：《西洋绘画史》，艺术图书公司 1981 年版。

［17］苏珊·朗格：《艺术问题》，滕守尧译，中国社会科学出版社 1983 年版。

［18］Anna Moszynska：《抽象艺术》，黄丽娟译，远流出版事业股份有限公司 1999 年版。

［19］米歇尔·瑟福：《抽象派绘画史》，王昭仁译，广西师范大学出版社 2002 年版。

［20］瓦西里·康定斯基：《论艺术的精神》，查立译，中国社会科学出版社 1987 年版。

［21］陈瑞林、吕富珣：《俄罗斯先锋派艺术》，广西美术出版社 2001 年版。

［22］邵大箴：《西方现代美术思潮》，成都：四川美术出版社 1990 年版。

［23］鲁道夫·阿恩海姆：《艺术与视知觉》，滕守尧译，四川人民出版社 1998 年版。

［24］尼古拉斯·佩夫斯纳：《现代设计的先驱者：从威廉·莫里斯到格罗皮乌斯》，王申祜译，中国建筑工业出版社 2004 年版。

［25］卡梅尔·亚瑟：《包豪斯》，颜芳译，中国轻工业出版社 2002 年版。

［26］钱竹编著：《包豪斯——大师和学生们》，陈江峰、李晓隽译，艺术与设计杂志社，2003 年。

［27］胜见胜：《设计运动 100 年》，吴静芳译，西安：陕西人民美术出版社 1988 年版。

［28］H. H. 阿纳森：《西方现代艺术史》，邹德侬、巴竹师、刘珽译，天津人民美术出版社 1994 年版。

［29］赫伯特·里德：《现代绘画简史》，刘萍君译，上海人民美术出

版社 1979 年版。

[30] 康定斯基：《艺术与艺术家论》，吴玛悧译，艺术家出版社 1995 年版。

[31] 华尔特·格罗比斯：《新建筑与包豪斯》，张似赞译，中国建筑工业出版社 1979 年版。

[32] 约翰·伊顿：《包豪斯基础课程及其发展——造型与形式构成》，曾雪梅、周至禹译，天津人民美术出版社 1990 年版。

[33] 奚静之：《俄罗斯美术十六讲》，清华大学出版社 2005 年版。

[34] 张道一：《张道一文集》，安徽教育出版社 1999 年版。

[35] 王建柱编著：《包浩斯——现代设计教育的根源》，台湾大陆书店 1982 年版。

[36] 罗伯特·休斯：《新艺术的震撼》，刘萍君、汪晴、张禾译，上海人民美术出版社 1989 年版。

[37] 尼古斯·斯坦戈斯：《现代艺术观念》，侯瀚如译，四川美术出版社 1988 年版。

[38] 徐沛君：《蒙德里安论艺》，人民美术出版社 2002 年版。

[39] 许沛君：《走近大师——康定斯基》，人民美术出版社 2002 年版。

[40] 雷蒙·柯尼亚等：《现代绘画辞典》，徐庆平、卫衍贤译，人民美术出版社 1991 年版。

[41] 彼得·柯林斯：《现代建筑设计思想的演变》，英若聪译，中国建筑工业出版社 1987 年版。

[42] 克利：《保罗·克利教学手记》，周群超译，艺术家出版社 1999 年版。

[43] 瓦西里·康定斯基：《康定斯基回忆录》，杨振宇译，浙江文艺出版社 2005 年版。

[44] 翟墨、王瑞廷：《康定斯基论艺》，人民美术出版社 2002 年版。

[45] 多尔·阿西顿：《二十世纪艺术家论艺术》，米永亮、谷奇译，上海书画出版社 1989 年版。

[46] 奚传绩：《设计艺术经典论著选读》，南京：东南大学出版社 2002 年版。

[47] 米歇尔·瑟福：《克瑙尔抽象绘画词典》，王昭仁译，人民美术

出版社 1991 年版。

　　［48］保尔·福格特:《20 世纪德国艺术》,刘玉民译,上海人民美术出版社 2001 年版。

　　［49］约翰·拉塞尔:《现代艺术的意义》,常宁生等译,中国人民大学出版社 2003 年版。

　　［50］阿瑟·艾夫兰:《西方艺术教育史》,邢莉、常宁生译,成都:四川人民出版社 2000 年版。

　　［51］萨拉·柯耐尔:《西方美术风格演变史》,欧阳英、樊小明译,杭州:浙江美术学院出版社 1992 年版。

　　［52］米兰达·麦克柯林迪克:《现代主义和抽象艺术》,周光尚、王惠译,广西师范大学出版社 2003 年版。

　　［53］《世界艺术百科全书选译》第 1 卷,上海人民美术出版社 1987 年版。

　　［54］伦纳德·史莱因:《艺术与物理学》,暴永宁、吴伯泽译,吉林人民出版社 2001 年版。

　　［55］潘永祥、王绵光:《物理学简史》,武汉:湖北教育出版社 1990 年版。

　　［56］河清:《现代与后现代》,中国美术学院出版社 1994 年版。

　　［57］彼得·盖伊:《魏玛文化》,刘森尧译,合肥:安徽教育出版社 2005 年版。

　　［58］Tom. Wolfe:《从包豪斯到现在》,关肇邺译,清华大学出版社 1984 年版。

　　［59］亨利·伯格森:《创造的进化》,李永炽译,远景出版事业公司 1983 年版。

　　［60］恩斯特·马赫:《感觉的分析》,商务印书馆 1986 年版。

　　［61］W. 沃林格:《抽象与情移》,王才勇译,沈阳:辽宁人民出版社 1987 年版。

　　［62］N. C. 库列科娃:《哲学与现代派艺术》,井勤荪、王守仁译,文化艺术出版社 1987 年版。

　　［63］威廉·弗莱明:《艺术与思想》,吴江译,上海人民美术出版社 2000 年版。

　　［64］迈克尔·列维:《西方艺术史》,孙津、王宁、顾明栋译,南

京：江苏美术出版社 1987 年版。

[65] 布朗、科赞尼克：《艺术创造与艺术教育》，马壮寰译，成都：四川人民出版社 2000 年版。

[66] 范凯熹：《设计艺术教育方法论》，广州：岭南美术出版社 1996 年版。

[67] 何人可：《工业设计史》，北京理工大学出版社 1991 年版。

[68] 黄梅：《德国美术教育》，长沙，湖南美术出版社 2000 年版。

[69] 凌继尧、徐恒醇：《艺术设计学》，上海人民出版社 2000 年版。

[70] 尼古拉斯·佩夫斯纳：《现代设计的先驱者——从威廉莫里斯到格罗庇乌斯》，王申祜译，中国建筑工业出版社 1987 年版。

[71] 阿尔森·波布尼：《抽象绘画》，尚莫宗译，南京：江苏美术出版社 1993 年版。

[72] 杜大恺：《清华美术》卷 2，清华大学出版社 2006 年。

[73] 康德：《未来形而上学导论》，庞景仁译，商务印书馆 1997 年版。

[74] 陈丽：《康德与沃林格：关于抽象艺术的启示》，《喀什师范学院学报》2002 年第 2 期。

[75] 阿恩海姆：《艺术心理学新论》，郭晓平、崔灿译，商务印书馆 1996 年版。

[76] 包林：《设计的视野》，石家庄：河北美术出版社 2003 年版。

[77] 曹意强：《艺术世界与超凡世界——康丁斯基早期艺术和理论中的玄学因素》，载于《新美术》1990 年第 4 期。

[78] 何政广主编，曾长生著：《马列维奇》，石家庄：河北教育出版社 2005 年版。

[79] Herbert Lindinger、Egon Chemaitis、Michael Erhoff 等：《包豪斯的继承与批判——乌尔姆造型学院》，胡佑宗、游晓贞、陈人寿译，亚太图书出版社 2002 年版。

[80] 中川作一：《视觉艺术的社会心理学》，许平、贾晓梅、赵秀侠译，上海人民美术出版社 1991 年版。

[81] 赵宪章：《西方形式美学》，上海人民出版社 1996 年版。

[82] 辞海编辑委员会：《辞海》，上海辞书出版社 1999 年版。

[83] 范岱年：《爱因斯坦文集》第 1 卷，商务印书馆 1977 年版。

［84］ 阿诺尔德·约瑟·汤因比：《艺术的未来》，王治河译，广西师范大学出版社 2002 年版。

［85］ 海军：《现代设计的日常生活批判》（博士学位论文），中央美术学院，2007 年。

［86］ 赫伯特·西蒙：《人工科学》，武夷山译，商务印书馆 1987 年版。

［87］ 颜廷颂：《艺术赤子的求索——庞薰琹研究文集》，上海社会科学院出版社 2003 年版。

［88］ 肯尼斯·弗兰姆普敦：《现代建筑——一部批判的历史》，张钦楠等译，三联书店 2004 年版。

［89］ 杨砾、徐立：《人类理性与设计科学——人类设计技能探索》，沈阳：辽宁人民出版社 1987 年版。

［90］ 肯尼斯·弗兰姆普敦：《现代建筑——一部批判的历史》，原山等译，中国建筑工业出版社 1988 年版。

［91］ Penny Sparke：《20 世纪设计与文化导论》，何人可、吴雪松译，（2004—12—19）（2005—05—20），Http：//www. okvi. com/design/ShowArticle. asp？ ArticleID＝57。

［92］ Tonald B Kuspit：*Utopian Protest in Early Abstract Art. Art Journal*，1970，29（4）.

［93］ Peter Nisbet：*Bauhaus，Russian Constructivism. Design Issues*，1985，2（1）.

［94］ Meyer Schapiro：*Nature of Abstract Art*，*Marxist Quarterly*，Vol. 1，p. 92.

［95］ Gillian Naylor：*The Bauhaus Reassessed*. London：The Herbert Press Limited，1985.

［96］ Elaine S Hochman.：*Bauhaus：Crucible of Modernism*. New York：Fromm International，1997.

［97］ Jeannine Fiedler，Peter Feierabend，eds.：*Bauhaus*. Cologne：Könemann Verlagsgesellschaft mbH.，2000.

［98］ Hitchcock，Henry R.：*Painting towards Architecture*. New York：Duell，Sloan and Pearce，1948.

［99］ Noga Gahi Wizansky：*Crosscut：Handicraft and Abstraction in Wei-*

mai Germany [D]. California: University of California, Berkeley, 2005.

[100] Kasimir Malevich: *The Non – Objective World*. Chicago: Paul Theobald and Company, 1959.

[101] John Milner: *Vladimir Tatlin and the Russian Avant – Garde*. London: Yale University Press, 1983.

[102] Herbert Bayer, Walter Gropius et al, eds.: *Bauhaus – 1919— 1928*. New York: The Museum of Modern Art, 1975.

[103] Achim Borchardt Hume, ed.: *Albers and Moholy Nagy – From the Bauhaus to the New World*. London: Tate Publishing, 2006.

[104] Joanne Greenspun, ed.: *Making Choices – 1929—1955*. New York: Department of Publications of The Museum of Modern Art, 2000.

[105] Michael White: *De Stijl and Dutch Modernism*. Manchester University Press, 2003.

[106] Roy R. Behrens: *Art*, *Design and Gestalt Theory*. Leonardo, 1998, 31 (4).

[107] Mary Henle, ed.: *Vision and Artifact*. New York: Springer, 1976.

[108] Cretien Van Campen: *Early Abstract Art and Experiment Gestalt Psychology*. Leonardo, 1997, 30 (2).

[109] Rose – Carol Washton Long: *Kandinsky – The Development of an Abstract Style*. New York: Oxford University Press, 1980.

[110] Arthur Dante: *The State of the Art*. New York: Prentice Hall press, 1987.

[111] Kirill Sokolov: *Dreams and Nightmares: Utopian Vision in Modern Art*. Leonardo, 1985, 18 (2).

[112] Esther Dudley, Stuart Mealing, eds.: *Becoming Designers*. UK: Intellect Books Ltd. 2000.

[113] Henri Lefebvre: *Everyday Life in the Modern World*. New Brunswick and London: Transaction Publishers, 1994.

[114] Anni Albers: *One Aspect of Art Work*. Selected Writings on Design. Middletown: Wesleyan University Press, 2000.

[115] WylieSypher: *Rococo to Cubism in Art and Literature*. New York:

Vintage Books, 1960.

[116] Josef Albers: *Concerning Fundamental Design*. Dessau: Bauhaus, 1928.

[117] Eberhard Roters: *Painters of The Bauhaus*. UK. London: A. Zwemmer Ltd. , 1969.

[118] David Spaeth, ed. : *Inside the Bauhaus*. New York: Rizzoli International Publications, Inc. , 1986.

附录A 早期抽象主义绘画大事年表[*]

1910 年

德国：康定斯基创作第一幅抽象主义水彩画；海尔瓦尔特·瓦尔登（Herwarth Walden）创办了柏林先锋派周刊《狂飙》（*Der Sturm*），成立"狂飙"社；奥古斯特·马克（August Macke）和弗朗兹·马尔克（Franz Marc）相识。

法国：立体主义形成分解的立体主义和综合的立体主义两种形式。

荷兰：蒙德里安在荷兰工作，并在阿姆斯特丹举办展览。

意大利：马里内蒂（Filippo Tommaso Marinetti）在 1909 年 2 月 20 日的《费加罗日报》上发表出了《未来主义的成立宣言》和《未来主义宣言》[①]；1910 年 2 月 11 日，《未来主义画家宣言》发表，并于 3 月 8 日在都灵的一家剧院公开宣布[②]。

1911 年

德国：弗朗兹·马尔克、奥古斯特·马克和康定斯基相互结识，在慕尼黑成立"青骑士"（Der Blaue Reiter）画会；康定斯基完成《论艺术的精神》的撰写（1912 年出版）。

法国：德劳内发表抽象主义绘画《窗》。

荷兰：12 月月底，蒙德里安赴巴黎。

俄国：从 1909 年起米凯尔·拉里昂诺夫开始探索抽象绘画，并于 1911 年和冈察洛娃首创"辐射主义"（Rayonnism）。

---

[*] 本年表部分吸收了米歇尔·瑟福著《抽象派绘画史》的研究成果。

[①] 马里奥·维尔多内：《理性的疯狂——未来主义》，黄文杰译，成都：四川人民出版社 2000 年版，第 70 页。

[②] 同上书，第 145 页。

1912 年

德国：康定斯基的《论艺术的精神》出版；阿尔普访问康定斯基；"青骑士"画会在慕尼黑举办第二次展览会；"分离派"（Secession）联盟在科隆举办展览。

法国：蒙德里安在巴黎；德劳内发表《同存的节奏》；库普卡在独立沙龙展出作品；阿波利奈尔（Guillaume Apollinaire）提出"奥弗斯主义"（Orphism）艺术理论；未来主义绘画在巴黎展出；克利、马克、马尔克在巴黎访晤德劳内。

俄国：马列维奇首创"立体—未来主义"（Cubi – Futurism）①。

1913 年

德国：康定斯基发表《回顾》；"狂飙"社举办秋季沙龙；"桥社"解散。

法国：美国的"色彩交响派"抵达法国；莱热（Fernand Leger）发表《对比的形式》。

俄国：马列维奇首创"至上主义"（Suprematism）；塔特林开始"构成主义"（Constructivism）试验；"未来主义"者马里内蒂在俄国作旅行演讲。

1914 年

德国：4 月，克利、奥古斯特·马克等人在突尼斯；奥古斯特·马克在法国香宾附近阵亡。

法国：举办拉里昂诺夫和冈察洛娃展览会。

荷兰：蒙德里安回到荷兰。

俄国：康定斯基回到俄国。

1915 年

荷兰：蒙德里安创作大批抽象主义绘画，与凡·杜斯伯格相遇。

俄国：马列维奇《至上主义》宣言发表。

瑞士：阿尔普在苏黎世创作了首批抽象主义作品。

1916 年

荷兰：胡札（Vilmos Huszar）和凡·杜斯伯格开始创作抽象主义作品。

---

① 米歇尔·瑟福：《抽象派绘画史》，王昭仁译，桂林：广西师范大学出版社 2002 年版，第 165 页。

俄国：康定斯基回到莫斯科。

瑞士：苏黎世"达达主义"（Dadaism）问世。

法国：弗朗兹·马尔克在凡尔登附近阵亡。

1917 年

荷兰：10 月第一期《风格》（*De Stijl*）杂志出版；万东格洛（Georges Vantongerloo）创作首批抽象主义作品。

法国：以费尔南德·莱热（Fernand Leger）为代表的"物理的"立体主义出现，也称为"机械立体主义"①。

俄国：嘉博和佩夫斯纳回到莫斯科。

瑞士：出版达达杂志。

1918 年

荷兰：蒙德里安的作品在海牙吕勒藏画馆展出；在 1918—1923 年间，风格派设计师设计了"红蓝椅"②。

法国：画家阿梅德·奥尚方（Amédée Ozenfant）和画家兼建筑师的尚纳瑞（Charles. Edouard Jeanneret）受莱热的影响，发表了《立体主义之后》一文，提出"纯粹主义"（purism）的立体主义③。

瑞士：阿尔普和索菲·托贝尔（Sophie Taeuber，阿尔普的妻子）共同合作拼贴作品；查拉（Tristan Tzara）发表"达达主义"的宣言，在苏黎世美术馆作关于抽象艺术的报告。

1919 年

德国："国立包豪斯"在魏玛成立；"达达主义"展览在科隆和柏林举办；反对主观的、个人表现主义艺术观的新即物主义（Neue Sachlichkeit）在德国诞生。

法国：蒙德里安回到巴黎。

俄国：利希茨基创作"布隆"（*Proun*）组画，创造出一种与建筑构

---

① ［美］H. H. 阿纳森：《西方现代艺术史》，邹德侬、巴竹师、刘珽译，天津人民美术出版社 1994 年版，第 200 页。

② Brigitte Hilmer, Cologne, eds.：*The Ideal as Art De Stijl 1917—1931*. Germany：Benedikt Taschen Verlag GmbH&KG, 1991, p. 120.

③ ［美］H. H. 阿纳森：《西方现代艺术史》，邹德侬、巴竹师、刘珽译，天津人民美术出版社 1994 年版，第 200 页。

成形式类似的抽象主义绘画[①]；康定斯基担任莫斯科美术学院的教授。

瑞士："达达主义"展览会在苏黎世商业大厅开幕。

荷兰：蒙德里安在《风格》杂志上发表文章；杜斯伯格出版他的著作。

1920 年

德国：克利担任包豪斯"形式大师"。

法国：勒·柯布希耶、奥尚方以及一些诗人、画家、雕刻家朋友共同创办了《新精神》杂志；阿尔普和查拉在巴黎；蒙德利安发表《新造型主义》。

俄国：嘉博和佩夫斯纳发表《现实主义宣言》；由康定斯基主持的莫斯科文化艺术学院成立，康定斯基负责制订学院的教学计划，而学院下属的"高等艺术与技术工作室"除了设立从事抽象主义艺术研究的理论部外，也设立了建筑工作室、木工工作室、金属工艺工作室、陶瓷工艺等工作室[②]。

美国：马歇尔·杜尚（Marcel Duchamp）和曼·雷（Man Ray）等人成立"无名艺术家协会"。

1921 年

德国：杜斯伯格来到魏玛；莫霍里·纳吉创作构成主义抽象作品；画家埃格林（Viking Eggeling）和里希特（Hang Richter）摄制抽象电影。

法国："达达主义"在巴黎开幕。

荷兰：杜斯伯格发表《古典主义、巴洛克艺术和现代化》。

俄国：举办"构成主义"展览；康定斯基的绘画风格发生转变，即由有机的自由色块和线条向几何形的转变；抽象主义艺术受到排斥，许多抽象主义画家离开俄国。

1922 年

德国：康定斯基担任包豪斯"形式大师"；"构成主义"者利希茨基在德国柏林与俄国作家伊利亚·爱伦堡（Ilia. Ehrenburg）编辑出版了最早的构成主义杂志《主题》（Veshch）；杜斯伯格在魏玛组织召开了"构成主义者与达达主义者大会"，部分包豪斯学生和后来成为包豪斯教师的

---

① 陈瑞林、吕富珣：《俄罗斯先锋派艺术》，广西美术出版社 2001 年版，第 372 页。

② 同上书，第 388 页。

莫霍里·纳吉参加了本次大会①；在柏林举办了"第一届俄国艺术展"，展出了马列维奇、利希茨基、塔特林、罗德钦科、佩夫斯纳、嘉博等人的作品②。

荷兰：杜斯伯格发表《建筑模型》。

1923 年

德国：莫霍里·纳吉于 1923 年加盟包豪斯，负责基础课程和金属工艺作坊教学；里希特和利希茨基出版《造型》（*Form*）杂志。

1924 年

荷兰：杜斯伯格与蒙德里安产生分歧，杜斯伯格在"新造型主义"的基础上发展出"基本要素主义"，成为杜斯伯格绘画创作和设计实践的理论原则；里特维德设计了施罗德住宅（Schroder House），其设计思想和手法贯彻着杜斯伯格的设计理论和蒙德里安的绘画思想③。

俄国：1924—1926 年间，马列维奇设计了一系列所谓"至上主义"的建筑模型。

1925 年

德国：蒙德里安发表《新造型主义》；汉诺威美术馆为抽象艺术开放专门的陈列馆。

法国：举办"今日艺术展览会"。

荷兰：蒙德里安离开《风格》杂志编辑部。

瑞士：阿尔普和利希茨基发表《艺术的流派》。

1926 年

德国：康定斯基在德国慕尼黑出版《点、线、面》一书（1923—1925 年撰写）。

法国：创建"艺术手册"社。

美国：在布鲁克林美术馆举办抽象艺术展览会。

1927 年

德国：马列维奇《非具象世界》由包豪斯出版。

---

　①　［英］弗兰克·惠特福德：《包豪斯》，林鹤译，生活·读书·新知三联书店 2001 年版，第 124 页。

　②　陈瑞林、吕富珣：《俄罗斯先锋派艺术》，广西美术出版社 2001 年版，第 376 页。

　③　Anna Moszynska：《抽象艺术》，黄丽娟译，远流出版事业股份有限公司 1999 年版，第 86—87 页。

法国：阿尔普和杜斯伯格等人为斯特拉斯堡的奥比特咖啡馆所室内设计。

俄国：利希茨基回到莫斯科。

1928 年

荷兰：《风格》杂志停刊。

1930 年

法国：举办"圆圈和方块"展览会；杜斯伯格发表《具象艺术》；举办康定斯基展览会。

1931 年

德国：在柏林举办康定斯基展览。

法国：德劳内发表《抽象节奏感》；"艺术手册"社发表《抽象艺术》；"抽象—创作"协会成立。

瑞士：杜斯伯格在达沃斯去世。

1932 年

法国"抽象—创作"协会出版第一本纪念册。

荷兰：由杜斯伯格的夫人负责出版了《风格》杂志最后一期的纪念性专刊。

1933 年

德国：包豪斯宣告结束；抽象艺术被希特勒宣布为颓废艺术；许多抽象主义画家离开德国。

法国：康定斯基迁居巴黎。

美国：赫里翁（Jean Helion）发表《抽象艺术的发展》。

1935 年

法国：德劳内发表《无目的的节奏》。

俄国：马列维奇在列宁格勒去世。

1936 年

瑞士：举办"联合"展览会。

美国：阿弗莱德·巴尔（Alfred Barr）发表《立体主义和抽象艺术》，并创建"美国抽象派画家协会"（在 1937 年举办第一次展览会）。

1937 年

瑞士："构成主义"展览在巴塞尔举办。

美国：莫霍里·纳吉在芝加哥创设一所绘画学校；开始设置"古根

海姆基金"。

1938 年

法国：蒙德里安前往伦敦。

荷兰：在阿姆斯特丹市立美术馆举办抽象艺术展览会。

附录 B 包豪斯大事年表[*]

1919 年

1 月在魏玛召开的会议上通过了德意志联邦共和国宪法——《魏玛宪法》,开始了德国历史上的"魏玛共和国"时期;3 月 16 日,魏玛政府内务大臣弗里希任命格罗庇乌斯为魏玛的撒克森大公艺术与工艺学校和撒克森大公艺术学院校长;3 月 20 日,经大公同意将两所学校合并;4 月,格罗庇乌斯起草的《包豪斯宣言和教学大纲》公布,"魏玛国立包豪斯"成立,格罗庇乌斯任校长;包豪斯聘请的教员包括里昂耐尔·费宁格(担任印刷作坊的形式大师)、约翰尼斯·伊顿(负责基础课程,并担任色彩玻璃作坊和制柜作坊的形式大师)、杰哈特·马科斯(担任陶瓷作坊的形式大师)、卡尔·佐比策(担任印刷作坊大师)、卡尔·克鲁尔(担任石刻作坊大师)、海伦娜·玻尔纳(担任编制作坊大师)。

1920 年

任用乔治·穆希担任木刻和编织作坊的形式大师,奥斯卡·施赖默担任壁画作坊的形式大师和保罗·克利担任书籍装帧作坊的形式大师并教授部分基础课程,任用汉斯·坎普弗(Hans Kampfe)、海尔·克劳斯(Herr Krause)、马克斯·克雷翰(Max Krehan)和弗朗兹·海德曼(Franz Heidelmann)分别担任木刻、石刻、陶瓷和壁画作坊的作坊大师;德国开始出现通货膨胀。

1921 年

任用画家和戏剧设计师罗塔·施赖尔担任剧场作坊的形式大师,以及约瑟夫·哈特维希(Josef Hartwig)、约瑟夫·扎克曼(Josef Zachmann)、阿尔弗雷德·科普尔(Alfred Kopke)和奥斯卡·施赖默分别担任木刻、制柜、金工和壁画作坊的作坊大师;包豪斯从美术学院继承来的其他教师

---

* 本年表以钱竹编《包豪斯——大师和学生们》为基础,作了部分增补。

辞去了包豪斯职务，组建了一所新的学校；赫伯特·拜尔入学；杜斯伯格受格罗庇乌斯之邀访问魏玛包豪斯，并以魏玛作为基地开始发行他所主办的《风格》杂志。

1922 年

任用瓦西里·康定斯基为壁画作坊的形式大师，并教授部分基础课程；格罗庇乌斯代替伊顿成为制柜作坊的形式大师；克利担任彩色玻璃作坊的形式大师，施莱尔取代克利接管了书籍装帧作坊；奥斯卡·施赖默担任石刻和木刻作坊的形式大师；荷兰"风格派"的凡·杜斯伯格抵达魏玛，开始自己的艺术教学活动，并吸引了一些包豪斯学生转投他的门下；由杜斯伯格组织，在德国魏玛举办"构成主义者与达达主义者大会"，部分包豪斯学生和后来成为包豪斯教师的莫霍里·纳吉都参加了本次大会；格罗庇乌斯 2 月 3 日向"形式大师"散发了一份备忘录中，提出"形式的世界肇始于机器，并且与机器相始终"，标志着格罗庇乌斯教学思想的转变，并由此影响到包豪斯后来的发展方向；伊顿被迫提出辞职，于 1922 年 10 月离开包豪斯，在柏林创立了自己的美术学院。

1923 年

施赖尔离开包豪斯；施赖默接管剧场作坊；构成主义者莫霍里·纳吉接管基础课程，并担任金工作坊的形式大师；阿尔伯斯担任彩色玻璃作坊的大师；8—9 月间举办第一次包豪斯教学成果展览会以及持续一周的戏剧表演、讲座、音乐会等活动，产生了国际性的影响，包豪斯自 1923 年起"逐渐成为抽象美术和建筑的一个发展中心。"①

1924 年

图林根州的右翼民族主义势力取得了议会的大多数席位，其文化政策明显倾向于鼓励滥情主义的通俗艺术风格和民族主义风格，并煽动保守的魏玛普通市民和工业界对包豪斯前卫的教学方式和浪漫的抽象主义风格展开攻击，诽谤包豪斯师生中的无政府主义行为；包豪斯参加莱比锡博览会（Leipzig Exhibition）；右翼势力主持下的州政府削减了对包豪斯的补助，并宣布将不再同教师续签合同；12 月，包豪斯大师会议决定次年 3 月关闭包豪斯。

---

① 萨拉·柯耐尔：《西方美术风格演变史》，欧阳英、樊小明译，杭州：浙江美术学院出版社 1992 年版，第 211 页。

1925 年

除马克斯和大部分的作坊大师外，其他包豪斯教职员工前往德绍市，不再开设石刻、木刻、陶瓷和彩色玻璃作坊；一名形式大师和一名作坊大师共同负责一个作坊的教学模式终止；赫伯特·拜尔、马歇尔·布鲁尔、欣纳克·谢帕、朱斯特·施密特、根塔·斯托尔策等学生留校担任教职；6 月，《包豪斯丛书》开始出版，至 1930 年共出版 14 期：包括第一期格罗庇乌斯的《国际建筑》（1925 年）、第二期保罗·克利的《教学笔记》（1925 年）、第三期阿道夫·梅耶的《包豪斯的试验住宅》（1925 年）、第四期奥斯卡·施赖默的《包豪斯的舞台》（1925 年）、第五期蒙德里安的《新造型》（1925 年）、第六期杜斯伯格的《新造型艺术的基本概念》（1925 年）、第七期格罗庇乌斯的《包豪斯作坊的新作品》（1925 年）、第八期莫霍里·纳吉的《绘画、摄影、电影》（1925 年）、第九期康定斯基的《点、线、面》（1926 年）、第十期欧德（Jacobus J. Oud）的《荷兰的建筑》（1926 年）、第十一期马列维奇的《非具象世界》（1927 年）、第十二期格罗庇乌斯的《德绍的包豪斯建筑》（1930 年）、第十三期阿尔伯特·格莱茨（Albert Gleizes）的《立体派》（1928 年）、第十四期莫霍里·纳吉的《从物质到建筑》（1929 年）。

1926 年

《包豪斯》季刊第一期出版；包豪斯作为现代意义上的"设计学院"的特征日益显现出来；由格罗庇乌斯设计的包豪斯新教学楼和六幢半独立式、一幢独立式的教师住房建成并投入使用；形式大师改称为教授。

1927 年

瑞士建筑师汉斯·迈耶接受任命，组建包豪斯建筑系并担任教学工作，汉斯·威特沃（Hans Wittwer）和卡尔·菲格（Carl Fieger）担任汉斯·迈耶的助手；乔治·穆希辞职；马列维奇访问包豪斯，会见了康定斯基、格罗庇乌斯、米斯·凡·德·罗、汉斯·迈耶、莫霍里·纳吉等人；马列维奇著，莫霍里·纳吉设计的《非具象世界》由包豪斯出版。

1928 年

格罗庇乌斯辞去院长职务移居柏林；格罗庇乌斯邀请建筑师米斯·凡·德·罗担任院长，遭到拒绝，汉斯·迈耶成为新的包豪斯院长；赫伯特·拜尔、马歇尔·布鲁尔、莫霍里·纳吉相继辞职；阿尔伯斯接替莫霍里·纳吉掌管包豪斯基础课程；聘用卡拉·格罗希（Carla Grosch）和奥托·布特纳（Otto Buttner）教授体育；包豪斯这一年的人事变动，"代表着一个黄金时期的结束"①。

1929 年

聘用建筑师路德维希·希尔伯西默（Ludwig Hilbersheimer）、安顿·布雷纳（Anton Brenner）；聘用沃尔特·彼得汉斯（Walter Peterhans）担任摄影作坊主任；施赖默辞职，剧场作坊解散；《包豪斯》停刊；邀请格式塔理论家（Kohler）举办格式塔心理学讲座（由于时间计划的冲突最后由他的学生 Karl Duncker 代替演讲）；世界性的经济危机爆发。

1930 年

汉斯·迈耶被撤销包豪斯院长职务，由米斯·凡·德·罗继任；学生们的抗议活动一度导致包豪斯的暂时关闭。

1931 年

纳粹党控制了德绍；克利辞职前往杜塞尔多夫（Dusseldorf），担任当地艺术学院的绘画教授；根塔·斯托尔策辞职；《包豪斯》恢复出版。

1932 年

聘用室内设计师莉莉·赖克（Lily Reich）（米斯·凡·德·罗的情人）；基础课程由必修课改为选修课；受国家社会党控制的德绍市议会决定 9 月月底关闭包豪斯，米斯·凡·德·罗希望把学院作为一所私人机构维持下去，并选择柏林一家废弃的电话制造厂为新的校址；柏林新校于10 月开放，德绍包豪斯校舍成为国家社会党成员的培训学校。

1933 年

1 月 30 日阿道夫·希特勒成为帝国总理，宣告了魏玛共和国的终结；4 月 11 日警察和纳粹特遣队占领包豪斯，32 名学生被逮捕；7 月 20 日米斯·凡·德·罗宣布包豪斯关闭。

---

① 王建柱编著：《包浩斯——现代设计教育的根源》，大陆书店 1982 年版，第 132 页。

附录 C 包豪斯作坊与师资

印刷作坊：

印刷作坊开设于 1919 年，与包豪斯其他作坊的不同之处在于，印刷作坊不是教育作坊，而是生产作坊。印刷出版了《新西欧版画》并大量出售。印刷作坊建立了现代印刷设计的基本形式，尤其是在字体设计方面，废除了花体字和大写字体，创造了"模板印刷字体"。主要教师包括形式大师里昂耐尔·费宁格、莫霍里·纳吉、赫伯特·拜尔、约瑟夫·阿尔伯斯，技术大师卡尔·佐比策。

木工作坊：

木工作坊也称为制柜作坊，开设时间为 1919—1924 年，培养了一大批杰出的家具设计师，在家具设计领域取得了突出的成就，设计出的钢管家具发挥了材料和技术的最大效能，至今风行世界。除了包豪斯教学之外，1921 年参加了"夏野别墅"（Adolf Sommerfield）住宅设计，1923 年参加了"实验住宅"（Versuchhaus am Horn）设计。主要教师包括形式大师约翰尼斯·伊顿、乔治·穆希、汉斯·坎普弗（Hans Kampte）、格罗庇乌斯、奥斯卡·施赖默，技术大师约瑟夫·哈特维希（Josef Hartwig）、约瑟夫·扎克曼（Josef Zachmann）、莱因哈特·韦登锡（Reinhold Weidensee）。

彩色玻璃作坊：

彩色玻璃作坊开设时间为 1919—1924 年，除了包豪斯教学之外，1921 年参加了"夏野别墅"（Adolf Sommerfield）住宅设计，1923 年参加了"实验住宅"（Versuchhaus am Horn）设计。主要教师包括形式大师约翰尼斯·伊顿、保罗·克利，技术大师约瑟夫·阿尔伯斯。

陶瓷作坊：

陶瓷作坊开设时间为 1919—1924 年，1921 年开始商品生产，设计出许多区别于传统风格的优秀作品，培养了一批出色的陶瓷设计师，如奥图·林迪格（Otto Lindig）、徐奥·波格拉（Theo Boglor）等。主要教师包括形式大师杰哈特·马科斯，技术大师马克斯·克雷翰（Max Krehan）。

雕塑作坊：

雕塑作坊开设时间为 1919—1924 年，除了包豪斯教学之外，1923 年参加了"实验住宅"（Versuchhaus am Horn）设计。形式大师为奥斯卡·施赖默，技术大师为卡尔·克鲁尔、海尔·克劳斯（Herr Krause）。

装订作坊（书籍装帧）：

装订作坊开设时间为 1920—1922 年，除了包豪斯教学之外，完成了《新西欧版画》装订工作。形式大师为保罗·克利、罗塔·施赖尔，技术大师为奥托·多尔夫纳（Otto Dorfner）。

壁画作坊：

壁画作坊开设于 1920 年，形式大师为奥斯卡·施赖默。1922 年壁画作坊重组，瓦西里·康定斯基担任形式大师，技术大师为海因里希·贝伯尼斯（Heinrich Bebemiss）。除了包豪斯教学之外，1921 年参加了"夏野别墅"（Adolf Sommerfield）住宅设计，1923 年参加了"实验住宅"（Versuchhaus am Horn）设计，1930 年参加了柏诺贸易联盟学校（Bernau Trade Union School）的设计任务。

金工作坊：

金工作坊开设于 1921 年，是包豪斯最重要的作坊，致力于功能性的产品设计，旨在满足大批量工业化生产的需要；特别是用玻璃和金属结合的方法进行设计，成为照明工业革命实验的起点，培养出了许多优秀的工业产品设计师。除了包豪斯教学之外，1923 年参加了"实验住宅"（Versuchhaus am Horn）设计，1930 年参加了柏诺贸易联盟学校（Bernau Trade Union School）的设计任务。形式大师为约翰尼斯·伊顿、莫霍里·纳吉，技术大师为阿尔弗雷德·科普卡（Alfred Opke）、克里斯蒂安·戴尔（Christian Dell）。

剧场作坊：

剧场作坊开设时间为 1920—1922 年，创造出实验性的剧场设计，在德国戏剧界享有盛名。主要教师包括罗塔·施赖尔、奥斯卡·施赖默。

编织作坊：

编织作坊开设于 1919 年，是包豪斯第一个设备比较完善的作坊，设计出了许多优秀的编织作品，并在商业运营方面取得了一定的成功，培养出了诸如奥迪·贝迦（Otti Berger）、安妮·阿尔伯斯、李斯·巴雅（Lis Beyer）等杰出的编织设计师。除了包豪斯教学之外，编织作坊于 1930 年参加了柏诺贸易联盟学校（Bernau Trade Union School）的设计任务。主要教师包括形式大师乔治·穆希、丝桃尔（Gunta Stolzl），技术大师海伦娜·玻尔纳。

后记与致谢

2001 年的秋天，我考入了清华大学美术学院装潢艺术设计系，师从何洁教授攻读硕士学位。在此期间，由于从事"视觉传达设计中的理性价值和意义"的硕士研究课题中涉及艺术设计的抽象造型和直觉设计方法论的问题，何洁老师曾建议我关注抽象艺术，认为抽象艺术与现代设计之间的关系的研究是一个很有价值的研究课题，我铭记在心，并把它作为硕士研究课题的后续研究方向。

2004 年的秋天，我考入清华大学美术学院绘画系攻读博士学位，师从杜大恺先生从事视觉艺术理论研究。在三年的学习研究中，在导师的悉心指导下，研究课题反复筛选、调整，最终选择了早期抽象主义画家对包豪斯的影响的研究，并于 2007 年顺利通过博士论文答辩。

2008 年的秋天，我在原博士论文的基础上，经过近一年的反复修改、补充，终于完成了本书稿的撰写。本书稿包含了我对艺术史的喜好、当下艺术设计教育的思考，也饱含了自己三年博士研究生学习生活的激情与梦想。在清华图书馆的苦读，清河岸边的推敲，在各大图书馆、展览馆之间的奔走，与学长、朋友的交流，与导师在工作室里的细谈……这些经历一方面不断坚定了自己对研究课题意义的信心，并对其成果充满期待，同时也让我清醒地认识到学术研究的艰辛，以及自己在学术视野和学识积淀方面的局限。本课题研究属于历史研究，而对于历史现象的研究存在无数解读的可能性，对此，我并不认为自己所得出的结论是最终的解读，不过使我欣慰的是我看到了早期抽象主义画家对包豪斯的影响并未完全成为过去，它们甚至是正在发生的历史的一部分，曾经的是是非非仍在今天的现实中或隐或现，那段历史其实与我们很近。我相信那段历史对今天的中国艺术和设计以及设计教育，特别具有启示意义，也希望我在本书中的释读以及试图表达的看法能够引发更多的人关注那段历史。如果我的愿望能够实现，那么自己这近四年来殚精竭虑的努力也算有一个结果。

从秋天酝酿，到秋天总结，秋天给我太多的感悟，当然还有感激。

衷心感谢导师杜大恺先生，他渊博的学识修养、严谨的治学风格、平易近人的学者风范使自己终生受益。回顾论文撰写的过程，每一份论文草稿都经杜老师审阅，其中密密麻麻的批注和修改意见，每每翻阅都会让自己感动不已，并想起他对自己的谆谆教诲；每当自己在课题研究中感到力不从心或陷入困境时，也总会想起他爽朗的笑声和慈爱、激励的话语。

感谢清华大学美术学院何洁教授，正是因为他在自己硕士阶段的一次谈话，奠定了自己博士阶段研究的选题方向，并在论文撰写过程中予以支持和指导。

感谢北京大学的朱青生教授，以及清华大学美术学院陈池俞教授、包林教授，在自己论文写作最艰难的时期，是他们给予了鼓励和建设性的意见，拓展了自己论文研究论证的思路。感谢所有在本人论文写作过程中予以指导的老师，他们的言传身教将使我终生受益。

感谢《清华美术》杂志社的工作人员，以及清华大学美术学院2004级博士班的同窗们，是他们与我共同度过了这几年辛苦而愉快的时光！

感谢自己的母亲、妻子和女儿张嘉真的支持和理解，使自己得以安心完成论文及书稿的撰写工作，可以说没有他们的支持和理解就不会有自己的今天以及研究成果。

张学忠

2008 年 9 月于金城兰州